# Bentley®

Bentley BIM 书系
——基于全生命周期的解决方案

# Bentley
# BIM 解决方案应用流程

赵顺耐 编著

基于全生命周期综合应用
多专业协同工作应用流程

知识产权出版社
全国百佳图书出版单位

**图书在版编目（CIP）数据**

Bentley BIM 解决方案应用流程/赵顺耐编著. —北京：知识产权出版社，2017.7
（2018.8 重印）

ISBN 978 - 7 - 5130 - 4997 - 9

Ⅰ. ①B… Ⅱ. ①赵… Ⅲ. ①建筑设计—计算机辅助设计—应用软件

Ⅳ. ①TU201.4

中国版本图书馆 CIP 数据核字（2017）第 159860 号


责任编辑：张　冰　　　　　　　　　责任出版：刘译文

封面设计：张　悦


Bentley BIM 书系——基于全生命周期的解决方案

**Bentley BIM 解决方案应用流程**

赵顺耐　编著

| | |
|---|---|
| 出版发行：**知识产权出版社**有限责任公司 | 网　　址：http：//www.ipph.cn |
| 社　　址：北京市海淀区气象路 50 号院 | 邮　　编：100081 |
| 责编电话：010 - 82000860 转 8024 | 责编邮箱：zhangbing@cnipr.com |
| 发行电话：010 - 82000860 转 8101/8102 | 发行传真：010 - 82000893/82005070/82000270 |
| 印　　刷：北京嘉恒彩色印刷有限责任公司 | 经　　销：各大网上书店、新华书店及相关专业书店 |
| 开　　本：787mm×1092mm　1/16 | 印　　张：46 |
| 版　　次：2017 年 7 月第 1 版 | 印　　次：2018 年 8 月第 2 次印刷 |
| 字　　数：792 千字 | 定　　价：158.00 元 |

ISBN 978 - 7 - 5130 - 4997 - 9

# 前　言

在过去的几年里，BIM 的应用和推进得到了长足的发展，特别是越来越注重过程的协同、数据的利用、标准的统一等一系列核心内容。与此同时，一系列新技术的应用，也使传统工作模式到 BIM 工作模式的转换更加顺畅，工具也日趋智能化，更为重要的是，使用者意识发生了改变，由开始的拒绝甚至是反感，变成现在的主动接触、学习、思考。BIM 的应用也由过去单纯的翻模、碰撞，与二维设计并行，变成现在将三维信息模型变成表达设计、确认设计、交付设计的手段，而三维信息模型的应用，也由"看"的阶段过渡到"用"的阶段，这个过程是沉淀的过程，是思考的过程，更是面向需求的过程。对于"BIM"这三个字母的理解，人们也由字面的翻译"Building Information Model"，转变为"Building Information Modeling"。这也印证了一个简单只是"看看""撞撞"（碰撞检测，即简单的 BIM 应用）的认识，过渡到面向应用、面向问题、面向需求的过程（ing），是一个通过三维信息模型（Model）来解决问题、提高效率的过程。这就使 BIM 的真正价值得到了体现，即通过三维信息模型的方式，模拟表达真实的工程项目实际过程，反馈真实的问题，找到解决方法，提高工作效率的过程。

在软件使用方面，我们的认识也应该从"学个 BIM 软件"的层次，提高到"如何利用有效的工具，解决面临问题"的层次。只有从这个层次出发，我们才会从项目整体的角度，从协同的效率提高、全生命周期的概念来理解问题，我们才会真正理解全生命周期的概念。从这个角度讲，对软件功能的理解对于解决需求、解决问题本身都是碎片化的堆砌，我们需要理解问题本身，然后规划流程，采用相应的软件，通过相应的协同管理控制，制定标准和流程，监测项目实施的过程，并建立相应的反馈机制。过程合理，结果也就不会差。在一个合理流程和标准的控制下，我们学习的相应的软件功能才是有用的。否则，即使我们是软件使用的"高高手"，可能对于需要解决的问题也是南辕北辙。我们的努力，也只是在错误的道路上前进了一步。

所以，本书定位在 Bentley BIM 解决方案的应用流程，讲述的是一个解决问题的过程，所应用到的软件工具也不仅仅是 AECOsim Building Designer，还有 Bentley 公司的协同工作平台 ProjectWise，设计校审工具 Bentley Navigator，场景展示工具 LumenRT，结构详图工具 ProStructural 以及 Bentley 市政行业解决方案的核心产品 PowerCivil，甚至是 Bentley 的实景建模系统 ContextCapture。当然在本书中并不会描述这些工具的所有功能，因为，我们讲述的重点是这些软件在解决问题过程中的价值。对于更加详细的功能，用户完全可以通过软件的帮助文件来获得。在此，也建议大家养成看帮助文件（Help）的习惯。

按照之前的规划，Bentley BIM 系列丛书会有 5 本，前面已经出版的两本其实涵盖了之前规划的前三本的功能，这本书也将涵盖后两本的内容，这本书完结后，如果有机会，我可能会写一本 MicroStation CONNECT 版本应用的书，毕竟它作为一个强大的图形平台，太多的优点尚未被人认识到。而且 CONNECT 并不仅仅是一个升级的版本，而是一种协同度更高的工作模式。

在本书中，有些内容会引用已经出版的《AECOsim Building Designer 协同设计管理指南》中的内容，或者为了深入理解某个主题，需要参考这本书中的内容。在后续的内容里，统一以简称《管理指南》来代替。

为了本书所涉及的案例，我需要搭建一个"硬件 + 软件"的协同工作系统，在这个过程中，惠普公司给了我很大的支持，惠普的硬件解决方案的良好表现也令人惊艳。非常感谢惠普公司张诗洁女士的支持，为 Bentley BIM 系统的良好表现提供硬件支持和优化方案，在硬件环境配置环节，我也会将我的感受分享给大家。

赵顺耐

2016 年 12 月

# 说　明

　　本书中涉及 Bentley 很多的软件产品，这些软件随着时间的推移会不断升级，软件界面和功能会有些许变化，本书应用的版本以 V8 版本，对于部分软件采用 CONNECT 版本，例如 Navigator 应用模块。

　　本书涉及的应用模块如下：

- AECOsim Building Designer。
- AECOsim Energy Simulator。
- GenerativeComponent。
- ProStructural。
- PowerCivil。
- Navigator。
- Mobile Apps。
- ProjectWise。
- LumenRT。

　　在本书的讲解中，有时会中英文软件界面混合。在这种情况下，你只需要找到对应的图标即可，操作过程大同小异。

　　因本人理解尚肤浅，书中不当之处在所难免，望各位见谅，我们可以在"Bentley 中文问答社区"（http：//www. AskBIM. com）上做更多的交流。同时您也可以关注微信公众号"BentleyBBS"获得软件下载、教学视频等学习资料。如果有问题，也可以添加我的个人微信"Bentleylib"以便我们做更多的交流。

微信公众号：BENTLEYBBS

我的个人微信

赵顺耐

2017 年 1 月

# 目　录

## 第一篇　BIM 概念、流程及项目实施

## 第二篇  三维信息模型的创建

# 第三篇 模型利用与数据兼容

第一篇　BIM 概念、流程及项目实施

# 1　正确理解 BIM 概念

对于一本技术类的书籍，很多人可能很愿意一开始就看命令的操作，精确的命令操作固然重要，但比其更重要的是在操作之前明确一些概念和步骤，这决定了我们的操作是否有意义。方法和概念是重要的，技术细节是必要的。即便是一个暖通工程师，如果他不想天天画图，终究有一天他会负责一个项目，那么他面对的就不单单是一个暖通专业，他更需要面对的是流程的控制以及各环节的衔接，说到底其实就是协同的概念。能够让项目团队协同起来，提高整体的效率才是工作的重点。

因此，我强烈建议你暂时抛开那些左键右键的操作，细细地听我讲述一些概念的问题，即使你发现我说的是错的，也会给你一个反思的机会，并不断优化自己的流程。在这个讲述中，我会介绍 Bentley BIM 的解决方案，当然更多的面向事情本身，我们首先需要明确问题，对问题进行分类，分清解决的阶段，才能制定步骤，具体实施。

## 1.1　Bentley 公司介绍

可能很多人之前没有听过说 Bentley 公司，以为它是卖车的（宾利汽车与之同名，Bentely 是一个姓氏），其实它是一个已经有 30 多年历史的工程软件公司，其定位是服务于可持续的基础设施行业。对于中国第一批 CAD 用户来讲，对它是很熟悉的，因为它的三维图形平台 MicroStation 和我们常用的二维绘图软件 AutoCAD 几乎同时进入中国，它可能还更早一些，在全球优秀工程项目的背后，也时常会看到它的影子。

**Bentley 公司 Logo**

Bentley 公司始终致力于为设计、建造和运营全球基础设施的企业和专业人员提供创新软件和服务，促进全球经济和环境的可持续发展，改善全人类的生活品质。在 2016 年，Bentley 公司刚刚更换了自己的企业标语，由 "Sustaining Infrastructure"（服务于可持续的基础设施领域）升级为 "Advancing Infrastructure"（优化基础设施行业）。如果前者说明了 Bentley 使命，那么后者则定义了 Bentley 的目标和方向。

在 30 多年的发展历程中，Bentley 公司不断丰富、优化、强化其软件产品，初期其核心是 MicroStation 产品，屈指算来，MicroStation 已经有 32 年的历史了，对于石油石化的用户来讲，他们使用的 PDS［鹰图（Intergraph）公司的工厂管道设计产品］软件设计产品，其实使用的平台是 MicroStation J 版。如果你使用过它，再对比现在最新版本的 MicroStation软件，你会发现很多核心的理念没有变化。很多时候，我们不得不惊叹 MicroStation 软件架构的合理性。特别是对 DGN 文件格式的规划，Bentely 也采取了软件升级，文件格式不升级的方式，这是从用户数据兼容性的角度来考虑，不然它本可以将各版本文件格式设置为不兼容，而强制用户进行升级。正因为此，我们仍然可以使用 10 年前的软件版本打开现在的数据文件。

从产品定位上，Bentley 公司由图形平台进一步丰富成行业解决方案，从单纯的设计产品覆盖到工程内容管理，以及后期的数据利用。从而覆盖工程项目的全生命周期，在最新的 CONNECT 版本里，Bentley 通过利用企业云的概念，将协同的理念提升到一个新的高度。

下面我简单介绍一下 Bentley 公司的发展历程，资料来源于 Bentley 公司 2014 ~ 2015 年度报告。

**Bentley 1984 ~ 1993 年发展历程，MicroStation 是其核心产品**

　　20 世纪 80 年代初，Keith Bentley 就职于美国特拉华州 E. I. DuPont 公司，当时是一名年轻的工程师，他在这里编写的软件成为 Bentley 软件公司的基石，Keith 开发了一款软件，可将廉价图形终端连接到公司的小型计算机，实现了工程图纸和模型的可视化，其软件取得了巨大成功，并在公司内部得到了广泛的应用。

　　1983 年，Keith 离开了 DuPont，加入其兄弟 Barry 在加利福尼亚州成立的软件公司。离开 DuPont 时，Keith 通过协商争取到其独立出售其软件的权利。1984 年，Keith 和 Barry 携手成立了 Bentley 软件公司。第二年，他们将新公司搬到了宾夕法尼亚州的费城。在这里，他们招募到了 Ray 和 Scott 兄弟以及其他几位年轻的工程师。1986 年，Bentley 软件公司着手开发其旗舰产品 MicroStation。这是一款独立的计算机辅助设计（CAD）系统，后来发展为全球领先的基础设施设计和工程解决方案的中流砥柱。1991 年，Keith 的兄弟 Greg Bentley 加入公司，负责管理业务拓展。

**Bentley 1993 ~ 2003 年发展历程，软件产品进一步丰富，ProjectWise 面世**

　　1991 年，Bentley 便引入了一款名为"全面支持计划"的维护和支持产品，该产品为其基于订购的创新业务模式奠定了基础。Bentley 的 SELECT 订购使得用户可以灵活而经济地选择软件，从而满足其不断变化的项目需求。企业级许可证订购（Enterprise License Subscription）和 SELECT Open Access 订购已成为建筑、工程、施工和业主运营商（AECO）市场中"软件为您所用"的基准。它们为个人和企业提供了 Bentley 全面软件组合的无限制使用权限，用户只需按照使用量付费即可，无须支付购买许可证的前期费用。

20 世纪 90 年代，基础设施项目团队广泛分布，人才的虚拟化、简化和安全的协作以及全面的工程内容管理成为 AECO 的头等大事。1998 年引入的 Bentley ProjectWise 旨在满足所有这些要求，并发展为全球 AECO 协作的"黄金标准"。ProjectWise 结合每个 Passport 用户可用的移动应用程序，可拓展整个基础设施生命周期中信息移动化的广度，从而提高项目性能。如今，ProjectWise 在为 283 家 ENR 顶尖设计公司提供服务。

为使用户超越计算机辅助设计（CAD）的限制，创建智能基础设施，Bentley 自 2000 年开始在其产品组合中添加了专业特定的设计建模应用程序。最初添加的应用程序包括用于公路、铁路和场地设计的 InRoads、GEOPAK 和 MX，以及用于流程处理工厂设计的 AutoPLANT。后续的收购扩展了 Bentley 的应用程序产品，使其几乎可以对所有专业的各个基础设施资产进行设计建模。

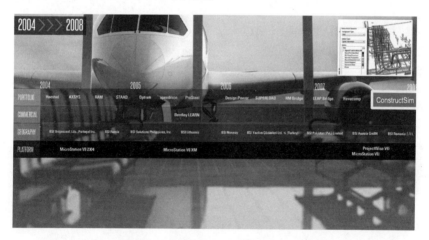

**Bentley 2004 ~ 2008 年发展历程，施工管理 ConstructSim 加入产品线**

自 2004 年开始，Bentley 推进分析建模应用程序的发展，对各种实际情况下的设计行为进行模拟，实现了工程优化选取。接下来的五年里，Bentley 将多款软件纳入其产品组合内。例如，用于水文和水力设计与分析的 Haestad 产品，用于结构工程和分析的 RAM、STAAD 和 ProSteel，用于桥梁设计和结构分析的 RM Bridge，以及 Hevacomp 建筑工程能源分析软件。最近新增的应用程序包括用于海洋结构工程与分析的 SACS 和 MOSES。

Bentley 公司在 2008 年收购了 ConstructSim，用于工作面规划，这是其在施工建模中的第一次重大发展，在设计建模的基础上添加了施工排序、工艺分配和材料采购状态。随着 2014 年 ProjectWise 施工工作包服务器（ProjectWise Construction Work Package Server）的发布，Bentley 的产品扩展至全面的工作打包，为施工流程提供了前所未有的可见性，从而提高了项目性能、可靠性和安全性。

**Bentley 2009～2015 年发展历程，资产管理 AssetWise 以及云的概念开始应用**

2011 年收购了 Pointools 软件，用于处理和编辑点云（使用激光扫描仪捕获的现有条件的三维模型），2015 年收购了 Acute3D 及其软件（通过数码摄影创建三维表示），这两次收购为实景建模搭建了平台。现在，点云和 Acute3D（现 Bentley 产品名称为 ContextCapture）"实景网格"可直接在 Bentley 应用程序中引用，为设计、工程、施工和运营提供真实背景，实现"测量"的持续有效进行（如通过无人机进行的测量）。

Bentley 在 2010 年收购 Exor 和 Enterprise Information（eB）后，推出了 AssetWise 计划，为提高资产绩效的解决方案提供支持。收购的 Ivara（现称为 AssetWise APM）整合了运营支出和资本支出。增加的应用程序 Amulet 将资产绩效管理扩展至资产绩效建模，从而通过绩效和维护历史记录以及状态传感器输入的数据提供运营决策支持，运用预测分析和指导性分析来提高安全性和生产力。

在这 30 多年的发展历程中，Bentley 始终秉承"服务于可持续的基础设施领域"的使命定位，为基础设施行业提供用于资产设计、建造、运营的全生命周期的解决方案。

Bentley's mission is to provide *innovative software and services* for the enterprises and professionals who *design, build, and operate* the world's infrastructure – sustaining the global economy and environment for *improved quality of life.*

Bentley的使命是致力于向全球可持续发展基础设施领域的设计师、建造者及运营管理人员提供创新性的软件和服务，以提高他们的工作质量和效率

**Bentley 公司使命**

在行业上讲，Bentley 为工业与民用建筑、管道及设备和离散制造业、交通运输业和基础设施、地理信息系统四大纵向市场、几十个细分领域提供技术综合服务。

建筑
（工业与民用建筑）

工厂
（管道及设备和离散制造业）

土木
（交通运输业和基础设施）

地理
（地理信息系统）

**Bentley 四大纵向市场**

这几乎涵盖了整个基础设施领域，对于某个具体的行业，例如地铁行业，涉及建筑、场地，也涉及地下管线，还涉及站体和区间；在站体选址上，也会与地理信息相结合。从这个角度讲，不存在一个只涉及建筑本身的建筑项目，也不存在一个单纯的只有管道和设备的工厂项目。我们所说的 BIM 中的"B"，也不仅仅是建筑（Building）的概念，而是一种"泛建筑"的概念。

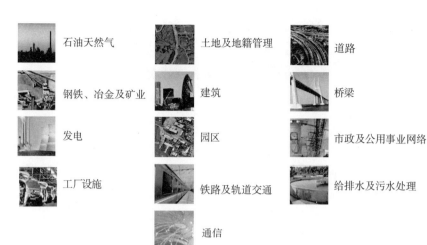

| | | |
|---|---|---|
| 石油天然气 | 土地及地籍管理 | 道路 |
| 钢铁、冶金及矿业 | 建筑 | 桥梁 |
| 发电 | 园区 | 市政及公用事业网络 |
| 工厂设施 | 铁路及轨道交通 | 给排水及污水处理 |
| | 通信 | |

**Bentley 更细的行业划分**

针对每个行业的特定需求，Bentley 公司都提供了相应的软件产品和解决方案。

**Bentley 各行业产品组合**

从某种角度来讲，Bentley 的产品更像是"乐高积木"灵活的组合，形成不同的解决方案，之所以能够"组合"，是因为 Bentley 解决方案的技术架构，即下图中展示的三个平台产品——MicroStation、ProjectWise 和 AssetWise。

**Bentley 的三个平台产品**

为了使这些产品能够互通，Bentley 采用了统一的工程数据平台 MicroStaiton 来协同各模块的数据兼容，同时这个平台具有极强的数据兼容性，对于常规的 DWG、SKP、IFC 等工程数据直接兼容，强大的数据平台可以使我们高效的创建数据、确定数据、交流数据。

对于一个项目团队，如果要协同工作，就会涉及工程数据管理的问题，也就是协同工作的问题，Bentley 的 ProjectWise 就是一个协同工作平台，同时也是一个后期过渡到资产管理的移交平台。在这个平台上，ProjectWise 需要对工程内容、工程标准、工作流程进行管理。这个平台特别适合跨区域的部署方式。例如，华东勘测设计研究院的总部在杭州，在西昌有分院，通过 ProjectWise 跨区域协同工作机制，使不同地域的同一个项目团队能够协同工作。

AssetWise 是资产管理的平台，它面向了业主的业务流程和资产管理。

通过这样的软件技术架构，就形成了 Bentley 基础设施行业的解决方案，其中 BIM 解决方案是其重要的组成部分。

**Bentley 全生命周期定位**

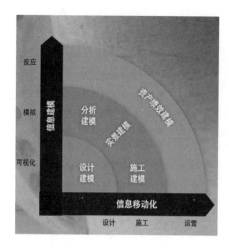

**Bentley BIM 体系架构**

利用 Bentley 的解决方案，全球的工程用户完成了很多优秀案例，引领基础设施行业的技术发展方向。无论是侧重信息建模还是综合项目的公司，以及智能基础设施的用户，Bentley 公司都具有极高的市场占有率。

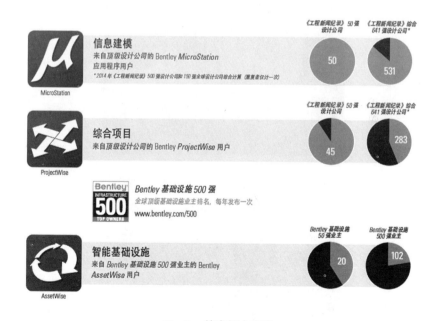

**Bentley 的市场占有率**

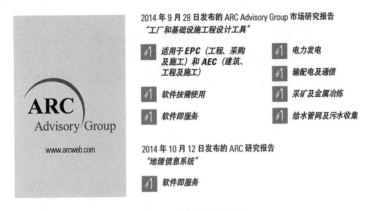

2014 年 9 月 28 日发布的 ARC Advisory Group 市场研究报告
"工厂和基础设施工程设计工具"

#1 适用于 EPC（工程、采购及施工）和 AEC（建筑、工程及施工）

#1 软件按需使用

#1 软件即服务

#1 电力发电

#1 输配电及通信

#1 采矿及金属冶炼

#1 给水管网及污水收集

2014 年 10 月 12 日发布的 ARC 研究报告
"地理信息系统"

#1 软件即服务

**Bentley 市场份额分析**

用户利用 Bentley 公司的解决方案完成了很多优秀的案例，在此简单介绍几个有代表性的项目。

ARUP 公司利用 Bentley 公司 BIM 解决方案完成了水立方项目。北京市建筑设计院和福斯特建筑设计事务所合作，采用 Bentley BIM 解决方案完成了首都机场 T3 航站楼从前期规划、设计到施工指导的整个过程。全球的最大的 Fast 射电望远镜项目也是采用的 Bentley 结构解决方案。在这些大型工程项目的背后，是 Bentley 基于基础设施行业的使命定位。

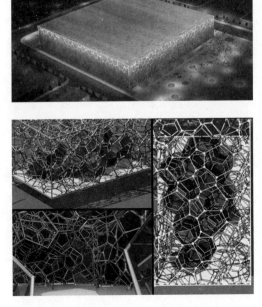

**ARUP 水立方项目，采用 GenerativeComponent 进行前期规划**

首都机场 **T3** 航站楼项目

迪拜火焰塔

广州电视塔

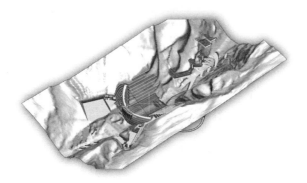

白鹤滩水电站

澳大利亚矿业项目

中国瑞林铜陵项目

数字化城市项目

## 1.2  BIM 项目所面临的需求和挑战

明确问题，才可以解决问题。对于建筑行业来讲，采用 BIM 技术解决所面临的问题，就需要建立一个多专业的三维信息模型，在这个模型里，除了常规的建筑、结构、水暖电外，还需要有场地、地理信息、装饰装修、景观等专业与之配合。

以下面的医院项目为例，该项目包括 36000 平方米的医院和 18653 平方米的医疗办公大楼。项目最终形成了完整的三维信息模型，通过 BIM 技术进行协同设计。具体的流程细节在后面的章节里有介绍。

**医院设计项目**

对于如此的一个 BIM 项目，我们需要知道这个模型是如何形成的，是由哪些专业配合才会形成的。一套完整的 BIM 解决方案软件产品可以用来创建一个用来优化所有专业设计的三维信息模型，单个的专业建立一个模型是没有太多意义的。

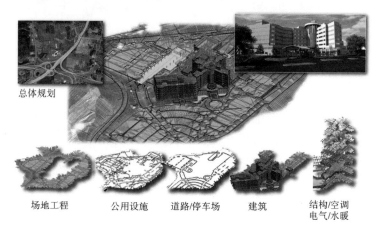

**多专业信息模型——建筑外部**

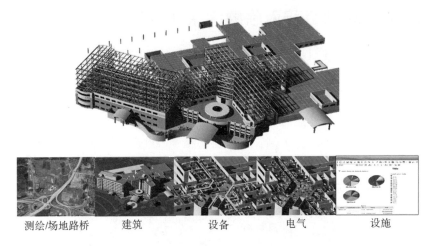

测绘/场地路桥　　　建筑　　　　　设备　　　　　电气　　　　　设施

**多专业信息模型——建筑本体**

从上图可以看到，这是一个以建筑为主的项目，同时需要其他专业配合，从应用覆盖上，也不仅仅局限于设计阶段，还会延伸到后期的运维阶段，如果基于这种全生命周期的角度来看项目，来思考项目的需求，那么在设计时就要考虑后期运维所需的需求，只有这样才可以提高综合效率。这样的需求和实际情况，其实在技术设施的任何行业都是类似的，因此 BIM 技术其实是一种通用的技术。如果非要把"B"简单理解为 Building，那只能说是"信息模型技术"在建筑行业的应用而已。

在各专业的协作过程中，各专业是需要一个工作流程的。在工作流程中，确定了各专业的配合关系、数据的流向、反馈及交流机制。要形成一个结果，就要有一套好用的工具，同时要有流程控制，对于任何行业都有类似的流程规划。

如果我们使用 BIM 技术的定位是为了解决问题，是为了面向全生命周期，那么我们需要面对的问题如下。

**1. 多专业的三维设计系统**

多专业三维设计系统，是通过不同的专业软件来满足不同专业的专业应用需求，彼此协同工作。例如，我们采用 AECOsim Building Design（以下简称 AECOsimBD）来建立建筑、结构模型，通过 ProStructural 建立结构详图模型，通过 STAAD 进行结构分析，这些是软件，但是，为了数据可以流转，可应用 ISM 技术输入输出结构的数据，可以记录变更等。

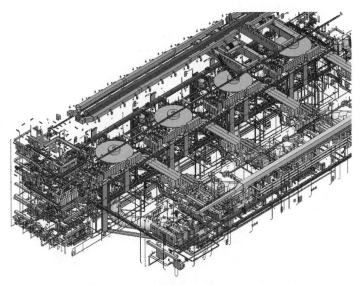

**水电站多专业信息模型**

因此，对这套系统的第一个要求是专业软件必须要齐全，可以满足工程项目的各个环节的需求。单一的软件，只能解决单一的问题，例如，把管道建立成三维的，却把它放在二维的建筑图纸上是没有意义的。如果有了整个建筑的信息模型，但没有场地的，没有市政管道的，也无法满足两个专业工作协同的要求。当然，我们这里说的是建立信息模型的专业工具，而不仅仅是模型，我们可以用任何一个建模软件建立任何专业的模型，但这个模型也只能看看，没有特定的数据和工具来反映专业的需求。

第二个要求是需要有统一的平台，这样就可以使数据无缝流通，而不用导入导出。在此也要明确一个概念，如果采用导入导出，只能是串行工程，不能叫作并行工作。各个专业要并行工作，实时协同工作的前提就是平台统一。

第三个要求是数据互用、共用和兼容。换句话说，这套系统应该兼容常用的工程数据，这样用户就可以使用已存在的或者第三方的数据。这是站在用户已有成果利用角度的最大考量。从数据兼容的角度，需要考虑同类数据和上下游数据。我们已经用 Revit 做了很多 RFA 族文件，当做一些工业设计时，Revit 无法胜任而改用 AECOsimBD 时，是否可以将 RFA 族文件导入到 AECOsimBD 的库里来，这是同类数据的应用。如果是一个工厂类项目，项目中会涉及厂房内的机械设备，这些软件是用机械设计软件来创建的，这就会涉及如何将机械设计成果导入到工程设计环境里来的问题，从而避免重复建模的问题。

**2. 集成的设计环境**

我们总是希望使用尽量少的工具和软件种类完成尽可能多的工作，这就涉及系统集成性的问题。系统的集成性表现在在同一个环境或者软件里完成不同的工作流程。例如，碰撞检测模块是设计过程中经常用到的，如果将其放置在另外一个模块里，就会造成工作过程中多次切换的问题，从系统集成性的角度考虑，碰撞检测的模块就需要放置在各个软件模块的底层。

有的需求由于特点不同，需要采用不同的软件模块，但系统需要提供相应的技术来优化这一过程。例如，结构设计和结构分析所考虑的重点不同，结构设计考虑的是构件的三维空间定位，而结构分析更多的是考虑构件的逻辑连接性和荷载。两者需求不同，不能放置在同一个软件里，那么系统应该提供相应的方式来让设计成果可以导入到结构分析模块里，分析调整的结果也可以反向更新设计成果。需要注意，这不仅仅是简单的导入导出问题，而是对数据的更新、维护，因此，你要知道导回去后，做了哪些改变，以便于有目的地调整。

当然对于设计环节最常用的三维设计与视觉表现、模型建立与图纸输出，也必须集成在一个环境中。

**3. 协同工作管理平台**

如果上面的需求是工程内容创建的问题，那些协同平台其实就是工程内容管理的问题。如果每个人安装一套软件，然后各干各的，效率是无法提高的，也谈不上协同。因为，在工作过程中，无法及时沟通信息，不能及时发现问题，也就无法将问题消灭在初期阶段。这时，单人的"高效率"其实是扩大的问题，因为做的都是无用功。

协同工作平台首先解决的是工程内容统一存储的问题，这样大家面对的是同一组数据，各自干了什么大家都知道。举个简单的例子，几个人的设计所，把文件放到局域网上统一存储，这就是最简单的协同。当然，对于一个大型的项目来讲，参与方不同，所处的地理位置不同，访问方式不同，所具有的权限也不同。

因此，对于协同工作平台的第一个要求就是必须具有分布式的项目部署方式，使不同地点的项目参与方好像面对面工作一样。

第二个要求就是具有灵活的访问方式和项目管理机制，可以根据不同人的应用需求，设置不同的访问权限。这样做的目的是让合适的人，在合适的地点，采用合适的方式，看到合适的内容，建立合适的交流机制。例如，一个施工管理人员，在工程现场，通过 iPad 访问 ProjectWise 协同工作服务器，根据授权，找到所需要的三维模型和项目资料，与工程现场进行比对和校验，发现问题及时反馈到 ProjectWise 服务器上，根据预设的流程，相应的设计人员会收到通知，进行更改，修改完毕后，推送给现场施工人员。这个流程就是协同的工作过程。

第三个要求是对工作内容、工作标准和工作流程的统一管理。对于工作内容的分级授权是最基本的功能，同时还需要进行版本管理、版本比对、操作记录等内容。对于工作标准的统一管理，是为了让所有的人采用同一套工作标准。这其实是工程项目管理的核心所在，这当然需要一套管理机制与之配合。例如，当一个人发现墙体库不够用时，他就会让有权限的人在服务器上增加所需要的类型，这样整个项目团队的参与者就都可以使用了。

**4. 面向全生命周期的定位**

这样的需求是工程内容应用的问题，无论是施工建造和后期的资产管理都应该与设计环节相衔接，可以在设计的基础上进行深化。在施工环节，应该有加工级的信息模型，同时有对施工过程和内容进行管理的系统，以及资产管理的系统，从而能够对资产进行管理、分析以辅助我们做出决策。一个项目从设计到建造，长也就是几年时间，而运维的过程却要持续更长的时间。现在，人们已经充分认识到资产管理在 BIM 解决方案中的价值。这也是 BIM 应用的核心所在。

综上，其实我们需要的是一套从工程内容的创建、管理到应用的整个流程的系统。只有从整体上认识到这一点，我们才能明确所面对的问题。我们的需求反映到对 BIM 系统的要求就是：基于信息模型的协同工作流程，分解为三个名词就是多专业、全生命周期、协同工作。

Bentley BIM 解决方案正是为了解决这些需求而设计的。

## 1.3　Bentley BIM 解决方案

我们先回顾一下 Bentley 的使命："致力于向全球可持续发展基础设施领域的设计师、建造者及运营管理人员提供创新性的软件和服务，以提高他们的工作质量和效率"。所以，Bentley BIM 解决方案的架构不仅仅是几个软件产品的堆砌，而是一个完整的体系结构（如下图所示），在这样的体系结构，是与 EPC 的过程管理相匹配的。

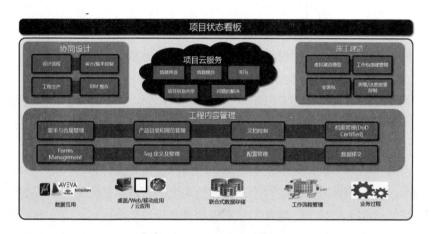

**Bentley 全生命周期解决方案架构**

这样做的目的是建立工程行业的工程数据管理平台，这意味着我们在设计建造完成后，我们的工作重点由项目信息的管理转移到资产信息的管理。这就是数字移交的过程。

**工程数据管理平台**

Bentley 软件架构分为三个层次，即信息模型发布及浏览、工程数据创建与管理、专业的应用工具集，如下图所示。

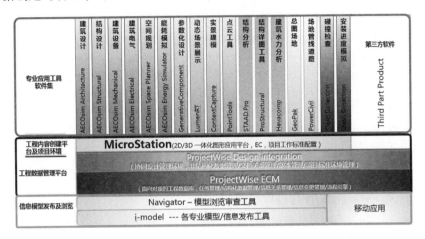

**Bentley 软件产品架构**

需要注意的是，在全生命周期中，同一款软件产品在不同的阶段具有不同的用处，如下图所示。

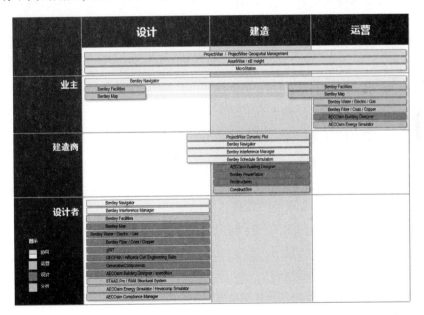

**Bentley 产品在全生命周期的应用**

从上图可以看到，软件产品在全生命周期中相互协作。在设计阶段，AECOsimBD 是核心的设计工具；到了施工建筑阶段，它用来对设计的模型进行加工制作，以满足施工模型的需求；到了运维阶段，同样需要 AECOsimBD 来对模型进行维护管理。

这种软件产品的组合是为了满足应对前述需求，迎接 BIM 工作模式的挑战。所以，Bentley BIM 解决方案的定位和价值就是为了满足这些需求，具体表现如下：

（1）多专业协同工作。

- AECOsim BD，建筑系列。
- ProStructural，结构加工级模型。
- PowerCivil，场地、道路，地下管线。
- Bentley Map，地理规划。
- Navigator，设计校审与模拟。
- Generative，计算级的分析系统。

（2）协同的设计环境。

- 专业协同，内容协同，流程协同。
- 基于局域网和互联网的部署方式。
- 工作内容的分级授权与管理。
- 工作标准的统一控制与流程管理。
- 版本控制与内容管理。

（3）集成的设计环境。

- 设计优化与分析。
- 模型建立与图纸输出。
- 工程设计与媒体表现。
- 设计分析详图一体化。
- 绿色建筑与节能。

（4）面向全生命周期的管理。

- 基于全生命周期的内容创建。
- 施工工作包管理。
- 开放的数据模型。

下面简单讲述 Bentley BIM 解决方案在这四个方面是如何实现的。

## 1.3.1　多专业协同工作

Bentley BIM 解决方案是如何做到多专业协同的呢？

对应于我们的目的，要形成一个多专业的三维信息模型，就必须需要专业齐全的应用软件,同时有相应的技术将各个环节连接在一起。

有很多人理想地认为可以在一个模块里解决所有问题,其实,这是不符合工程实际的。因为一个工程项目被划分为不同的阶段,不同的阶段有不同的任务,不同的任务由不同的人来完成,这本身就特点不同,所以,需要相应的应用模块。就好像微软的 Office 系统有 Word、Excel、PowerPoint 一样,功能不同,却又可以相互引用。

**建筑项目所需要的多专业三维模型**

Bentley 具有齐全的专业模块,可以满足各个环节的功能,同时具有专业之间交流的数据模块,通过利用 ISM 技术来控制结构建模、分析、详图的一体化。

这些专业设计模块,无论是 AECOsimBD 还是 ProStructural,或是场地模块 PowerCivil,都是建立在 MicroStation 的基础上。同时,提供了统一的底层数据结构 ECFramework,这样做就可以实现不仅仅是模型的兼容,而且是信息模型的兼容。i–Model 技术其实就是这种底层数据结构的应用,各个模块通过 i–Model 进行数据综合。同时,Bentley 提供了很多的第三方插件,可以将 PKPM、Revit 等信息模型融入到 Bentley 的体系里。

为了协调各个专业的协同工作,满足协同的工作模式,Bentley 还提供了 ProjectWise 协同工作平台,来对工作内容、工作标准以及工作流程进行管理。

对于这样的架构规划,可以简单地总结为三句话:①多专业的三维信息模型；②面向全生命周期的定位；③协同工作和信息管理。

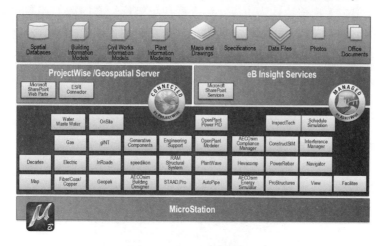

**Bentley 丰富的软件模块**

下面简要介绍一些主要的软件模块。

**1. AECOsimBD——建筑系列设计模块**

AECOsimBD 涵盖了建筑、结构、建筑设备及建筑电气四个专业设计模块，同时也将能耗分析模拟加入其中。其中的建筑设备又涵盖了暖通、给排水及其他低压管道的设计功能。

**AECOsimBD 操作界面**

在软件架构上，AECOsimBD 已经将三维设计平台 MicroStation 纳入其中，这既解决了分别安装时版本匹配的问题；又使图形平台和专业设计模块直接结合得更加紧密。对于使用者来讲，它是一个整合、集中、统一的设计环境，可以完成四个专业从模型创建、图纸输出、统计报表、碰撞检测、数据输出等整个工作流程的工作。

**AECOsimBD 快捷方式**

对于 AECOsimBD 来讲，它的优点在于多专业的高效协作，这里讲的多专业也指出于同一 MicroStation 的其他应用产品，这样可以进一步提高可互操作和可扩展的能力。对于交付成果，通过 Hypermodel 超模型技术，可以将更丰富的信息附加给主体，更清楚地传达设计意图。例如，可以将一个文档、一个网址、一个厂家说明作为信息（information）附加给构件，所以，在此，我们也应该充分理解 BIM 中的"I"的丰富含义。

**2. GenerativeComponent——衍生式建模技术**

GenerativeComponent（以下简称 GC）是一种智能几何技术（SmartGeometry），它是通过描述逻辑的方式帮助我们思考，以优化方案，快速完成工作。从原理上讲，它描述的是人的思维，而不是结果。

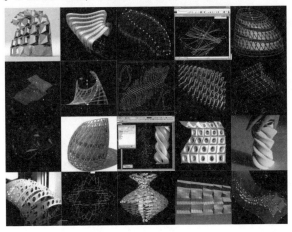

**GC 模型推敲案例**

　　当然 GC 解决的不仅仅是模型推敲的问题，它对关联性思维的描述，可以用于解决很多问题。在下图中，通过描述关联关系，GC 可以用来帮助设计者推敲建筑形体与建筑性能、阴影、光照等因素的关系。

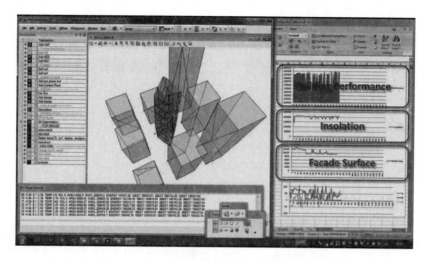

**GC 用于建筑性能模拟**

　　在 AECOsimBD 的 SS6 版本里，GC 可以与之集成，这样的集成体现在 GC 的逻辑关系可以控制 AECOsimBD 的信息模型构件。

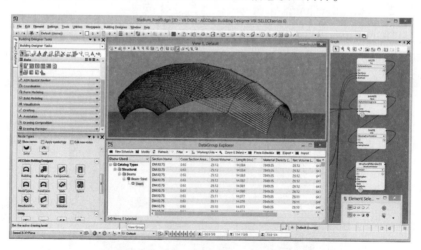

**GC 控制 AECOsimBD 的信息模型构件**

全球有很多使用 GC 所实现的优秀案例。

**ARUP：ALDAR HQ，Abu Dhabi**

**TVS and Associates：Dubai Tower**

### 3. ProStructural——结构详图软件

ProStructural 是加工级的结构详图软件模块，分为了 ProSteel 和 ProConcrete 两个应用模块，即钢结构模块和混凝土模块，它直接面向加工制作环节，可生成精细的加工模型，里面内置了符合中国标准的节点类型，可以生成材料报表和加工详图。

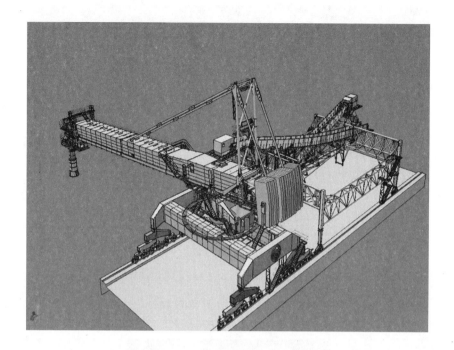

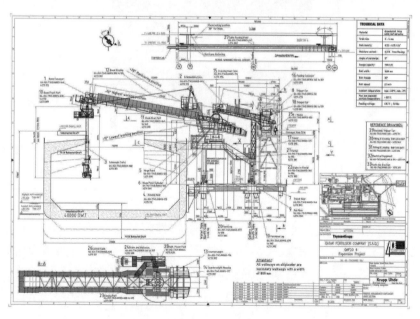

**ProStructural 钢结构案例（一）**

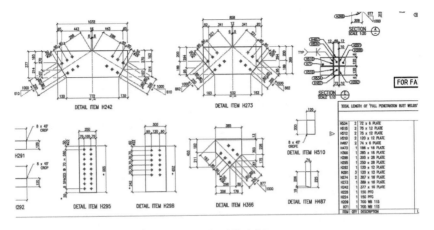

**ProStructural 钢结构案例（二）**

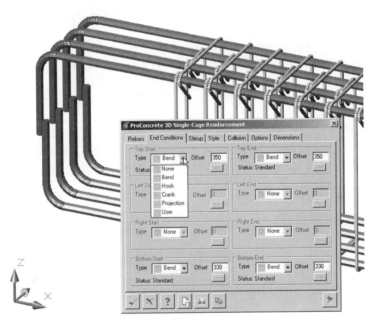

**ProStructural 混凝土案例**

### 4. STAAD. Pro——结构分析模块

STAAD. Pro 是应用广泛的结构分析模块，立面内置了简化、实用的单元库，例如桁架元、梁元、膜元、板壳元、块元、杂交板元等；含有20 多个国家的标准型钢库及自定义非标库；可以自动生成荷载与效应组合（风、地震、温度、支座沉降、静水压力、楼面荷载、GB50009、ASCE7、EC 自动荷载组合）。同时，它是一款国家化的软件，符合多国结构设计标准（中、美、日、俄、德、法、印、英等），具有实用、灵活的分析功能（线性静力、Pdelta 分析、多重分析、线性屈曲分析、只拉/只压分析、自由振动模态分析、反应谱分析、时程反应分析、稳态分析、推覆分析）。

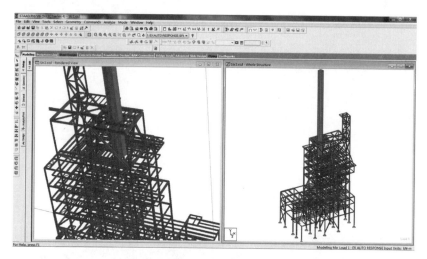

**STAAD. Pro 结构分析**

### 5. PowerCivil——市政设计模块

PowerCivil 可以进行场地设计、道路设计、测量、数字地模及地下管线设计。它具有三维可视的设计环境，包含了标准的横断面和模板库，可以快速生成廊道等信息模型。如下图所示，我们可以更清晰地了解 PowerCivil 的性能。

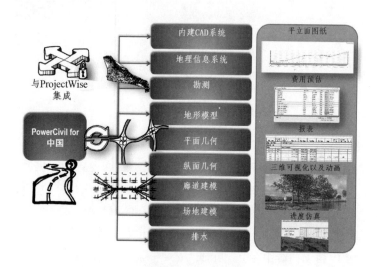

**PowerCivil 功能图示**

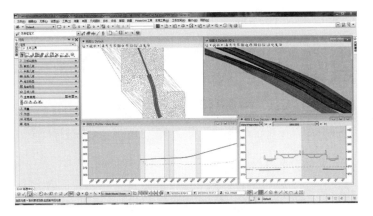

**PowerCivil 操作界面**

### 6. Bentley Map——地理信息系统

Bentley Map 是专业的地理信息系统，具有智能的三维对象编辑工具，可以对 2D/3D 空间数据进行分析，完美地支持 Oracle 三维空间对象，基于 SQL 和 Oracle 的空间数据流技术，具有强大的点云处理技能，可以实现对移动设备的完美支持，具有可以发布高质量地图的发布技术，可以与其他 GIS 系统完美兼容。

**Bentley Map**

## 1.3.2 集成的工作环境

Bentley 集成的工作环境体现在两个方面：一方面是对数据的集成，另一方面是对应用的集成。

**1. 数据的集成**

当使用基于 MicroStation 的任何软件打开文件时，会看到对数据的强力兼容。

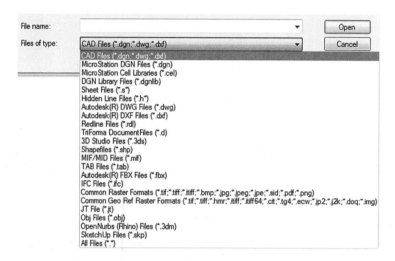

**Bentley 数据兼容性**

同时，系统还可以通过导入和导出，兼容不同的数据类型。

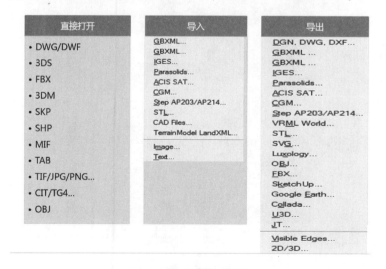

**Bentley 兼容的文件类型**

　　如果用户面对的是一个工厂类的项目，就会涉及很多的机械设备。Bentley 可以支持西门子 JT 文件格式。

**Bentley 对 JT 文件格式的支持**

　　通过对 IFC 文件格式的支持，用户可以在不同软件及不同应用之间进行数据交换。

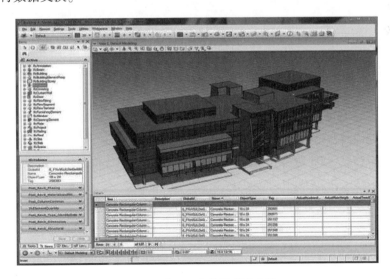

**Bentley 对 IFC 文件格式的支持**

**IFC 导出设置**

对于二维设计常用的 DWG 文件格式，Bentley 也可以无缝兼容。实际上，Bentley 从很久以前就开始完全兼容 DWG 文件格式。很多用户甚至把 MicroStation 当作 DWG 文件的版本转换器，因为使用 MicorStaiton 可以实现任意两个 DWG 文件版本的转换，例如，可以将 DWG 的 2014 版本直接存成 2008 版本。AutoCAD 本身甚至无法完成这个功能。

大概是在 2008 年，Bentley 公司也与 Autodesk 公司达成了一项战略协议，双方通过对方的 API 来兼容相应的文件格式。这其实就是 RealDwg 技术。当安装 Bentley 的相应软件时，就可以看到系统已经安装了这个模块。

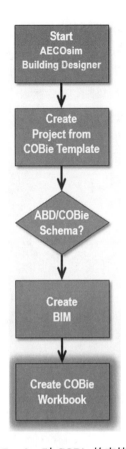

**Bentley 对 COBie 的支持**

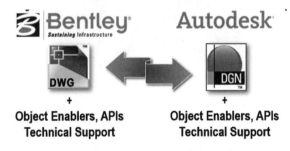

**Bentley 对 DWG 文件的兼容**

　　在数据获取方面，除了传统的三维建模方式外，用户还可以通过点云和图片转化方式进行实景建模。

　　2015 年 2 月，Bentley 收购了总部位于法国的实景建模软件提供商 Acute3D（现 Bentley 产品名称为 ContextCapture）。实景建模可将现有条件的观测结果处理成与设计建模和施工建模环境中的背景相吻合的表示形式。无论是高度专业的相机还是内嵌在智能手机中的相机，Context-Capture 软件都可利用其拍摄的数码照片自动生成具有高分辨率的真实三维表示。因此，对于每位基础设施专业人士而言，实景建模已触手可及。ContextCapture 与 Bentley 平台进行完美融合，数据兼容，优化整个基础设施资产生命周期内的信息移动化。

**Bentley** 实景建模技术

通过激光扫描的方式，我们可以得到点云数据，使用 Bentley 的 PointTools 就可以对这些数据进行处理。

Bentley 点云技术

兼容 Autodesk 公司的库文件

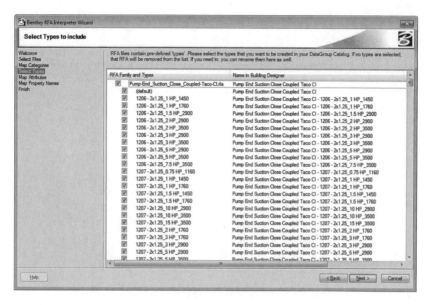

**对 Revit 族文件的支持**

除了对这些数据文件的兼容，Bentley 还提供了两种数据技术来沟通不同环节的数据应用。这就是 ISM 和 i – Model。

ISM 是 Intergrated Structural Model 的缩写，从名称上讲，它是为了实现结构设计、分析、详图一体化而设计的。通过 ISM 技术，可以将结构设计的各个环节综合在一起。

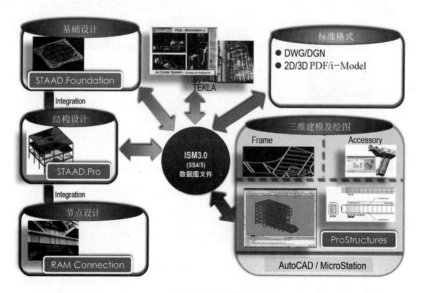

**ISM 工作流程**

从某种意义上讲，不能简单地将 ISM 理解为一种数据格式，而是要将其理解为一种数据交换、集成的结构仓库。它是为结构专业量身定制的，记录完整的结构数据，同时，具备记录数据变更的能力，通过 ISM 数据交换方式，可以实现 Bentley 结构产品的数据交互，并提供了第三方的数据接口。例如，与 PKPM、TEKLA 等软件进行数据交换。同时，ISM 可以与 IFC 通用数据格式进行数据交换。

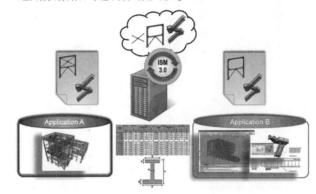

**通过 ISM 进行数据交换**

**ISM 数据交换**

i‑Model 是信息的收集、交换和存储技术，Bentley 不同的应用程序都具有发布为 i‑Model 技术的功能。发布的过程对信息模型进行了轻量化，并结构化了数据，这有利于后期的数据应用。Bentley 公司的资产运维管理平台 AssetWise 其实就是通过 i‑Model 技术来进行数据收集的。

**i‑Model 技术**

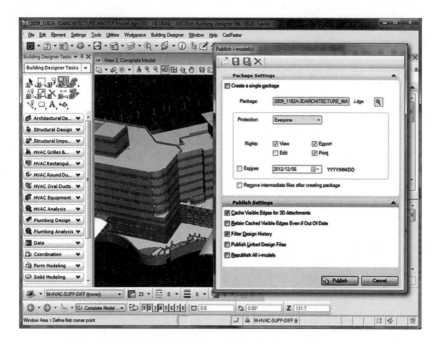

**AECOsimBD 发布 i – Model**

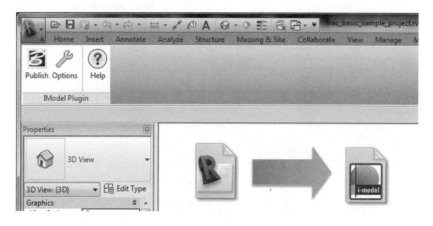

**Revit 通过插件发布为 i – Model**

## 2. 应用的集成

应用的集成，是将我们想干的事情尽量集成在同一个环境中，任何 Bentley 桌面应用程序都集成了一个照片级的渲染引擎 Luxology。建完模型后，可以马上输出照片级的渲染效果和动画演示。这样就可以避免为了渲染而不得不在第三方软件中重复建模的问题。

**Bentley** 照片级渲染效果

对于建筑物外部的大场景展示，可以使用 Bentley 新收购的 LumenRT 来实现。在安装 LumenRT 时，系统会提示用户选择需要安装的程序，使用它可以实现电影级的视频输出和动态场景展示。

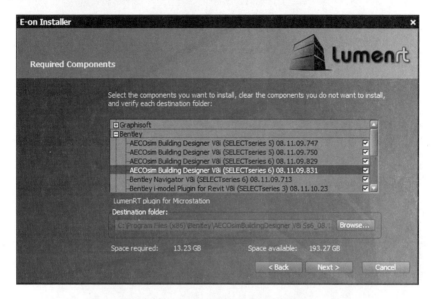

**安装 LumenRT 时，应用程序的选择**

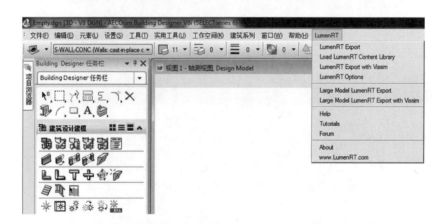

**在 AECOsimBD 里的 LumenRT 输出菜单**

**LumenRT 实景展示效果**

与渲染模块相同的，碰撞检测和进度模拟模块也是内嵌在底层的平台上的。

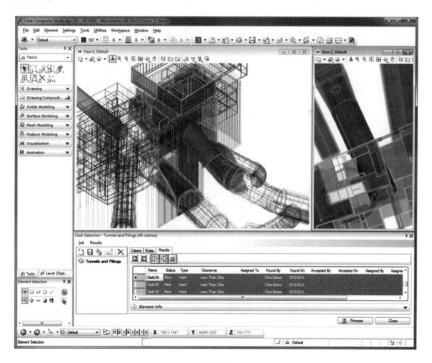

**碰撞检测**

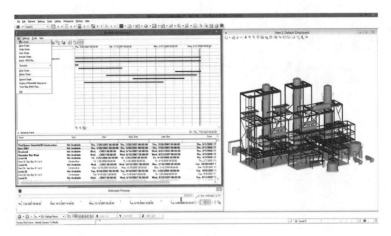

进度模拟

对于应用的集成，还体现在如下图所示的几个方面：

可扩展的数据结构

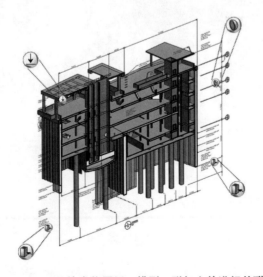

**HyperModel** 技术将图纸、模型、附加文件进行关联

内建的地理信息系统，可以与 **Google Earth** 等软件进行集成

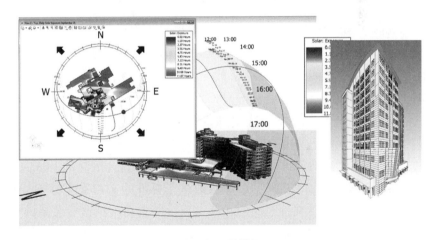

光照与阴影模拟

### 1.3.3　协同的工作平台 ProjectWise

对于任何工程项目而言，都会有很多部门和单位在不同的阶段，以不同的参与程度参与到其中，包括设计单位、施工承包单位、监理公司和供应商等。目前，各参与方在项目进行过程中往往采用传统的点对点的沟通方式，不仅增加了开销，提高了成本，而且也无法保证沟通信息内容的及时性和准确性。

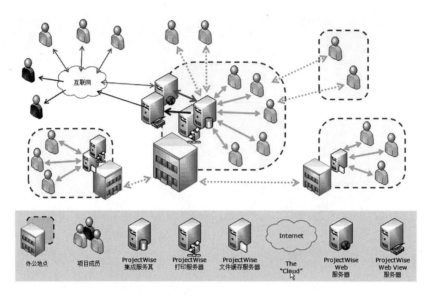

**将分布式团队中的人员和信息联系在一起**

ProjectWise 为项目生命周期中各个参与方提供了一个统一的工作平台，改变了传统的分散式交流模式，实现了信息的集中存储和访问，缩短了项目的周期时间，增强了信息的准确性和及时性，提高了各参与方协同工作的效率。

### 1. 管理各种动态的 A、E、C 项目内容

目前工程领域内使用的软件众多，产生了各种格式的文件，这些文件之间还存在复杂的关联关系，这些关系也是动态发生变化的。ProjectWise 结合工程设计领域的特点，不仅改进了标准的文档管理功能，而且有效地控制了设计文件之间的关联关系，并自动维护这些关系的变化，减少了设计人员的工作量。

ProjectWise 主要管理的文件内容：

- 工程图纸文件：DGN/DWG/光栅影像……
- 工程管理文件：设计标准/项目规范/进度信息/各类报表和日志文件……
- 工程资源文件：各种模板/专业的单元库/字体库/计算书……

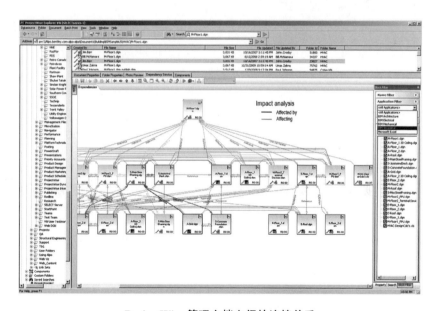

**ProjectWise** 支持众多的国际知名厂商开发的软件产品

**ProjectWise** 管理文档之间的连接关系

## 2. 项目异地分布式存储

大型工程项目参与方众多，而且分布在不同的城市或者国家。ProjectWise 可以将各参与方工作的内容进行分布式存储管理，并且提供本地缓存技术，这样既保证了对项目内容的统一控制，也提高了异地协同工作的效率。

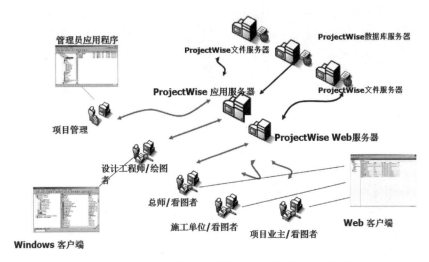

**ProjectWise 支持 B/S 及 C/S 结构，连接设计、施工和业主**

### 3. 支持多种访问方式

ProjectWise 是典型的三层体系结构，既提供了标准的客户端/服务器（C/S）访问方式，以高性能的方式（稳定性和速度）满足设计人员的需求；同时也提供了浏览器/服务器（B/S）的访问方式，以简便、低成本的方式满足项目管理人员的需求，包括总工、项目经理、业主等。移动设备访问包含了 iPad 和 Android 设备的访问，为现场工程师提供了随时随地访问 ProjectWise 数据的功能。

### 4. 安全访问控制

ProjectWise 采用数据层和操作层分离的方式，加强了可控制性和安全性。对于用户访问，采用了用户级、对象级和功能级三种方式进行控制。用户需要使用用户名称和密码登录系统，按照用户预先分配的访问权限，访问相应的目录和文件，这样保证了适当的人能够在适当的时间访问到适当的信息和版本。

### 5. 多版本的管理

ProjectWise 提供多版本的控制和管理功能。版本的数量没有限制，只有当前的版本可以编辑，历史版本可以回溯。整个版本创建和恢复都有完整的记录。

### 6. 完全自定义的属性设置

ProjectWise 提供了与 Windows 类似的文档属性，同时也支持用户按照项目的要求自定义属性，并且提供可定制的展示界面。

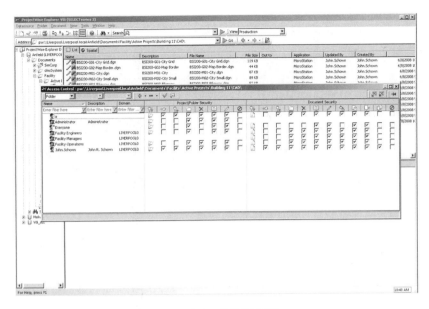

**ProjectWise 的授权机制**

### 7. 强大的搜索工具

ProjectWise 可以根据文档的基本属性进行查询，包括文件名称、更新时间等；也可以对自定义的属性进行搜索；同时也支持全文本搜索和工程组件/构件索引。搜索的条件可以进行保存，保证了查询结果的实时更新。

### 8. 动态审阅

ProjectWise 的动态审图功能完全适合国内的工作模式，利用电子笔直接在纸质文件上进行校审和批阅，校审意见可以自动同步到 Project-Wise 系统中的电子文档上，大大减少了收集意见并电子化的工作量和时间。

### 9. 工作日志

ProjectWise 自动记录所有用户对文档进行的操作过程，包括用户名称、操作动作和时间以及用户附加的注释信息。

### 10. 内部消息沟通

ProjectWise 用户之间可以通过消息系统互相发送内部消息和邮件，通知对方设计变更、版本更新或者项目会议等事项，也可以将系统中的文件作为附件发送。同时 ProjectWise 还支持自动发送消息，当发生某个事件，如版本更新、文件修改、流程状态变化等，会自动发送消息给预先指定的接收人。

**11. 扩展性开放接口**

ProjectWise 提供了开放的数据接口，可以和其他的管理系统进行数据集成。同时提供了二次开发包，所有接口都是基于 C/C + + 语言的 API，方便用户根据自己的业务需求进行二次开发。

ProjectWise 作为项目统一的工程内容管理平台，贯穿在项目的整个生命周期过程中。各专业软件通过直接或者间接（转换成 i – Model）的方式把设计成果按照计划的时间节点放到 ProjectWise 中进行统一管理。

**12. 与其他业务/管理系统的对接**

通过二次开发可以和 MS Project、P3、P6 等进度计划系统交互数据。

ProjectWise 也可以管理由其他业务系统产生的文件（Word、Excel、PDF 等），通过二次开发实现一定程度上的关联。

**13. 与设计工具的集成**

ProjectWise 可以与 Bentley 公司的 AECOsimBD 进行无缝集成，管理三维模型的参考关系并进行图框属性交换；也可以与 AutoCAD 系列产品进行集成。

ProjectWise 提供了图形化界面显示三维模型之间的参考关系。

对于其他不能直接集成的软件，可以管理由这些专业软件所产生的中间结果或者成品（i – Model、PDF 等）。

**14. 与三维检视、碰撞检查和进度模拟工具 Navigator 的集成**

ProjectWise 在三维设计和工程模型设计检视、碰撞检查以及施工安装模拟过程中，为管理者和项目成员提供了协同工作的平台，他们可以在不修改原始设计模型的情况下，添加自己的注释和标注信息，批注文件自动保存到 ProjectWise 系统中。

ProjectWise 具有三大优势，即工作共享、内容重复利用和动态反馈机制。

在工作共享方面，ProjectWise 的目的是建立和有效管理正在进行的工作。这体现在跨领域和项目团队的协作，实时沟通的工作流程，例如，设计校审流程。信息的共享和交互使用，保证文档的安全有效。

**ProjectWise 三大优势**

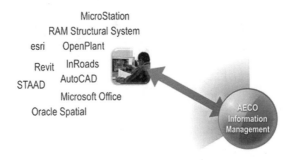

工作共享

在工程内容管理方面，ProjectWise 体现在项目的所有参与方，都可以根据不同的权限，及时得到准确的工程数据。

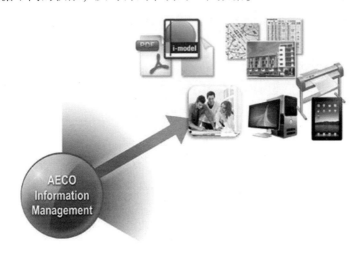

**内容重复利用**

在动态反馈方面，ProjectWise 是为了让项目团队及时进行交流，快速地同步反馈和解决问题；确保将反馈发送给合适的团队成员并与原始的设计文件建立关联；快速地创建和共享标记及反馈；发现并解决冲突，简化审查工作流程和自动执行审批流程。

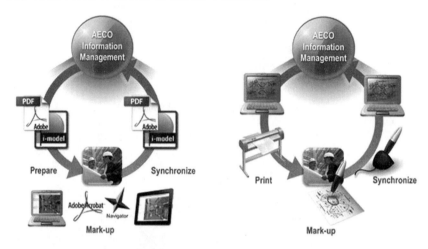

**ProjectWise 动态反馈机制**

## 1.3.4 为运维提供可靠的资产

当完成设计和施工后，将工程内容移交给业主，这时工作的重点就是工程内容的再增值。

运维管理涉及太多内容，我们只是简单地从三个方面来简单叙述 Bentley BIM 解决方案的定位。

**1. 工程内容**

资产管理的工程内容是来源于 EPC 提交的内容，并在此基础上增加维护信息，并根据需求增加新的内容。

**2. 资产表现**

在资产表现方面，关注的是资产运行的状态，也就是资产的可靠性。

**3. 业务表现**

通过对资产的运行指标进行分析，对业务效率进行评估，为资产的决策提供基础。

为了实现上述目标，需要解决数据能用、数据唯一和数据收集的问题。

在数据能用这一点上，在设计初期，就为每个构件增加了可扩展的编码系统，这保证了数据是可以被运维环境使用的。同时，可通过i–Model技术进行数据收集。当然 Bentley 公司提供了基于 AssetWise 的资产管理系统，帮助用户实现全生命周期的运维管理。

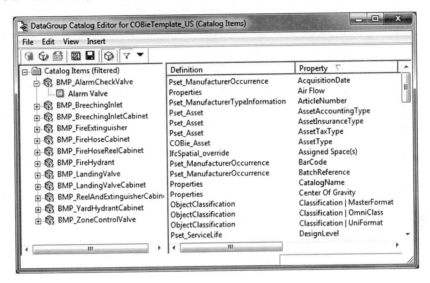

**唯一的、可扩展的编码系统**

综上所述，Bentley BIM 解决方案从用户面临的需求或者挑战出发，来规划相应的软件模块，发展相应的技术，从而能够综合地提高用户的工作效率。

让我们最后再回顾下，需求和方法的对应关系。

- **多专业三维系统工作**
  - 专业必须要齐全
  - 平台需要统一
  - 数据互用、共用及兼容
  - 基于项目的综合平台，场地/地理信息

- **协同工作管理**
  - 分布式的项目部署方式；
  - 灵活的项目管理及访问方式；
  - 工作内容，标准，流程统一管理；
  - 平台可扩展

- **集成的设计环境**
  - 同一个环境完成不同的工作流程
  - 设计与分析一体化；
  - 三维设计与视觉表现；
  - 模型建立与图纸输出；

- **面向全生命周期的定位**
  - 与设计环节的衔接
  - 加工级的模型建立与制造；
  - 施工内容管理与过程控制；
  - 运维过程管理及增值服务

**项目需求或挑战**

**多专业协同工作**

- AECOsim BD建筑系列
- ProStructural结构加工级模型
- PowerCivil场地、道路、尽管
- Bentley Map地理规划
- Navigator设计校审与模拟
- Generative计算级的分析系统

**协同的设计环境**

- 专业协同，内容协同，流程协同
- 基于局域网和互联网的部署方式
- 工作内容的分级授权与管理
- 工作标准的统一控制与流程管理
- 版本控制与内容管理

**集成的设计环境**

- 设计优化与分析
- 模型建立与图纸输出
- 工程设计与媒体表现
- 设计分析详图一体化
- 绿色建筑与节能

**面向全生命周期的管理**

- 基于全生命周期的内容创建
- 施工工作包管理
- 开放的数据模型

**Bentley BIM 解决方案的定位**

# 2    BIM 项目流程控制与实施规划

第 1 章明确了 BIM 的概念，也明确了 BIM 项目工作的重点，那么如何开始一个 BIM 项目呢？

在开始项目之前，需要明确自己的角色。如果给自己的定位只是一个工程师，只需要知道软件的实际操作，那么你大可跳跃到第 2 章直接开始。但如果定位自己是个 BIM 项目的管理者，那么在项目开始之前，就需要明确一些东西，无论前期已经了解了哪些软件厂商的技术。到了这个阶段，我们所需要做的就是将所了解的技术体系和生产需求相结合，制定出所需要的工作流程。

在考虑这个流程时，面对的是整体需求。但在大多数情况下，用户往往是在参加了一些会议后，购买了一些"BIM 软件"，再参加一些软件的"初级、高级、高高级……培训"就开始干了。在干的过程中，问题就出现了，发现事实并没有想象的那么完美，很多时候遇到了无法解决的问题，没有得到想象中的"高效率"，反而比传统的效率还要低。

看起来很美的东西，为何实际却并非如此，这其实就像我们采用诺基亚的使用习惯来操作 iPhone。按照老的习惯和流程来使用新的系统，当然会遇到新的问题，以前的操作当然也无法在新的系统里实现，这就是太多使用者在进行 BIM 项目时所遇到的困境。

为了解决这个问题，我们需要了解的事实是，BIM 的实施 80% 是管理的问题，技术只是辅助，不要期望软件、系统代替人。同时，也不要孤立地理解传统设计模式和 BIM 设计模式的优劣，不要孤立、简单地看三维与二维设计的关系。BIM 设计模式不是颠覆，不是对立，而是在传统设计模式基础上的优化和有针对性地解决一些问题。我们之所以采用 BIM 的工作模式，是因为传统的工作模式面对一些问题不能解决或者很难解决，例如，对于一些复杂的空间布置，二维设计可能无法描述，或者很难涉及空间的细节，而使用三维模型来推敲设计就很容易。当然，在使用的流程上，需要结合传统设计模式和 BIM 工作模式的特点，制定符合自己的工作流程。

## 2.1 Bentley BIM 项目实施流程

### 1. 需求分析过程

对于一个 BIM 项目，首先需要做的就是需求分析，这个过程所需要做的内容，在《管理指南》一书中已经有很详细的叙述，具体细节和内容不再赘述。这些需求所涉及的问题应该分为两类：一类是管理问题，另一类是技术问题。所以，我们的需求并不仅仅是形成一个 BIM 成果，而是要建立一个流程和一支团队，这势必会涉及角色划分和权限分配，以及与之配合的管理制度。

对于一些成果类内容，就会涉及一些细节的技术问题。当面对这些技术问题时，我们也需要对问题进行分类，是软件功能的问题，还是流程问题，这些问题是否是由于采用传统的流程造成的，这与第二步规划梳理工作流程密切相关。例如，我们需要采用移动端来访问协同工作系统，展示信息模型，反馈现场信息，这个时候，就需要考虑与之相关的技术问题，如软件方面是否有相应的模块，以及对浏览的信息进行分类等。

需要注意的问题是，很多 BIM 从业者进行需求分析时，都做得比较粗，这个过程需要注意两个问题，一个是细化明确问题，另一个是对问题进行诊断、分析、归类。只有明确了自己想要的，制定的方法和流程才是有效的，如果前者不准确，后面的方法和流程也就没有针对性。

### 2. 规划梳理工作流程

当需求明确了，就可以考虑流程的问题。这个过程是将需求分析中不同角色的人，分配到不同的环节，明确各个环节的配合关系以及数据流向。

举个简单的例子：对于一个项目实施的过程来讲，各个专业根据项目的类型，具有相互配合、衔接关系。可能开始时，总图专业给出整体的设计条件，各专业开始方案选型。这个过程可能是二维的配合过程。在这里，需要明确这样一个概念，BIM 不仅仅是一个三维信息模型，而是一个协同工作过程。不要狭义地理解为 BIM = 三维。

当方案确定后，可能由主专业给出整体的定位基准——轴网，然后大家参考同一个轴网进行工作，进行项目的前期方案设计。对于结构专业，可能先考量建筑提出的造型需求，配合进行结构设计。大概确定后，开始把结构设计的模型导入到结构分析软件里进行细节审核，以最终进行方案确定。

这个过程是不断往复的过程。大家都是通过三维信息模型来进行交互。等初步设计完成后，结构专业就可以将具体的数据通过 ISM 数据交换方式，导出到 ProStructural 中进行详图的结构设计，以指导后续的施工过程，或进一步校核初步设计。

**3. 区分管理者和操作者**

对于流程的控制，需要不同人员参与。这些人员应该具有层级的划分，明确相应的职责。例如，哪些内容是管理者做的，哪些是使用者做的，区分了人员，就可以给不同的人设定不同的操作指南和目标范围。

**4. 明确各个环节的接口**

这其实是将每个环节连接成流程的过程，需要明确每个环节做什么，需要向上游、下游环节传输哪些数据，通过何种方式传输，如何确认。

在工业项目里，设备和管道作为主专业。当其参数确定后，我们需要将设备和管道的参数传输给结构专业，以确定支吊架的参数，外形范围也需要传输给建筑专业，以进行空间布局。这就是需要传输的数据，然后明确传输的内容和形式。例如，通过三维信息模型的属性，将设备的本体荷载、运行荷载传递给结构专业；将模型 + 预留空间的要求传递给建筑专业。这其实也是一个交互的过程。这个过程很多时候是通过 ProjectWise 工作流程的制定来实现的，它可以将制定好的流程固化并驱动整个流程，保留记录，确认反馈。

**5. 明确技术问题**

以上四个问题解决了，那么最后才是必要的技术问题。例如，根据项目需求，确定部署形式，如果是多地的项目团队合作，就需要规划 ProjectWise 的网络架构。再根据需求来安装不同的服务模块的功能软件。例如，需要将移动端的访问给施工方，那么就需要在 ProjectWise 上设定相应的权限，安装 Mobile Publisher 来适应这部分功能。如果是异地访问，就需要部署 ProjectWise 的缓存服务器和网关服务器以及设定相应的网络参数来支持。对于整个项目团队的工作环境，也需要统一部署，并建立更新机制。最后才是每个具体软件的操作使用。

从以上实施的流程看，你会发现，这不仅仅是软件操作那么简单，但是对于一个项目的管理者，这些其实并不难，因为，我们解决的都是必须要面对的问题。

## 2.2　BIM 项目实施的步骤

从时间维度来划分，我将 BIM 项目实施的步骤分为了标准的多个实施阶段。

### 2.2.1　实施的基本原则

**1. 由点到面**

在没有梳理出自己的工作流程来满足自己的需求时，我们是不可能做到"全面"推广的，那样做会遇到很多不可预知也可能无法解决的问题，所以需要一个详细的需求分析过程来对自己的工作流程和需求进行梳理和总结。

**2. 循序渐进**

循序渐进的意思是将需求分阶段，将目标进行分解，然后分层分级进行控制。大多数情况下，我们很容易把后面的需求提到前面去，这样做太着急了。当三维模型还没有建立完善的时候，就不要设想数字化施工和数字化运维。

### 2.2.2　实施的基本步骤

**1. 需求分析**

需求分析是个不可缺少的过程，这也是为何我把这个过程放在前面的原因，先弄清楚自己想干什么，不要急于开始。

**2. 基本培训**

软件培训的目的是理解软件可以干什么，这个过程千万要记住，要安排特定的人针对特定的需求和软件进行学习，这样做才有意义，才能实现人力、时间、资源的有效利用。

培训过程中，之前需求分析的结果会与软件的功能进行对应，并找到解决方法。

**3. 导航项目**

导航项目的目的是验证软件的功能，提炼自己的需求，完善自己的标准。导航项目结束后，应该对需求做梳理，对实施的流程做梳理，对工作标准做梳理。

**4. 制定标准**

制定标准是在实际导航项目的基础上进行的，是为全面推广做准备。全面推广的前提是保证需求可以得到解决，以确认工作流程可以走通。这就需要用户修正工作环境，形成自己的操作手册和管理手册。

**5. 全面推广**

这个过程是检验流程是否正确的过程，也是完善、深化流程和标准的过程。

### 2.2.3　实施的七个层次

如果涉及具体的操作层面，实施过程又可以分为 7 个层次。

**1. 系统安装**

保证底层顺利运行。

**2. 整体培训**

明确可以做什么。

**3. 需求分析**

想要干什么和能做什么相结合。

**4. 调整环境**

固化需求，形成标准。

**5. 测试项目**

解决问题，验证流程。

**6. 总结过程**

需求是否到位，是否有补充和修正。

**7. 流程固化**

找到方法，对应需求。

任何事物都有规律，但处理事务的方法没有定势。真实地面对，细心地思考，分步骤实施，技术 + 管理 + 咨询，无论是对于人、企业、项目都是不错的实施方式。

### 2.2.4　具体内容控制

在完成一个详细的需求分析后，需要制定一个详细的项目实施计划，以便对目标、人员、需求、工作分解等内容进行规划。下面是一个实施计划的案例，需要注意的是，实施计划是在需求分析的基础上进行的。

# 目　录

**项目实施计划案例**

　　实施计划是对项目的宏观控制，要将这些计划落实，就需要一个实施细则，实施细则是给每个参与人员用的，所以必须对具体内容进行细化。例如，项目的目录、文件模型划分原则、定位等。

# 目　录

**项目实施细则案例**

我们甚至会为每个不同角色的工程师制定软件安装和环境设定的安装配置手册，设定使用指南和管理指南手册，以指导具体工作的实施。

在每个阶段完成后，需要有总结性的日志及评估表，以动态地发现问题，并进行调整。

| 客户信息 | 姓　名 | 杨益 | | 电话 | |
|---|---|---|---|---|---|
| | 公司名称 | | | Email | |
| 课程信息 | 课程名称 | ProjectWise 客户端及管理员培训 | | 讲师姓名 | 王海鸥 |
| | 培训时间 | 2013.3.21-2013.3.23 | | 项目号 | 47.1538 |

Please take a moment to let us know how we can improve your learning opportunities.
(Circle: 1=Poor, 2=Needs Improvement, 3=Good, 4=Excellent, 5=Outstanding)
(请圈选：1=差，2=需要改进，3=好，4=很好，5=非常好)

**讲解及培训教材（The Presentations and Handouts）**

| | |
|---|---|
| 课程安排合理，易于学习<br>Were organized and easy to follow | 1　2　3　4　5 |
| 内容设计符合课程学习者的水平<br>Content was targeted for proper level of the class participants | 1　2　3　4　5 |
| 所学知识能在今后工作中使用<br>Will be able to use the information when working on projects | 1　2　3　4　5 |
| 培训信息量适中<br>Quantity of the material/handout is appropriate | 1　2　3　4　5 |

**讲师（The Instructor）**

| | |
|---|---|
| 熟练掌握教学内容<br>Was knowledgeable about the subject matter | 1　2　3　4　5 |
| 讲解了所有计划提供的课程内容<br>Delivered what was promised | 1　2　3　4　5 |
| 讲解清晰易懂<br>Structured the training comprehensibly and clearl | 1　2　3　4　5 |
| 积极调动培训氛围，良好互动<br>Create a good training atmosphere, interaction | 1　2　3　4　5 |
| 做到理论联系实际<br>Illustrated theory with practical examples | 1　2　3　4　5 |

**综合评价（The Training in general）**

| | |
|---|---|
| 你对本次培训的满意程度<br>Overall, how satisfied were you with the training | 1　2　3　4　5 |

**其他需求、意见与建议（Additional Comments）**

（请填写您的意见）

**您认为在本次课程中，那些知识点需要再次或深化了解，以有助于后续的项目实施**

（请填写您关注的知识点）

Please return your completed evaluation form to the presenter or instructor, thank you

**ProjectWise 培训调查表案例**

## 2.3  医院 BIM 项目实施案例介绍

现在通过一个简单的医院项目的实施来介绍 BIM 工作的流程规划和工作过程。

### 2.3.1  设计过程

设计过程是通过不同的应用软件来形成多专业的三维信息模型。所使用的软件既有各专业的三维建模软件，又包括协同设计软件，为了校核设计是否符合业主运维的需求，会使用运维的分析软件来校验，这其实是面向全生命周期的考虑，如下图所示。

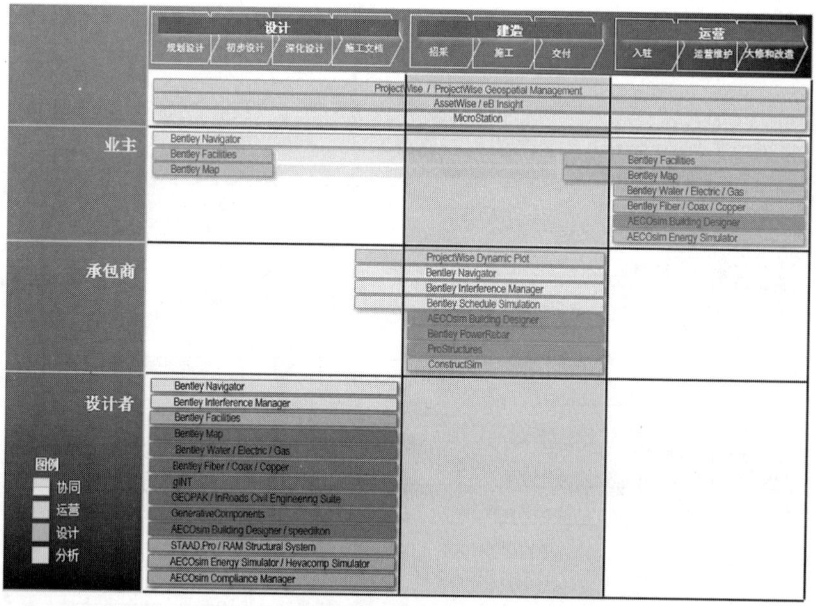

| | | 设计 | | | | 建造 | | | 运营 | | |
|---|---|---|---|---|---|---|---|---|---|---|---|
| | | 规划设计 | 初步设计 | 深化设计 | 施工文档 | 招采 | 施工 | 交付 | 入驻 | 运营维护 | 大修和改造 |
| | | ProjectWise / ProjectWise Geospatial Management | | | | | | | | | |
| | | AssetWise / eB Insight | | | | | | | | | |
| | | MicroStation | | | | | | | | | |
| 业主 | | Bentley Navigator | | | | | | | Bentley Facilities | | |
| | | Bentley Facilities | | | | | | | Bentley Map | | |
| | | Bentley Map | | | | | | | Bentley Water / Electric / Gas | | |
| | | | | | | | | | Bentley Fiber / Coax / Copper | | |
| | | | | | | | | | AECOsim Building Designer | | |
| | | | | | | | | | AECOsim Energy Simulator | | |
| 承包商 | | | | | ProjectWise Dynamic Plot | | | | | | |
| | | | | | Bentley Navigator | | | | | | |
| | | | | | Bentley Interference Manager | | | | | | |
| | | | | | Bentley Schedule Simulation | | | | | | |
| | | | | | AECOsim Building Designer | | | | | | |
| | | | | | Bentley PowerRebar | | | | | | |
| | | | | | ProStructures | | | | | | |
| | | | | | ConstructSim | | | | | | |
| 设计者 | | Bentley Navigator | | | | | | | | | |
| | | Bentley Interference Manager | | | | | | | | | |
| | | Bentley Facilities | | | | | | | | | |
| | | Bentley Map | | | | | | | | | |
| | | Bentley Water / Electric / Gas | | | | | | | | | |
| | | Bentley Fiber / Coax / Copper | | | | | | | | | |
| | | gINT | | | | | | | | | |
| | | GEOPAK / InRoads Civil Engineering Suite | | | | | | | | | |
| | | GenerativeComponents | | | | | | | | | |
| | | AECOsim Building Designer / speedikon | | | | | | | | | |
| | | STAAD Pro / RAM Structural System | | | | | | | | | |
| | | AECOsim Energy Simulator / Hevacomp Simulator | | | | | | | | | |
| | | AECOsim Compliance Manager | | | | | | | | | |

图例  □协同  □运营  □设计  □分析

**设计阶段所使用的软件**

通过不同的软件组成一个协同的工作过程，形成了多专业的三维信息模型，输出相应的设计成果，为后期的施工和运维打好模型基础。

项目从场地的整体规划开始，应用 Bentley Map，设计团队可以评估毗邻地产的使用情况、环境的影响，并开始建筑布局的评估，应用 Geopak Engineering Civil 的场地改造来做雨水控制、道路、停车场和建筑平面布局的评估。

**场地设计**

当以上这些设计条件确定后，建筑团队开始从功能区和楼层的划分开始，定义整个建筑的初始方案，这时使用 AECOsimBD，建筑模型中的每个空间可以对"设计中的"和"规划的"区域进行根据确认，评估是否满足当时的功能区规划需求。

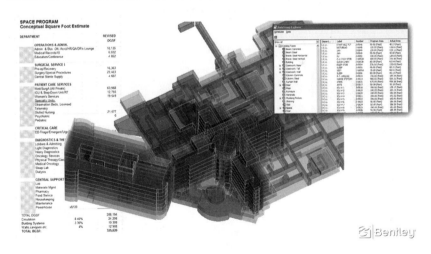

**建筑空间规划**

以上就是初步设计的过程，完成后，可以利用 AECOsimBD 数据互用性将模型输出为 Google Earth 格式或者其他的地理信息格式，建筑模型可以被可视化，以便更好地理解和场地的关系，验证场地规划是否合理。

模型也可以被打包成更加通用的形式，例如 3D 的 PDF 文档，或者将 i – Model 模型内嵌到 PDF 中，分发给更广泛的受众，传达更丰富的信息。这对于项目的审查和批准是非常有用的。

在 **AECOsimBD** 中将模型发布到 **Google Earth** 中

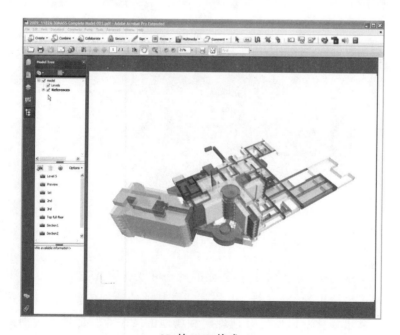

**3D** 的 **PDF** 格式

　　AECOsimBD 内嵌的设计工具可以辅助工程师探索创意设计的多种选择，并借助碰撞检测工具与其他人的设计进行综合，以发现设计的细节问题；借助内嵌的渲染引擎 Luxology，工程师可以从详细设计延续到探索建筑材料、室内照明；同时，借助 LumenRT 可以探讨室外空间，从而体现了建筑信息模型是一个数据丰富的虚拟模型。

室外渲染效果

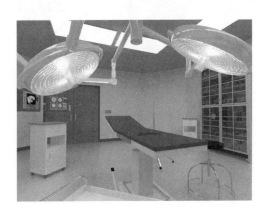

手术室布置

室外景观

结构工程师和建筑工程师协调以优化开间的尺寸，并考虑主要设备对结构构件的计算荷载。使用 STAAD. Pro 或 RAM，结构工程师可以计算模型的构件尺寸、节点、斜撑是否满足需求。

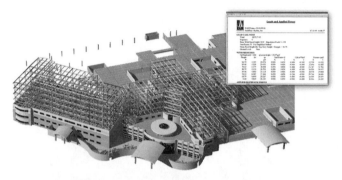

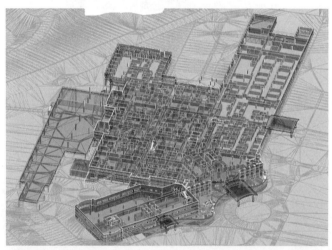

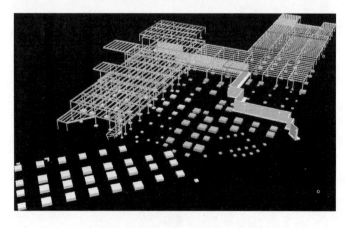

结构分析及方案推敲（一）

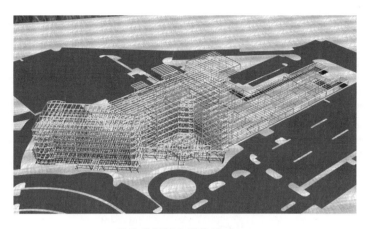

**结构分析及方案推敲（二）**

在这个过程中，设备工程师使用 AECOsimBD 可以放置主要设备、供风管道、回风管道以及风口等末端设备，组成了一个完整的空气分配系统，参考建筑和结构模型可以协调设备的空间布局以及控制楼层的间隙空间。

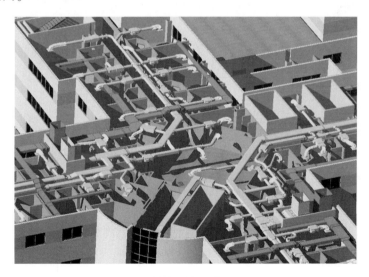

**管道系统设计**

AECOsim Energy Simulator 可以被用来进行能耗的计算和分析模拟，它可以读取 AECOsimBD 的设计数据，只需设定热工数据和气象参数，就可以进行建筑的能耗模拟计算，如果有必要，还可以生成 LEED 表格审核数据。

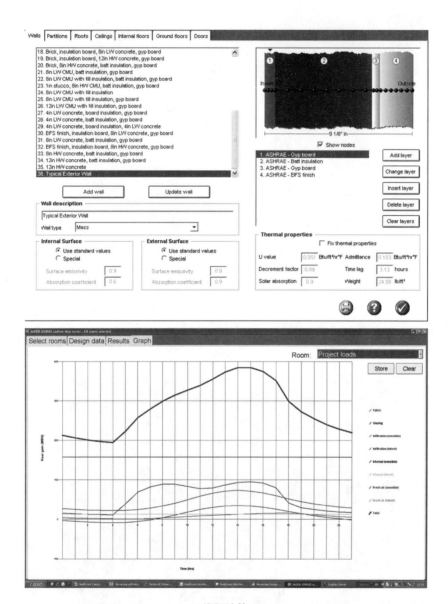

**能耗计算**

电气工程包括配电箱、卡具、开关和控制装置的放置，其放置也可以通过 AECOsimBD 的电气模块进行，电路可以定义并分配给一个配电箱来设计容量和布局。通过 Relux 或者 Acruity Brands 照明分析软件的集成，可以对光照进行计算和评估。

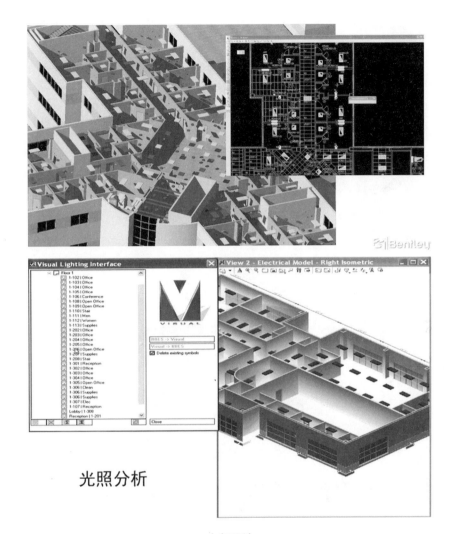

光照分析

电气设计

　　这个医院项目还包括了医用管道的设计内容，这属于有压力的管道。我们使用 OpenPlant 软件来设计压力管道，并与其他管道类型进行管道综合。OpenPlant 是专为具有等级驱动（Spec）概念的压力管道设计的。使用 Isometric 可以自动提取生成系统图。由于 OpenPlant 和建筑系统使用同一个平台 MicroStaion，所以这个过程是实时的协同工作过程。

**压力管道设计**

通过上述的过程，我们可以形成一个多专业三维信息模型。

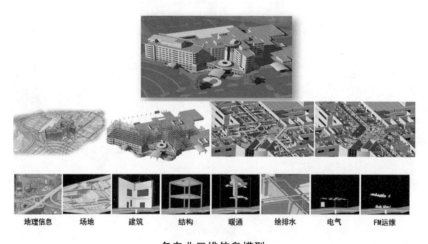

| 地理信息 | 场地 | 建筑 | 结构 | 暖通 | 给排水 | 电气 | FM运维 |

**多专业三维信息模型**

整个工作过程是在 ProjectWise 的协同环境下进行的，当模型生成后，就可以输出相应的二维图纸。在这个过程中，也可以对一个建模、审核和文档生成的工作流程进行控制。

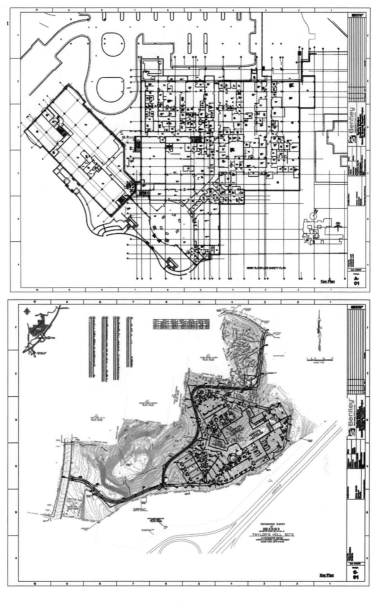

图纸输出

　　整个设计过程是事先制定好的，由一个工作流程来管理和控制，就像前面我们定义的那样，我们将这个工作流程划分为三个部分，这就是前面所说的分阶段。这三个部分分别是建模工作流程、审核工作流程和文档生成工作流程。

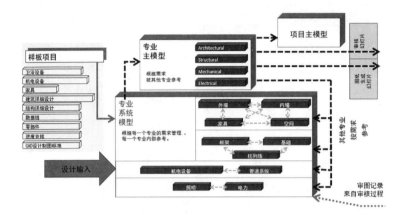

**建模工作流程**

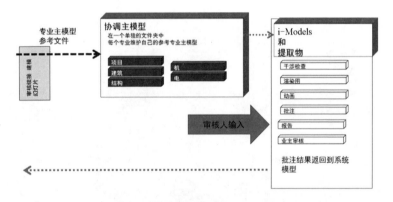

**审核工作流程**

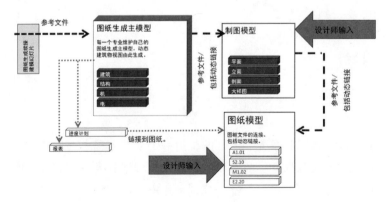

**文档生成工作流程**

这个过程是非常清晰的，我们无须再做过多的解释。我们之所以可以实现这样的工作流程，是因为 Bentley 提供的 BIM 协同设计解决方案，它包含了专业齐全的专业软件组合包，基于同一个图形平台，可以进行高效的协同建模和数据共享。

集成的工程分析和方针，允许非破坏性的工作流程进行迭代式的设计。大家基于同一个模型来实现不同的效果。

同时，高效的项目团队协作使用 ProjectWise 嵌入到设计应用软件中，这为协同提供了最重要的基础。

## 2.3.2　建造过程

当设计模型完成后，就进入了建造和施工的过程，在这个过程中，我们同样需要一些软件工具，在设计模型的基础上进行工作，以满足施工阶段的需求。

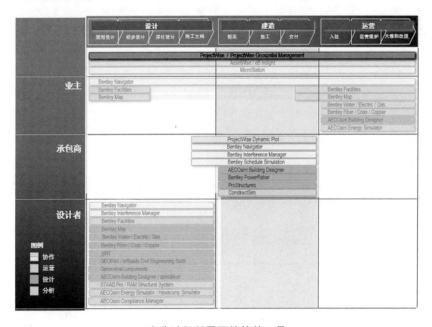

**建造过程所需要的软件工具**

在这个过程中，同样会使用与设计阶段相同的工具对设计模型进行处理，并使用新的软件工具对模型进行细化。由于建造阶段我们所管理的模型还涉及人员、施工机械、合同等其他因素，因此需要一个管理平台来应对这样的需求。

首先，需要将设计模型细化成施工模型，此时，可以将 AECOsimBD

生成的设计模型输出到 ProStructural 里进行节点设计，生成加工级的模型和加工详图，并提供详细的施工工程量。

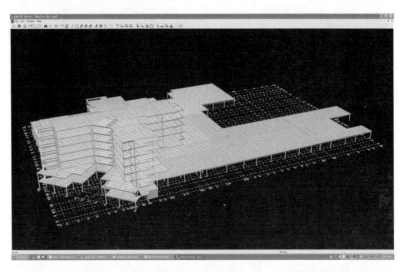

**ProStructural 结构详图**

在此有一个 VCM 的概念，即虚拟建造模型。它是在施工阶段，施工技术人员拿到设计阶段的 3D 设计模型之后，利用 AECOsimBD 对设计模型进行进一步的拆分细化，利用 ProStructural 进行详图设计，并赋予施工属性，将 WBS 任务分解的信息加载到模型之中形成的给施工人员使用的模型。其他非 DGN 格式的模型均可以通过 i - Model 导入。

利用 VCM，施工单位可以获得碰撞管理、施工工作包、采购信息、成本管理、质量管理等诸多好处。

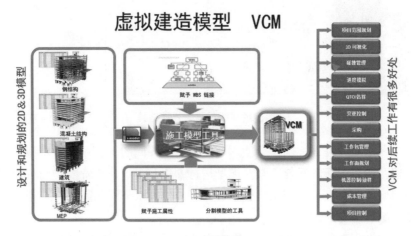

**VCM 的使用**

　　施工模型完成后，同样需要管线综合，以在施工前确定模型是否满足空间需求。

**施工阶段管线综合**

　　如果此时发现问题需要设计团队进行调整，那么就需要有一个设计变更的流程来控制。

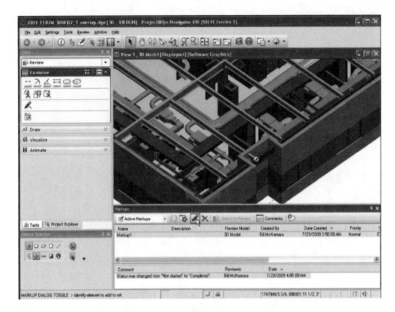

**设计变更控制**

当然，用户也可以根据使用习惯，采用动态打印的方式来记录这种变更。ProjectWise Dynamic Plot 打印出来的纸质图纸与系统中的数字模型链接起来，为收集工程各个阶段的批注信息和文档节省时间。用户可以用数字笔照常在打印的图纸上进行批注。当数字笔插到笔座上时批注就被传送到 ProjectWise 与模型连接并同步。多个批注可以被收集到一起并被所有的项目参与者共享。

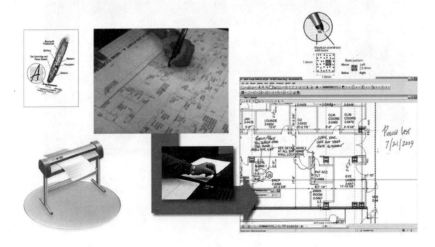

**ProjectWise 动态打印**

如前所述，访问设计数据对加快施工进度而言更加关键。利用 ProjectWise Explorer for the iPad ，可以从存储在 ProjectWise 中的文件创建妥当的工作包，并将其发送到现场工作的 iPad 上。应用 Bentley Navigator for the iPad 可以浏览 3D 模型，还可以进行全景浏览并可以访问设计对象的属性。

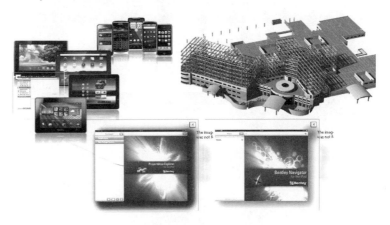

**移动端的访问**

如果考虑到模块化施工的问题，可以对模型进行拆分，在工厂里先预制好，然后运送到现场进行模块化组装。这也可以提前进行模拟和设计。

**工厂化预制**

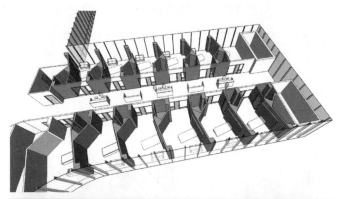

医院卫生间的工厂化预制

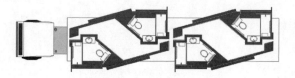

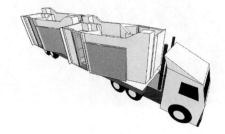

模块化构件的运输

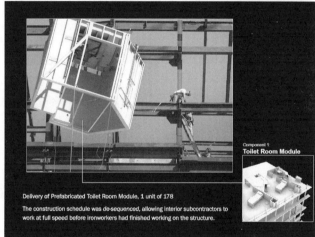

Component 1:
**Toilet Room Module**

Delivery of Prefabricated Toilet Room Module, 1 unit of 178

The construction schedule was *de-sequenced*, allowing interior subcontractors to work at full speed before ironworkers had finished working on the structure.

模块化构件现场安装（一）

模块化构件现场安装（二）

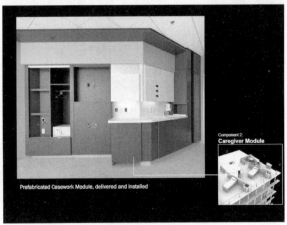

实际效果

在施工的过程中，需要进行工作包分解的管理过程，也需要一个系统对施工过程进行控制。

创建安装工作包

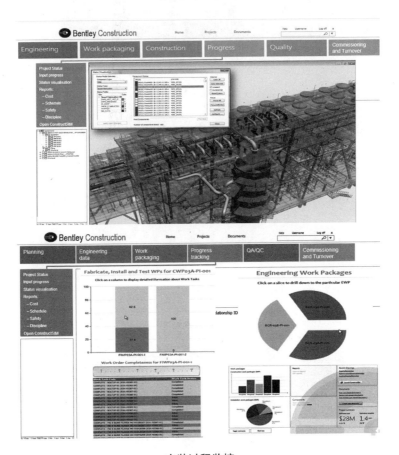

安装过程监控

此外，对于协同解决方案来说，我们想到了一个能够使客户、分包等各方坐在同一张桌子上解决问题的方法。这是一个创新，通过大屏实现尖端科技。9 块拼接屏总尺寸达到 4m 宽 ×2.4m 高，每块屏幕连接到一个非常好的计算机，因此能够同时连接 9 个分包商的每日作战指挥会议都能以一个非常快速高效的方式解决不同的问题。通过这种技术，可以实现将原本长达 28 天的协调周期缩短至 7 天，甚至在某些情况下，通过集中协同的工作模式，多个分包商可以采用高效的方式解决各种复杂的协调问题，并通过选择的方式实现 2 天解决原本需要 28 天才能协调解决的问题。

协同工作

因此，对于施工过程来讲，一方面，能够利用设计过程的数据是基础，可以在此基础上生成制造详图和施工活动的规划；另一方面，设计的审查可以使用碰撞检测、批注和进度模拟，降低施工过程中的风险，优化施工数据，实现数据的移动化，也提升了施工的活动性，并提高了相应能力。

### 2.3.3 运维阶段

运维的数据来源于设计和建造阶段，继续利用这些数据可帮助我们对基础设施的运维进行管理。

运维数据来源于设计和施工阶段

这个过程同样需要采用一系列的应用软件，如下图所示。

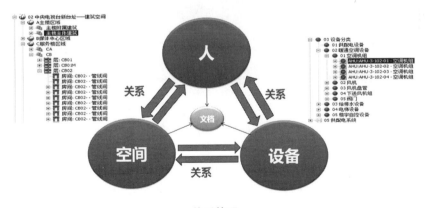

**运维阶段软件组合**

运维过程通过人员、流程和技术来保证建筑环境的性能，也就是让建筑持续地满足设计要求。这里面有一个"关系管理"的概念，因为需求不同，构件在运维阶段的联系也不同。例如，一个阀门在运维阶段会与房间产生联系，因为它的关闭会影响房间是否会受影响。

**关系管理**

与设计、施工阶段类似，运维阶段同样需要一个虚拟的运维模型。设施管理的价值在于它直接影响建筑的投资回报率（ROI）。

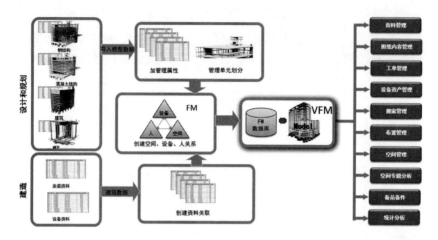

**虚拟设施模型 VFM（建设信息关系管理）**

对于设施管理系统来讲，它的底层是 ProjectWise 工程内容管理系统。换句话说，ProjectWise 是贯穿整个全生命周期的。

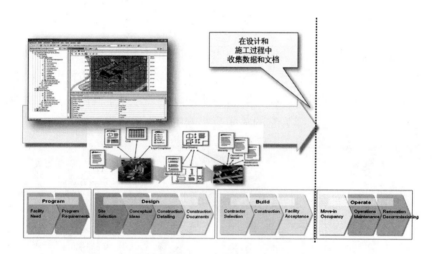

**ProjectWise 收集数据**

对于运维阶段的需求来讲，ProjectWise 在设计和施工阶段用于收集数据和文档，然后它们被交付给业主，所收集的信息需要为运维服务。在这同一个系统上，也就意味着不需要转换数据，就可以将数据直接给业主使用。

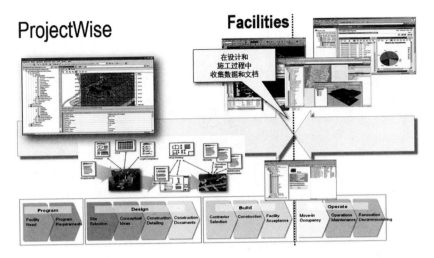

**运维直接读取数据**

为了满足运维的需求，构件被重新组织和建立关联关系。

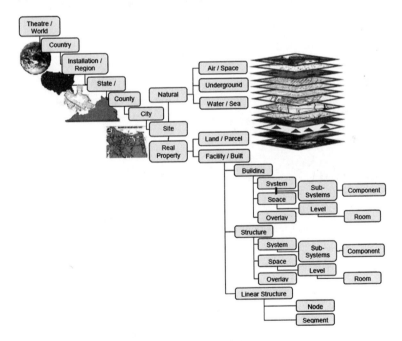

**运维阶段的关联关系**

BIM 与设施运维信息也可以进行集成以满足运维的需要。

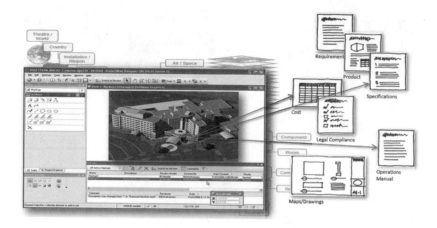

**BIM 数据与运维信息进行关联**

其他的应用系统，也可以从这个系统中提取数据。

**BIM 信息与其他系统的数据集成**

**设施管理仪表板**

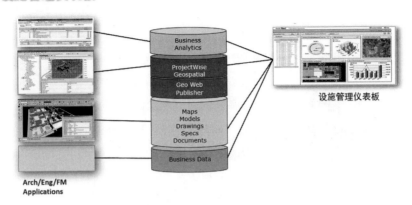

数据集成

　　运维的过程可以从设计、施工阶段来获取资产数据，形成唯一的运维模型，满足多个部门的运维需求，这可以有效地管理土地和建筑资产。

## 2.3.4　项目协作和管理

　　以上三个阶段是从生命周期的维度来看，为了让这个过程顺利进行，就必须注意项目协作的问题。因为这个构成中涉及各类信息，如下图所示。

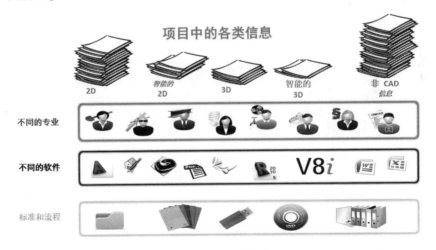

项目中所涉及的信息

　　目前的项目几乎都是大型的和复杂的，涉及的专业人员不是数以百计而是数以千计，项目团队也是由分散在全球各地的专家和高智商的专业人才组成；而且设计和施工信息来自多种文件格式，因此管理工程信息非常困难。

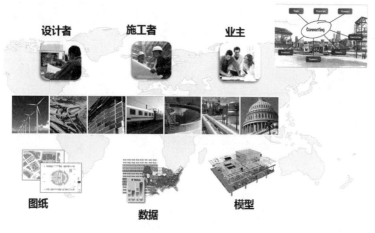

跨区域的项目团队

ProjectWise 提供了一个安全的、供所有项目参与者可以全球访问的文档存储库，通过高效地找到所需信息而节省时间和成本，并且确保每一个参与者拥有最新的信息从而避免由于信息过时所带来的决策风险。ProjectWise 是一个项目团队沟通交流的"Hub"，使每一个人可以存取项目信息。

Bentley Navigator 是便于浏览的简单工具，用于收集来自众多来源的模型和图纸并进行审核。

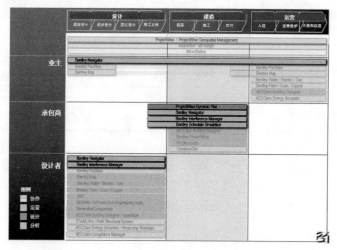

协同设计模块

　　一个项目所产生的大量文档必须被组织、共享并最终提交给业主用于设施运营管理。这些文档由各参与者以多种格式在项目的各个阶段创建。这些文档被持续不断地更新、发布并依法归档。

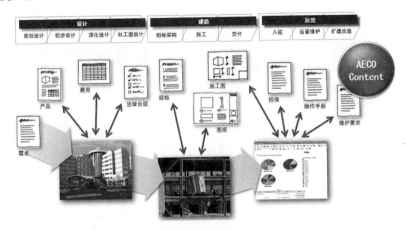

**项目组织数据**

　　ProjectWise 为所有的项目文档提供了一个中心存储库，模型、图形、明细表都被安全地管理，并在项目成员需要时，可在任何时间和地点获得。

**ProjectWise 内容管理**

　　因此，通过协同的工作机制连接不同区域的项目团队，内容的重复使用在项目的所有阶段对设计和施工信息都发挥杠杆作用，动态的审核和反馈机制在所有项目的参与者之间同步信息。

# 3　项目情景规划及硬件配置建议

从上述实施案例可以看到，我们需要建立一个 BIM 协同工作系统，这个系统需要根据项目类型、分布区域、访问需求做合理的系统配置和硬件配置。

在后面章节中，无论是客户端的三维设计系统，还是通过 Project-Wise 服务器的协同工作过程，都是在一个完整的 BIM 系统上进行的。为了介绍本书的案例，我搭建了 BIM 系统来模拟实际的应用场景，并测试了惠普公司的硬件解决方案，特别是在"中国尊"项目中表现出色的惠普图形工作站和专业显示器系列产品；同时，也对服务器系统、大幅面高速打印机等进行了测试，其在一些关键应用上表现出色。

在下面的内容里，我会分别列举出可能采用的 BIM 系统部署方案，同时给出每种系统的特点及需求，供各位参考。需要注意的是，随着系统的升级和硬件的发展，系统的部署和硬件参数会有变化，但大体的原则不会有太大改动。

## 3.1　Bentley 解决方案系统架构

Bentley 解决方案在软件系统上分为了服务器组件和客户端组件。使用者可以通过客户端或者与之集成的客户端软件（MicroStation/AE-COsim Building Designer/OpenPlant/BRCM/Office/Autocad/...）访问协同服务器，通过服务器提供的不同的服务内容，与项目团队进行实时协同，并获得相应的资源内容。所以，当我们使用 Bentley 协同工作系统时，需要对协同工作环境通过不同的服务器组件做一定的配置，以满足不同的需求。

### 3.1.1　系统基础架构

作为协同工作的核心服务器环境，其基本的逻辑结构如下图所示。

【提示】在架构图中的服务器是指服务器组件的功能，而不一定是物理服务器。在实际工作中，可以根据企业规模和项目类型，将不同的服务器组件安装在一台物理服务器上，也可以将不同的服务器组件各自部署在不同的物理服务器上。

用户可以通过客户端或者应用程序来访问 ProjectWise 服务器，来与其他人进行协同工作，如下图所示。

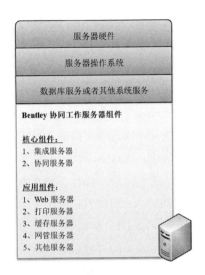

**服务器基本架构**

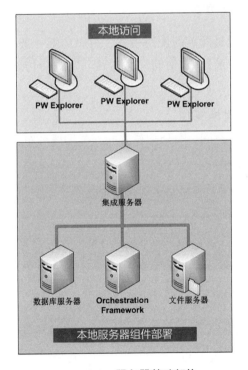

**ProjectWise 服务器基础架构**

对于服务器端的操作系统及数据库的要求如下：

（1）支持的服务器系统：

● Windows Server 2008 SP2，Standard and Enterprise Editions（64bit）。

- Windows Server 2008 R2 SP1，Standard and Enterprise Editions（64bit）。
（2）数据库的支持：
- Microsoft SQL Server 2008 R2 SP1，Standard/Enterprise Edition。
- Microsoft SQL Server 2008 SP3，Standard/Enterprise Edition。
- Microsoft SQL Server 2005 SP4，Standard/Enterprise Edition。
- Oracle Database 11g（11.2.0.1.0），Standard/Enterprise Edition。
- Oracle Database 10g（10.2.0.4），Standard/Enterprise Edition。
（3）对于客户端操作系统的要求：
- Windows 7（32bit）。
- Windows 7（64bit）。
- Windows 10（32bit）。
- Windows 10（64bit）。

## 3.1.2 应用需求分类

基础架构只是最简单的使用模式，可以应对一般的协同工作需求，当需要异地访问、通过 IE 访问、通过移动端进行访问时，就需要增加相应的配置。下面我们分类进行解释。

### 3.1.2.1 异地访问

当使用场合不在同一个地理位置时，就需要分布式部署相应的服务器组件，如下图所示。

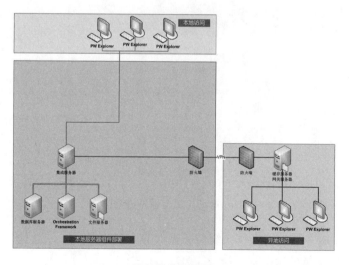

异地协同架构图

　　这个时候，就需要在另外一个地点来部署相应的网关/缓存服务器组件，与集成服务器进行通信。该架构图中网关服务器和缓存服务器安装在同一台机器上。网关服务器作为地址转换的工具，避免了多用户利用 VPN 远程访问集成服务器效率不高的问题；缓存服务器主要用来缓存文件，做计划任务，利用晚上的时间将文件从集成服务器下载到本地，这样就能大大提高访问效率；集成服务器是整个 ProjectWise 系统的核心服务器，沟通文件服务器和数据库服务器，负责整个 ProjectWise 系统的管理和协调工作。

　　在这个架构中，各服务器组件的主要特性如下表所示。

| 服务器<br>类型 | 集成服务器<br>Integration Server | 缓存服务器<br>Caching Server | 网关服务器<br>Gateway Service |
|---|---|---|---|
| 硬件要求 | 高 | 一般 | 一般 |
| 适用情况 | 任何情况下都必备 | 设计人员分散 | 安全性要求高，设计人员分散等 |
| 可充当<br>角色 | 核心服务器<br>缓存服务器<br>文件服务器 | 缓存服务器<br>文件服务器 | 网关服务器 |
| 工作原理 | 集成服务器主要通过网络与其他服务器互通和交换数据。数据源 ODBC 是集成服务器与数据库的桥梁。若用户向集成服务器请求文件时，集成服务器会先从数据库中读取该用户是否具有权限，再通过数据库中的文件条目（即属性）找出该文件的存放位置，进而取出并发送给请求者。集成服务器就是通过这样的数据存取来对 ProjectWise 人员权限、工作流程、参考关系等进行集中管理。 | 缓存服务器的两大功能来源于它配置文件 dm-skrnl.cfg 的两大模块，即［cache］和［teammate］，通过设置网关［Gateway］和［Routing］来和集成服务器相连。当用户通过缓存服务器来请求文件时，缓存服务器首先会从缓存的文件中找是否存在该文件并与集成服务器进行比较是否为最新，若是则直接传输给用户，若不是则通过增量传输的方式由集成服务器向缓存服务器进行传递，再由缓存服务器发送给用户。这样第二个用户请求同样的文件时就会大大提高工作效率。另外，可根据实际情况做出计划任务，利用晚上或者访问量较小的其他时间将文件下载到本地。 | 网关服务器既可以用于广域网互连，也可以用于局域网互连，是一种充当转换重任的计算机系统或设备。在使用不同的通信协议、数据格式或语言的两种系统之间，网关是一个翻译器。若外部客户端要通过网关访问集成服务器，网关会对收到的信息重新打包，以适应集成服务器的需求。同时，网关服务也可以提供过滤和安全功能，这样大大提高了 ProjectWise 系统的安全性。ProjectWise 网关服务通过 dmskrnl.cfg 文件中的［Listener］提供一个外部访问的端口，同时也通过［Gateway］和［Routing］模块确定与集成服务器或缓存服务器的连接，实现代理的功能。网关服务具有的缓存文件和文件服务器功能的工作原理与缓存服务器相同。 |

续表

| 服务器类型 | 集成服务器<br>Integration Server | 缓存服务器<br>Caching Server | 网关服务器<br>Gateway Service |
|---|---|---|---|
| 作用 | 集成服务器是 ProjectWise 系统的核心服务器，协调和管理 ProjectWise 系统的一切活动，同时它也是数据源的集合，可将存储在任意位置的所有项目数据联系起来并加以管理。 | 缓存服务器主要有两大功能：<br>（1）作为文件服务器使用，管理员可以在缓存服务器上创建存储区。<br>（2）缓存文件。可用来提高文件传输的效率，节约时间。 | 网关服务提供地址转换、路由选择、数据交换等功能，可作为集成服务器或缓存服务器的代理服务器，外部客户端可通过连接网关服务器来访问集成服务器或缓存服务器，保证了二者安全性。另外，网关服务本身也可作为缓存服务器来缓存文件与文件服务器进行文件存储。 |

### 3.1.2.2　Web 访问

当需要通过 Web 来访问服务器时，就需要在集成服务器的基础上，增加一个 Web 服务器，以处理通过类似 IE 客户端访问时的需求。为了在网页上浏览图纸、模型等工程内容，需要将 ProjectWise 存储的数据内容通过 ProjectWise Publishing Server 发布为可以查看的格式，架构如下图所示。

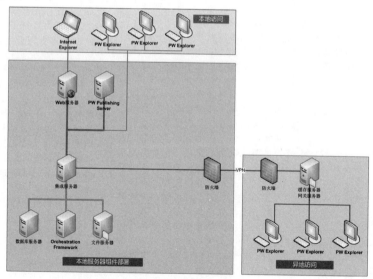

**Web 访问系统架构**

### 3.1.2.3 移动端访问

当想通过移动端（如 iPad）访问 ProjectWise 服务器时，需要在 Web 服务器的基础上添加 Mobile 服务器，使用 ProjectWise Explorer 的移动端软件，就可以访问 ProjectWise 服务器。

【提示】通过移动端的网页浏览工具，同样也可以访问 Web 服务器。

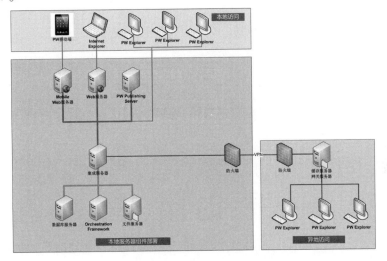

**移动端访问系统架构**

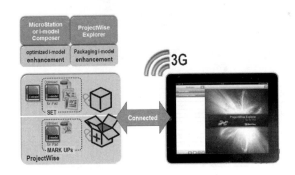

**基于移动端访问的原理图**

### 3.1.2.4 打印服务/魔术笔需求

当需要对整个系统的打印服务进行集中管理时，就需要打印服务器的支持。如果想使用 Magic Pen 来进行批注，并对批注信息进行管理，那么就需要动态打印服务器与之配合。

【提示】打印服务器可以分别部署在本地或者异地。

打印服务器的功能如下：

- 管理本地和网络打印机。
- 支持打印脚本。
- 打印记录统计。
- 拆分图纸。
- 直接转换为 PDF 文件。
- 输出模型属性。
- 使用 Adobe PDF 浏览。

采用的系统架构如下图所示。

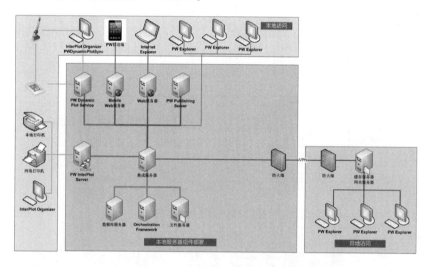

**打印服务架构**

### 3.1.2.5 交付服务需求

当要将工程内容集中交付给业主时，为了提高工作效率，就需要设立交付服务器，这样做的目的在于以下三方面：

•减少风险：通过管理减少风险，并且把围绕合同、法律和财务的履行风险降得更低。

•节省资金：通过提供可靠的、安全的和精确的移交信息节省资金。

•节约时间：通过更快速的移交过程使鉴定和解决紧急问题更加容易，并节约时间。

系统的架构如下图所示。

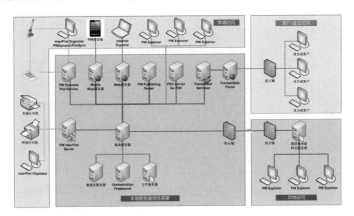

**交付系统架构**

交付的内容需要与 eB 内容管理系统配合。

除上述服务器组件外，系统还提供了以下服务器组件：

- ProjectWise Indexing Service（ProjectWise 索引服务）。
- ProjectWise Distribution Service（ProjectWise 分布式服务）。
- ProjectWise Automation Service（ProjectWise 组件服务）。
- ProjectWise User Synchronization Service（ProjectWise 用户同步服务）。
- ProjectWise Gateway Service（ProjectWise 网关服务）。

对于一个最完备的服务器组件而言，系统架构如下图所示。

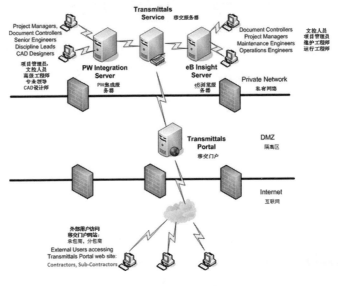

**后期资产管理架构**

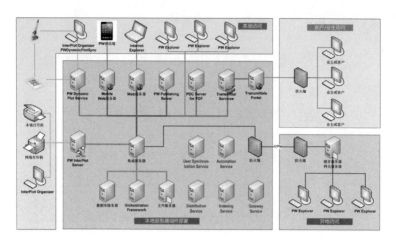

完整系统架构

# 3.2 计算机系统环境要求

## 3.2.1 物理服务器设置原则

上述服务器组件是从功能角度来区分的，从实际的物理服务器设置上，可以将不同的服务器组件部署在同一台物理服务器上，也可以根据不同场合部署在不同的物理服务器上。

项目的规模以及参与的人数直接影响了服务器的访问频率，是服务器荷载的主要评判基准，根据这些因素做了如下区分。

**1. 本地小规模使用环境**

当参与项目的人数少于 50 人且在同一个地理位置时，我们称之为本地小规模使用环境。在这种情况下，可以采用单台物理服务器承担所有的服务器角色，在这台服务器上需要安装相应的数据库、集成服务器、协同服务器以及其他的应用服务器组件。

由于在这种情况下，物理服务器承担了所有的服务器角色，因此，对硬件的配置要有相应的提高。

**2. 本地中规模使用环境**

当本地参与项目的人数大于 50 人但少于 100 人时，人数的数量决定了工程数据和访问频率的增加，建议采用两台物理服务器配合工作，其中一台承担集成服务器和协同服务器的角色，另一台承担文件服务器、数据库服务器以及其他的打印、Web 等服务器角色。这样就将处理的任务分步进行。

### 3. 大规模使用环境

在此，大规模不仅仅是指人数，也特指应用的复杂度，涉及异地协作的问题。对于大规模使用环境，建议将不同的服务器角色分别设置在不同的物理服务器上，对于异地的问题，需要增加一个网关物理服务器与集成服务器进行通信。

## 3.2.2　服务器组件

针对不同的服务器角色组合，建议的配置如下。

### 1. 数据库 + 文件服务器

（1）硬件要求。

CPU：2GHz X64 Processor 或者更高。

内存：16GB，建议 32GB 以上。

硬盘：500GB，建议 1TB 以上。

操作系统：Windows 2008 Server R2 SP2 以上。

数据库：Microsoft SQL Server 2008 R2。

（2）说明。此物理服务器提供了基础的数据服务，被其他的服务器应用组件调用。

### 2. PW 集成服务器 + eB 服务器 + Facility Manage 服务器

（1）硬件要求。

CPU：2GHz X64 Processor 或者更高。

内存：建议 16GB，最好 32GB 以上。

硬盘：500GB，建议 1TB 以上。

操作系统：Windows 2008 Server R2 SP2 以上。

（2）说明。

● 如果条件允许，使用同样配置的服务器两台，一台为 FM 服务器 + PW 集成服务器，另一台为 eB 服务器。

● 此服务器组件需要调用物理服务器的数据服务。

### 3. PW Web 服务器 + eB Web 服务器 + FM Web 服务器

（1）硬件要求。

CPU：2GHz X64 Processor 或者更高。

内存：16GB，建议 32GB 以上。

硬盘：500GB，建议 1TB 以上。

操作系统：Windows 2008 Server R2 SP2 以上。

(2) 说明。此服务器组件需要调用物理服务器 1.1 的数据服务。

**4. 备份服务器 (备份 SQL 数据库 + 文件)**

硬件要求如下：

CPU：2GHz X64 Processor 或者更高。

内存：建议 16GB 以上。

硬盘：1TB，建议 2TB 以上（做磁盘阵列，进行数据库备份、文件差量备份）。

操作系统：Windows 2008 Server R2 SP2 以上。

## 3.2.3 客户端组件

客户端根据使用特点的不同，建议如下配置。

**1. 三维设计**

(1) 硬件要求。

CPU：2GHz X64 Processor 或者更高，四核或者八核，Intel i7 - 3740QM 同等配置或以上。

内存：8GB，建议 16GB 以上。

硬盘：500GB 以上，建议系统盘采用 SSD 固态硬盘。

显卡：显存 2GB 或者更高，NVIDIA Quadro K2000M 系列及同等配置型号以上（支持双屏优先）。

操作系统：Windows 7 或 10 X64 专业版。

(2) 说明。对于台式机，显卡支持双屏显示，同时外配外接显示器将大大提高工作效率。

**2. 动画渲染**

(1) 硬件要求。

CPU：3GHz X64 Processor 或者更高，四核或者八核，Intel i7 - 3740QM 同等配置或以上。

内存：16GB，建议 32GB 以上。

硬盘：1TB 以上，建议系统盘采用 SSD 固态硬盘。

显卡：显存 4GB 或者更高，NVIDIA Quadro K2000M 系列及同等配置型号以上（支持双屏优先）。

操作系统：Windows 7 或 10 X64 专业版。

(2) 说明。对于台式机，显卡支持双屏显示，同时外配外接显示器将大大提高工作效率。

**3. 设计校审**

（1）硬件要求。

CPU：2GHz X64 Processor 或者更高，四核或者八核，Intel i7 - 3740QM 同等配置或以上。

内存：8GB，建议 16GB 以上。

硬盘：500GB 以上，建议系统盘采用 SSD 固态硬盘。

显卡：显存 2GB 或者更高，NVIDIA Quadro K2000M 系列及同等配置型号以上（支持双屏优先）。

操作系统：Windows 7 或 10 X64 专业版。

（2）说明。对于台式机，显卡支持双屏显示，同时外配外接显示器将大大提高工作效率。

## 3.3　硬件配置选择及惠普产品推荐

对于一个 BIM 的实施环境的硬件配置来讲，分为服务器端配置和客户端配置两个类别。

对于服务器的硬件配置选择及软件环境的搭建，主要考虑企业的地域分布、功能组件、访问荷载、安全需求等因素。

对于客户端的硬件配置选择主要从应用的类型上来考虑。例如，对于 BIM 的设计阶段来讲，主要是建立三维信息模型的过程，如果将这种类型的应用作为基础应用，那么对于 BIM 多专业信息模型综合的应用来讲，就需要高一些的配置。而如果处理大量的 ContextCapture 以及点云等大数据量的应用来讲，从时间和效果上来考虑，则需要选择高性能的硬件配置作为基础。

在对 BIM 系统进行硬件配置的过程中，我和惠普公司的硬件工程师进行了紧密的沟通，他们根据 Bentley 公司对于 BIM 系统搭建的参数需求进行了合理化的建议，并针对关健的参数要求提出了优化的建议。在此，我将这个选择的过程中的考量分享给大家，以供参考。在选择配置时，有如下几点需要注意：

（1）此硬件配置，无论是硬件的参数选择，还是对惠普产品的选择，都为当前阶段的优化配置，而不是最低配置。在实际的工作过程中，硬件的配置低于此配置时，并不代表 Bentley BIM 系统无法运行，只是在速度和效能上稍有降低。对于最低的配置，请参阅软件帮助文件中的说明。

（2）此配置是考虑到了通用的使用环境而采取的优化配置，优化的考量基于使用规模、成本和更新的空间。当用户的使用情景有特殊要求时，需要酌情对某些配置的性能做提升，同时增加相应的服务器/客户端模块。例如，在渲染时，为了提高处理速度，需要对 CPU、内存以及显卡有一定的提升。当处理大批量的点云或者 ContextCapture 照片数据时，也需要相应提高 CPU、显卡以及内存的容量配置。

（3）软件系统不断升级，硬件系统也需要与之配合，所以，此配置具有时效性。如果搭建 BIM 系统时采用惠普的硬件系统，特别是工作站产品，还是先及时联系惠普公司，以获得更好的优化配置。

（4）对于一个 BIM 系统来讲，很多人还是用传统二维绘图的硬件要求来配置自己的计算机，用一个普通的 PC 来搭建 BIM 系统，而且没有根据应用需求来区分硬件的类别。在此，我们采用的是专业的图形工作站（Workstations）而不是普通的 PC，在 Bentley 公司，所用的工程师使用的都是移动工作站，而不是普通的 PC，这对于我们的用户尤其需要注意。

对于普通的 PC 来讲，已经不能满足 BIM 系统的应用需求。BIM 系统需要：

- 更稳定的三维运行环境，满足批量三维建模的需要。
- 更快的图像渲染速度，满足输出高质量图像与视频的需要。
- 更强大的数据处理能力，满足三维数据、点云数据等处理的需要。
- 更富弹性的配置选择，满足 BIM 多样化应用的需求。

对于一个 BIM 系统来讲，需要满足全生命周期的要求，这就决定了不同的应用场景及需求特点。在下面的配置推荐中，我们参考了惠普针对于 BIM 全生命周期的解决方案。

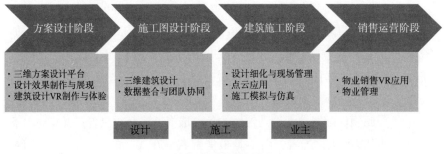

**不同阶段的应用需求**

下面针对一个完整 BIM 系统的不同应用场景，根据不同的应用需求，提供相应的惠普产品的配置，并说明其特点，以供用户在配置 BIM 系统时参考。

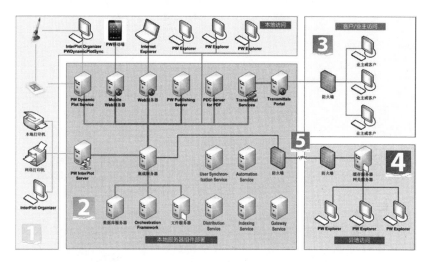

**BIM 系统应用分类**

根据不同的 BIM 系统应用特点，我们将其分为 5 部分：

- 客户端及打印系统。
- BIM 协同服务器系统。
- 客户/业主访问。
- 异地客户端访问。
- 远程访问。

在上述五种应用场合下，有很多相似或者相同的应用需求。例如，第一部分和第四部分的客户端是一样的，从实际的使用场合来讲，只是协同工作的工程师在不同的地方，采用异地协同的工作模式。

而对于业主和客户的访问来讲，他们一部分也会采用客户端相同的配置来做 BIM 信息模型的查看和编辑。从这点应用来讲，他们和工程师的使用需求是一样的。而对于一些管理者来讲，他们更多的是对进度进行监控，对过程进行管理，因此，他们更需要一个统一的控制面板来控制 BIM 项目的实施。

### 3.3.1　客户端及打印系统

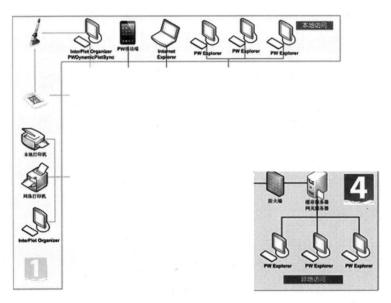

**客户端及打印需求**

客户端根据项目的不同，需要满足不同的应用需求，对于客户端的硬件配置，是搭建 BIM 系统的重中之重，因为这是一线 BIM 工程师工作的"基本工具"。

在考虑客户端的硬件配置时，工作站、显示器以及大幅面打印机是综合考虑的。

**客户端惠普硬件系统**

### 3.3.1.1 工作站系统

对于工作站的选择，从建模应用来讲，可能着重考虑高主频、大内存以及高速的硬盘存取。如果要进行点云、实景建模、勘测数据处理等应用，可能对于多核运算就会做更多的考量，以缩短处理的时间。例如，使用 ContextCapture 处理照片数据，使用 LumenRT 进行场景模拟。

惠普工作站有很多型号可供选择，下面是一些简单介绍及特点描述。

#### 1. 台式、移动工作站

当在办公室工作时，考虑到经济型和性能优化的需求，大多采用台式工作站；当需要大量的移动办公时，就会考虑移动工作站，因为为了实现相同的性能，而将其变得"移动"，成本肯定会增加。

**惠普台式工作站系列**

当在 BIM 的应用过程中需要在办公室和工程现场、野外作业时，就需要移动工作站的支持，特别是在前期的勘测、规划阶段。

**惠普移动工作站系列**

| 定位 | 2D 绘图 3D BIM 建模 | 复杂模型和 BIM 全流程支持 | 高级渲染、模拟仿真 数据整合与存储 | 移动 BIM 设计与展示 施工现场管理 |
|---|---|---|---|---|
| 推荐配置 | CPU i7-6700 / 内存 16G/ 显卡 K620/ 硬盘 1T SATA | CPU E3-1630V4/ 内存 64G/ 显卡 M4000/ 硬盘 Z Turbo Drive 256G+2T SATA | CPU 2 颗 E5-2687 V4/ 内存 128G/ 显卡 M6000/ 硬盘 Z Turbo 512G+4T SATA | CPU E3-1505M/ 内存 32G/ 显卡 M2000M/ 硬盘 Z Turbo 256G+1T SATA |
| 特性 | 适用于流畅绘图、快速创建和修改建筑三维模型 | 支持复杂 BIM 模型制作、BIM 流程各类主要应用 | 快速完成逼真渲染、仿真模拟、VR 制作、BIM 复杂模型整合、点云数据与处理等 | 集移动和性能为一体 （最高 64 GB 内存，最高 3 TB 存储容量、HP Z Turbo Drive G2 高速硬盘） |
| | 最高支持 4.0GHz CPU,64GB 内存以及专业显卡 | 最高支持 8 个 CPU 内核、128GB 内存以及专业显卡 | 可支持 44 个 CPU 内核、1TB 内存、2*M6000 | 适合恶劣施工现场环境，持久电池续航时间，通过了美国 810G 军工测试 |
| | 通过工作站苛刻测试流程，24x7 全天候可靠性 | 主流工作站产品，扩展性好，支持 Z Cooler 高效散热技术、Z Turbo SSD 硬盘 | 高速、安全的 BIM 海量数据存储方案，支持超过 20TB 存储空间、HP Z Turbo Drive Quad Pro 硬盘速度高达普通 SSD 16 倍，支持 Raid | 由内外，进行全面重新设计。新款移动工作站比上一代产品轻 27%、薄 7%，同时性能提高超过 100%，外形更美，性能更强 |
| | 超低静音设计，仅 17 分贝，打造舒适应用和工作环境 | 全新免工具机箱设计，方便维护 | 模块化设计、Z Cooler 高效散热等技术确保系统安全可靠 | |
| | 可选 SFF(纤小型) 机箱，比塔式工作站小 57%，适宜空间有限的工作环境 | | | |

**惠普台式、移动工作站特性**

### 2. Mini 工作站

除了常规的台式和移动工作站，惠普还在 2016 年年底推出了一款 Mini 工作站产品，它同样适合工程师使用，当然业主和客户应用也会有不错的体验。它只有 2.3 英寸（约 5.84cm）高，并且可以安装在桌面下方，甚至显示器的摇臂上，非常灵活，极大地减少了办公空间的使用，对于桌面向来拥挤的建筑设计师来说是个福音。

显示器后　　　　　桌子下　　　　　显示器悬臂上

**惠普 Z2 Mini 工作站**

在实际的测试过程中，Z2 Mini 工作站虽然体积小但是性能很强劲，支持服务器级能力英特尔® 至强® 处理器和 NVIDIA® Quadro® 显卡，实现多达 6 个屏幕同时显示，提供工作站级别的专业性能。

**3. 惠普二合一平板电脑**

**HP Elite x2 1012 二合一平板电脑**

在进行 ProjectWise 基于网页端访问的测试时，使用了 HP Elite x2 1012 二合一平板电脑，效果良好。它是一款针对移动工作人士和高级管理人员的"二合一"笔记本电脑。拥有惠普 Elite 全球企业级安全与管理功能，具备企业级耐用性，配备 Wacom 1024 触控感应级别的主动式手写笔，并可以添加选配的企业级有线/无线坞站解决方案以及带有 NFC 与智能卡读卡器的高级键盘。

### 3.3.1.2 显示器选择

对于显示器的选择，考虑到长期使用的舒适性，应满足三维显示以及人体工学的需求。如果是工程师，倾向于惠普的 ZDisplay 窄边显示器，窄边框在双屏显示的时候可以提供更接近无缝的感觉。而对于业主和校审环节的用户来讲，可以考虑使用 HP Z34c 曲面显示器，展示效果会更加生动。

**惠普专业显示器系列：Z22i，Z23i，Z24i，Z27i，**
**Z30i，Z24x，Z27x，Z27s，Z34c**

**惠普曲面显示器 HP Z34c**

### 3.3.1.3 打印系统选择

打印机分为了两种应用需求，一种是本地连接在客户端的大幅面打印机；另一种是支持 ProjectWise 动态打印及集中打印的应用需求。

对于工程应用来讲，需要考虑打印快速，墨盒大容量以及支持 ProjectWise 的动态打印的需求。

在此，我们采用了 HP PageWide XL5000 打印机。其墨盒容量为 400mL，支持双排墨盒自动切换，最大支持 4 卷筒超大容量，打印速度可以达到 9 m/min，而且能够打印出高保真大幅面效果图，这对于 BIM 的后期展示以及大批量的打印要求具有不错的效果。

## 3.3.2 ProjectWise 协同服务器及缓存服务器部署

对于服务器的部署，在此没有对服务器做太多的测试，只是采用了惠普的 DL380G9 服务器作为本地服务器和缓存服务器。

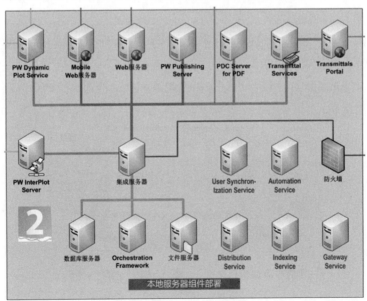

**本地服务器的部署**

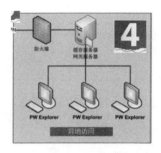

**缓存服务器部署**

### 3.3.3  客户/业主访问

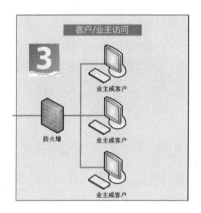

**客户/业主访问**

对于客户和业主的访问需求，如果是对三维模型的操作，那么可以参考前述工作站系列。而如果是管理者，那么可以采用 Z2 Mini 工作站 + 多屏显示器的使用方式。

**HP Z240 + 2 ∗ HP Z232 显示器**

**HP Z Mini 工作站 +6 \* HP Z232 显示器**

当然为了更好地显示效果，也可以采用 HP Z34c 曲面显示屏，以得到更广阔的屏幕视野，画面的细节也更加细腻。

**HP Z34c 曲面显示器**

### 3.3.4　远程访问

通常，对于服务器的远程操作，或者在工程现场对工作站的简单操作，一般都是通过 Windows 自带的远程桌面，但由于网速的原因效果不佳，在尝试了惠普公司的 RGS 远程访问技术后，效果很好。惠普 RGS 提供 340∶1 的无损图像压缩比，即便带宽有限也可以顺畅地访问异地的设计方案与模型，并且可以在线修改、操作，还可以实现与团队或客户之间的实时分享和讨论，有效降低沟通成本。

RGS 发送端　　　　　　　　　　　　RGS 接收端

**惠普的 RGS 远程访问技术**

## 3.4　系统配置案例

前面是给大家介绍了一些配置的原则以及针对惠普产品的系列推荐，下面将针对一个小型的 BIM 用户给出一个具体的配置方案，以供参考。

### 3.4.1　系统架构

对于一个初级的 BIM 用户，在初级阶段可采用本地小规模的配置架构，将来需求扩展时，可以在此基础上进行扩展。

考虑到当前的硬件条件，采用双物理服务器的配置，将文件服务器、数据库服务器、Web 服务器放置在一台物理服务器上，将集成服务器和协同服务器放置在另一台物理服务器上。

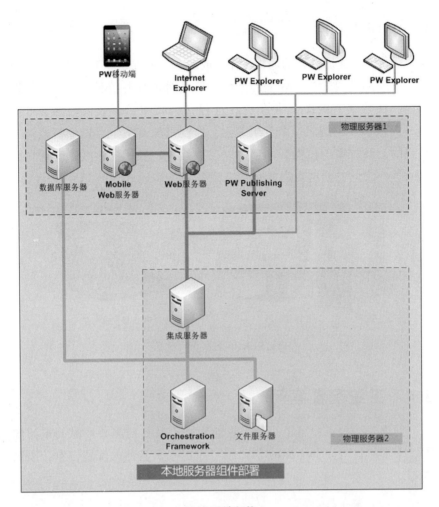

**BIM 系统架构**

## 3.4.2 系统配置选择

### 1. 服务器选择

两个服务器都选择了惠普的 DL380G9，参数如下表所示。

| 名　称 | 型　号 | 参　数 |
| --- | --- | --- |
| CPU | E5 – 2650　V4 2 颗 | 2.4GHz，12 核 |
| 内存 | 32GB DDR4 ECCR | 2400MHz |
| 硬盘 | 1TB | |
| 操作系统 | Windows Server 2012 | |
| 数据库 | Microsoft SQL Server 2014 | |

**2. 客户端三维设计推荐配置**

客户端三维设计应用选用 HP Z240 + 两个 HP Z232 的配置。

客户端三维设计选择

技术参数如下：

- 支持最新志强 E5 处理器。

- 支持最大 128GB 内存。

- AMD 和 NV 多款专业显卡。

- 快读存储解决方案——HP ZTurbo Drive，缩短启动时间、计算和显卡响应时间。

- 支持多种硬盘规格，300GB 至 600GB 的 SAS15000rpm，300GB 至 1.2TB 的 SAS10000rpm，500GB 至 4TB 的 SATA7200rpm，最高 500GB 的 SATA SED，128GB 至 1TB 的 SATA SSD，最高 256GSATA SE SSD，256GB 至 1TB 的 HP Z Turbo Drive（PCIe SSD）。

- 操作系统支持 Win 7、Win 8 和 Win 10。

推荐配置见下表。

| 名 称 | 型 号 | 参 数 | 数 量 |
|---|---|---|---|
| CPU | E5-1680 V4 | 3.4GHz，8 核 | 1 |
| 内存 | 16GB DDR4 ECCR | 2400MHz | 4 |
| 硬盘1 | 512GB | SSD 固态盘，系统盘 | 1 |
| 硬盘2 | 4TB | 数据盘，3.5 英寸 7200 转 | 1 |
| 显卡 | NVIDIA Quadro M4000 | 8GB 显存 | 1 |

**3. 客户端渲染动画推荐配置**

由于渲染动画的性能要求，选择了旗舰级别的 HP Z840，并配合快速的存储方案，可以很好地满足大数据量的渲染、动画、点云、实景模型的处理需求。显示器也选择了 HPZ34c 曲面显示器。

对于设计校审环节来讲，既可以采用此配置，也可以降低工作站的配置，采用 HP Z240 和曲面显示器配合的方案。

**客户端渲染动画配置**

技术参数如下：

• 支持双路 E5 – 2600 系列服务器处理器，最多支持 44 个内核，确保出色的处理能力。

• 最高 1TB 的内存容量，减少运算瓶颈。

• 创新的快速存储解决方案——HP Z Turbo Drive Quad Pro，速度可达传统 SSD 硬盘的 16 倍，大大缩短计算响应时间。

• 支持各类专业显卡，适合 BIM 模型专业设计、效果制作以及多屏展示。

推荐配置见下表。

| 名　称 | 型　号 | 参　数 | 数　量 |
|---|---|---|---|
| CPU | E5 – 2687W　V4 | 3.0GHz，12 核 | 2 |
| 内存 | 32GB DDR4 ECC | 2400MHz | 8 |
| 硬盘 1 | 512GB SSD | 固态盘，系统盘 | 1 |
| 硬盘 2 | 4TB | 数据盘，3.5 英寸 7200 转 | 1 |
| 显卡 | NVIDIA Quadro M6000 | 24GB 显存 | 1 |

**HP Z Turbo Drive Quad Pro 快读存取方案**

技术参数如下：

- 最多可在一个 PCIe x16 卡中配备四个超快 HP ZTurbo Drive G2 卡。
- 最高速度可达 9.0GB/s，传统 SSD 硬盘速度 16 倍。
- 具备独特的断电保护方式，发生电源故障时也可以正确保存工作，增强数据完整性。

**动画渲染及校审显示器选择**

技术参数如下：

- 21:9 弧形显示器。
- 8 位颜色深度，110 PPI，98.8% sRGB 色域。
- 3440×1440 WQHD2 超高分辨率。
- 3000R 曲率，178 度垂直水平可视角。

第二篇　三维信息模型的创建

# 4 Bentley BIM 解决方案通用建模环境

## 4.1 MicroStation 通用建模环境

MicroStation 是 Bentley BIM 解决方案的工程内容创建平台，被内嵌到各个应用模块里。在早期的软件架构中，各个应用模块都需要先安装 MicroStation，然后再安装应用模块。例如，原来若要安装建筑设计模块，就需要先安装 MicroStation 平台，然后再安装 Bentley Architecture 应用模块。而现在的应用模块都已经将 MicroStation 集成在软件中了，无须单独安装。对于采用 Bentley BIM 解决方案的用户来说，各个应用模块的平台都是一样的，减少了重复学习的成本，只需掌握各个应用模块的专业功能即可。

通过如下的两个应用模块可以看出，建筑系列设计软件AECOsimBD 和结构详图设计软件 ProStructural 只不过在 MicroStation 的平台上增加了专业的功能模块而已。

单独的 **MicroStation** 界面

**AECOsimBD 界面**

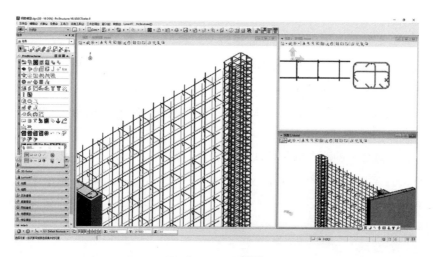

**ProStructural 界面**

由于很多的专业需求也是通过 MicroStation 的基础功能来解决的，所以，掌握了 MicroStation 的核心功能，就等于掌握了 Bentley 建模应用的 80% 的功能。因此，对于应用 Bentley BIM 系统来讲，掌握 MicroStation 既是基础，也是核心。

MicroStation 是 Bentley 所有基础设施应用系统的建模核心，这包括了广域的地理信息（GIS）、市政（Civil）领域，也包括范围较小的建筑（Building）和工厂（Plant）领域，以及由这些行业组成的综合应用领域。例如，对于轨道交通领域，包括站体和区间，对于站体来讲，包含了很多的建筑、结构、管道、通信等专业应用，而对于区间来讲会用到地形、地质、路桥、隧道等专业应用。这样的需求决定了 MicroStation 必须具有良好的架构、广泛的数据兼容性，以及良好的扩展性，以保证对多种专业应用的支持。

对于使用者来讲，掌握 MicroStation 的 12 个技术核心点便掌握了 MicroStation 的核心功能。其他的技术细节，可以随着用户对专业应用的深入，逐步加深。

下面我们以 AECOsimBD 内嵌的 MicroStation 为例来说明这 12 个核心功能。如果使用的是 ProStructural、PowerCivil、OpenPlant 以及单纯的 MicroStation，所涉及的内容是一致的。

## 4.1.1 项目管理的概念

对于工程行业来讲，项目的概念是一个基本的概念，工程行业的工作内容总是通过项目来进行组织，不同的项目也具有不同的标准和要求。

在现实中，特别是在二维设计的模式下，我们已经习惯了双击某个文件打开。思考一下，在这种情况下，我们其实是用某种项目环境打开了这个文件，当我们向这个文件中添加内容时，系统是从"环境"中取出东西，再放置在文件中。

例如，打开一个文件，放置一个墙体。墙体的类型从哪里来？肯定是从某个项目环境中来的。这也包括出图时的模板，标注时的样式，甚至是操作界面，系统都是将其从"项目环境"中取出来的。

在工程实际中，同时处理多个工程项目是常有的事，有时，这多个项目所在的国家不同、行业不同、项目类型不同，其所需要的"项目环境"也就不同，这个"项目环境"其实就是项目所遵循的标准。例如，中国的项目和澳大利亚的项目，在项目标准上都有很大的差异。

如何处理这种差异呢？是从一个"大而全"的项目环境中挑选所需要的东西，还是按照项目的类别来组织项目环境？答案当然是后者。

这就是 MicroStaiton 的第一个核心内容——项目管理的概念，也就是我们常说的 WorkSpace。

当启动任何一个以 MicroStation 为核心的应用程序时，都有如下类似的界面。

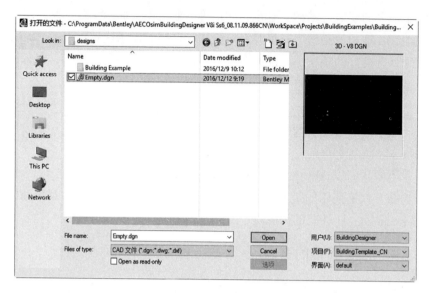

**项目选择界面**

在项目选择界面的右下角，设有项目选择的选项，选择不同的用户、项目时，系统会启动不同的项目环境，链接不同的资源库来满足此特定项目的需求。

【提示】对于以 MicroStation 为核心的应用软件系统，软件的语言版本和项目环境是可以自由组合的。无论 MicroStaiton 或者应用软件是中文版还是英文版，都可以安装不同的项目环境来适合不同环境的需求。

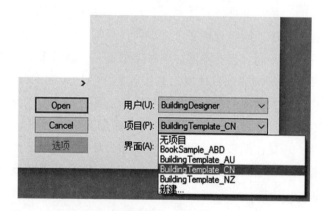

**设置项目选择界面**

在上面两幅图片中，使用的是英文版的 Windows 10 操作系统，安装了中文版的 AECOsimBD，同时安装了 ANZ 的项目环境，来满足澳大利亚和新西兰的 BIM 项目需求。

从使用者的角度来讲，我们只需明确以下内容即可。

**1. 不同的应用软件都有自己的工作环境**

无论是 AECOsimBD，还是 ProStructural、PowerCivil，都有自己特定的工作环境（WorkSpace），不同的工作环境对于有些内容是可以合在一起的，对于企业的管理者来讲，需要考虑标准的共性和差异（具体内容见《管理指南》）。对于使用者来讲，如果企业定制了自己的环境，按照要求，别选错就可以了。

**2. 禁止双击打开 DGN 文件**

因为你不清楚系统启动的是哪个"工作环境"，所以要养成先启动软件，选择项目环境，再打开所选择的文件的习惯。

**3. WorkSpace 是可以定制的**

每个企业应该在 Bentley 提供的通用项目环境的基础上扩展自己企业独有的项目需求。

**4. WorkSpace 可以由协同工作系统 ProjectWise 进行托管**

这样做的目的是为了让整个项目团队使用同一个工作环境，标准统一。当然，如果没有 ProjectWise，也可以通过 Windows 的共享目录来实现，只不过没有分级的权限的控制，也不能跨局域网。

## 4.1.2 对多种文件、数据的支持

在工作过程中，会涉及多种数据类型，MicroStation 作为一个多专业的内容创建平台，具有非常优秀的数据兼容性，在多种使用场合下，兼容多种数据类型，包括打开、另存、导入、导出、参考、块的使用等。

明确这一点的目的是开拓我们的思路，不要以为用 MicroStation 只能使用 DGN 文件就可以了。但是也需要注意，当打开一个非 DGN 文件时，并不是所有的功能都可用。例如，打开一个 DWG 文件时，若要多建一个"模型空间"肯定是不行的。

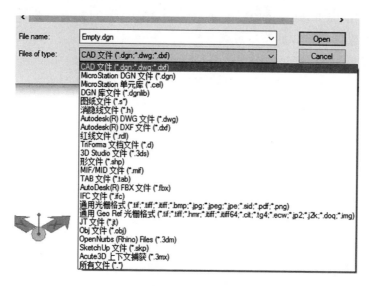

**可以打开的文件类型**

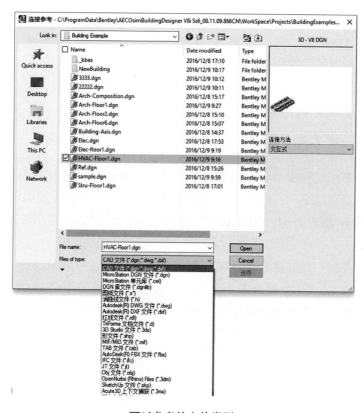

**可以参考的文件类型**

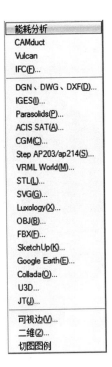

导入文件类型　　　　　　　导出文件类型

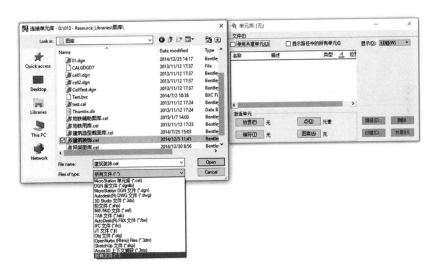

可以使用多种类型的 **"块"** （Cell）

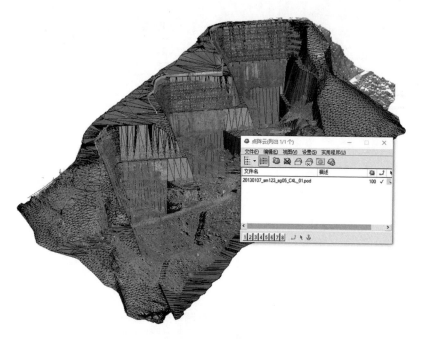

对点云数据的支持

对光栅图片的管理

MicroStation 之所以有这么丰富的数据兼容性，是因为它是作为一个"平台"存在的。它需要兼容不同类型的数据才能满足不同行业的需求。

【提示】专业应用模块不同，所兼容的数据类型也不同，这也是为了满足不同行业的专业需求。而且，随着版本的升级，会有更多的数据类型被兼容进来。

### 4.1.3 工作单位的设置

不同区域、不同的项目、不同的专业类别，会有不同的工作单位设置。如果让不同的工作单位的工程数据协同工作，就需要有工作单位的设置。

DGN 文件是有工作单位设置的，这不同于 DWG 文件，因为 DWG 文件中只有绘图单位，而没有工作单位。虽然看似可以设置工作单位，但当更改工作单位时，AutoCAD 不会自动换算，还是使用原来的"数值"，这就是只有绘图单位的概念。因此，设置工作单位是为了处理不同工作单位制之间的换算关系，当启动不同的应用模块新建一个文件时，系统会选择相应的种子文件，这个种子文件的工作单位设置是符合本专业应用需求的。当参考一个 DWG 文件时，系统会让用户选择所参考 DWG 文件工作单位。因为，系统会提示你设定 DWG 文件中图形的实际尺寸单位，与 DGN 具有真实大小的内容进行协同。

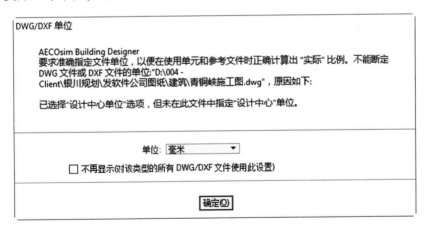

**参考 DWG 时，工作单位的设置**

通过菜单"设置（Setting）"→"设计文件（Design File）"可以启动工作单位的设置框，在这个设置框中，还可以设置很多关于本 DGN

文件的选项。需要注意的是，本设置只对本 DGN 文件起作用，不用影响其他的 DGN 文件，而且设置完毕后，需要用菜单"文件（File）"→"保存设置（Save Setting）"来对这种设置进行保存，否则，DGN 将维持原来的设置。

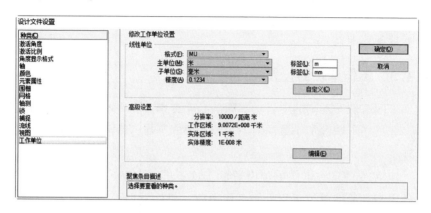

工作单位设置

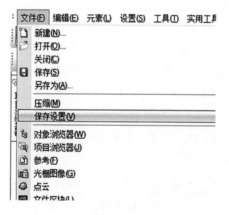

对设置进行保存

在 MicroStation 中输入的任何数值都是有一个工作单位的，而这个工作单位的选择是符合本专业的设计需求的。当然，同一个专业的不同应用场合，我们也会选择不同的工作单位。

当一个对象被创建时，当标注或者读取信息时，用户可以按照不同的工作单位来测量或读取，就像我们用米、英尺的单位测量同一张桌子的长度一样，都会得到正确的数值。

### 4.1.4　三维空间的快速定位

对于一个三维信息模型建模系统来讲，空间定位是非常重要的，这也是 MicroStation 作为三维设计平台的核心内容所在。

当用户初次使用 MicroStation 时，需要注意，长久的二维设计工作，使我们习惯了在二维平面考虑、表达设计。我们应该转换一下思维方式，从三维空间的角度来表达设计，习惯三维的工作模式，这不仅仅是对 MicroStation 而言，而是对整个三维协同工作模式的推进都非常重要。

对于 MicroStation 的定位技术，在教学视频中有详细的讲解，在这里我们只对一些核心点进行归纳。

对于任何定位系统来讲，都有一些规则，而 MicroStation 采用的是"直觉式"的定位方式，就像我们手工绘图时代的操作方式，通过丁字尺、三角板可以绘制出任何的图形。

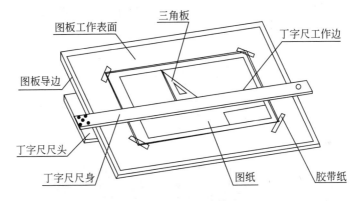

**传统的绘图板工作模式**

在传统的图板绘图工作模式下，控制的核心因素如下：

（1）绘图的区域：图板的大小。

（2）绝对坐标定位基点：图板的中心。

（3）局部的定位：丁字尺的控制。

（4）具体的定位：三角板。

通过控制这些因素我们可以绘制所需要的任何元素。分析这些要素，我们会发现如下核心控制点，换句话说，这些核心控制点对所有的三维建模系统都是适用的。

在工作过程中，有以下三种定位需求：

（1）绝对坐标的定位需求。

例如：总平图的定位，地模的定位，地理信息。

操作：通过绝对基准来放置。

（2）局部定位的需求。

例如：将构件放置在某个斜面或某个标高上。

操作：通过丁字尺的移动。

（3）相对定位的需求。

例如：基于某个位置升高多少。

操作：通过三角板和量角器的移动。

从定位的角度讲，建模系统具有 3 个定位基准才能满足这样的要求，如果只有 2 个或者 1 个定位基准，那么就无法满足所有的定位需求，或者很难满足。MicroStaiton 就具有这样的定位模式，这也是其定位方式被称为"直觉式"定位方式的原因。

在 MicroStation 中，具有以下三个定位坐标系：

（1）世界坐标系：GCS，永远在图纸的中心；某些情况下，可以移动。

（2）辅助坐标系（局部坐标系）：ACS。

（3）精确绘图坐标系：AccuDraw。

这三个坐标系可以满足所有的定位需求，而且与传统的绘图板定位方式非常类似。

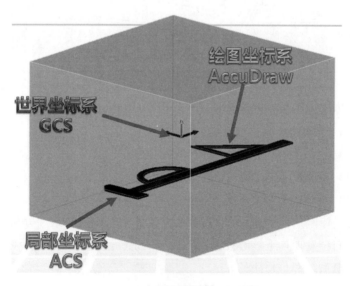

**MicroStation "直觉式" 定位方式**

在 MicroStation 中的所有定位操作，可以通过精确绘图快捷键来进行基于三个坐标系的定位操作。通过控制 ACS、精确绘图坐标系和世界坐标系来达到定位的需求。

常用的精确绘图快捷键如下：

- 基于世界坐标系

位置：P、M。

方向：T、S、F。

- 基于局部坐标系

旋转：RA。

是否锁定。

方向：LP。

- 相对定位坐标系

相对基点：O。

自身控制：E、RX、RY、RZ、X、Y、Z、D、A。

自身坐标：Enter、Space。

当然，精确绘图快捷键，还包括其他的一些快捷键操作，来满足定位以及专业的需求。

而最终归纳起来，在 MicroStation 中，定位更多受两个因素的影响，因此所需要关注的内容也可以归纳如下：①精确绘图，即使用、快捷键、锁定、相应设定；②ACS，即如何旋转、如何保存、保存在哪里、如何锁定、如何快速使用（ACS Picker，Icon Lock）。

在使用的过程中，需要注意 ACS 是否锁定，精确绘图的轴锁是否锁定。

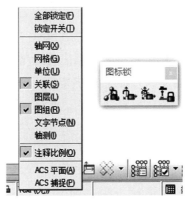

**ACS 的锁定**

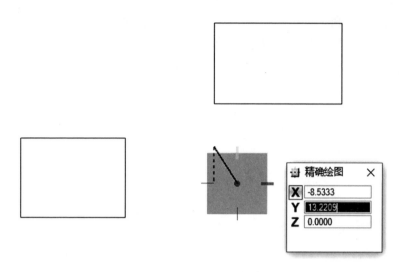

精确绘图轴锁的使用

## 4.1.5 文件参考与协同工作

### 4.1.5.1 文件划分与协同工作

一个项目是由不同专业的三维信息模型组成的，每个专业又根据专业需求的不同，按楼层、系统来对三维信息模型进行划分。

在传统的二维工作模式下，各专业缺乏实时的沟通。每个设计师也倾向于将所有的内容（图纸）放在同一个文件里。而在三维设计模型下，每个专业的模型从容量到复杂度都很大，而且也考虑到各专业协同工作的问题。

这就涉及文件内容划分与组装，MicroStation 的参考工作模式为此提供了强力的支持。

根据文件划分原则，可以将不同的工程内容（模型、图纸）放置在不同的文件里，在工作过程中，根据需要参考其他专业的工程内容。因此，最终的总装文件是通过参考的方式来组装起来的，在这个总装文件里，可以进行图纸输出、材料统计、三维漫游等应用。当然，工程内容的组织涉及如下内容。

**1. 文件划分**

考虑的因素是本专业工作的便利性，以及专业之间的配合。

**2. 文件命名**

制定统一的文件命名规则。

### 3. 文件目录

考虑工作的便利性、灵活性。

### 4. 文件组装

分层的文件组装方式。

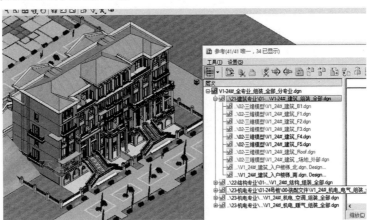

文件组装实例

典型目录结构

### 4.1.5.2 参考的文件类型

使用参考的时候，需要注意，除了 DGN、DWG、SkechUp 外，可以参考很多的文件类型，甚至可以参考一个 PDF、图片文件，只不过这些文件无法精确控制尺寸而已。

可以参考的文件类型

### 4.1.5.3 文件组织与嵌套关系

由于是多层的文件参考关系，这就涉及文件的参考嵌套关系，即当 A 参考了 B，B 又参考了 C，C 又参考了 D，那么嵌套关系就涉及在 A 中是否显示 B、C、D 内容的问题。如果无嵌套，那么 A 中只显示 B 中

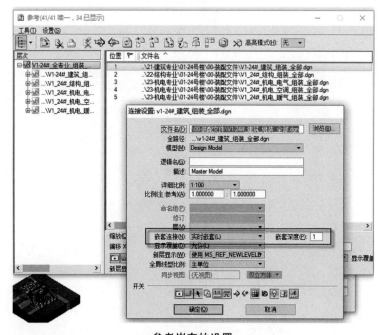

参考嵌套的设置

的内容；如果嵌套层级为1，那么在 A 中就可以看到 B 和 C 的内容；如果嵌套层级为2，那么在 A 中就可以看到 B、C、D 的内容，以此类推。

### 4.1.5.4 参考的控制与应用

在参考一个对象时，可通过一些设置来控制参考的参数并可以在参考文件和主文件中进行切换。下面就核心点介绍如下。

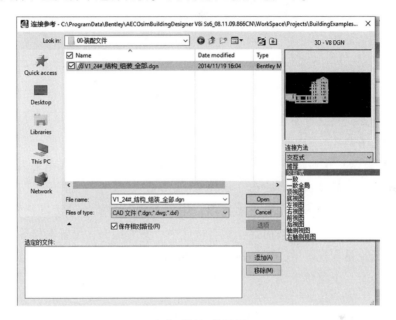

**参考对话框的设置**

在上述对话框里注意如下几点：

（1）可以参考不同的文件类型。

（2）可以利用"添加"按钮，一次添加多个文件。

（3）"保存相对路径"选项，便于一组文件位置移动时参考关系仍然有效。

（4）"连接方法"中可根据需要选择并设置。

● 推荐：系统根据参考的类型是 Design、Drawing 还是 Sheet 来采用推荐的方式。

● 一致：被参考对象和主对象保持一致。

● 视图：参考对象的某个视图放置在主文件的某个面上。

**参考对象控制**

在参考对话框的上部，有一组工具条，可用其对参考对象进行控制。例如，只查看参考对象的一部分，对参考对象进行移动、复制（相当于参考两次）、比例控制、选装等。

【提示】这些操作都不会对被参考对象做任何更改，只是用来设置在主文件中的显示方式而已。

在对话框的下部也有很多选项，用来对参考对象的参数进行控制，例如是否显示、是否被捕捉、是否被选中、参考比例、位置偏移等。

无论是在视图中，还是在参考的对话框内，选中某一个参考对象，总是会有一个菜单出现，如下图所示。

**参考对话框右键菜单**

在视图中的参考对象右键菜单

这些菜单和工具都有重复的部分，下面介绍几个核心的命令。

- 交换：系统关闭当前文件，打开被参考的文件。
- 激活：在当前文件里，"变相"地打开参考文件，此时主文件变灰，实际上，系统已经打开了参考文件，只不过现在在主文件中显示而已，便于与主文件对比。
- 合并到主文件：相当于把被参考对象拷贝到主文件中。

## 4.1.6 灵活的视图控制技术

初次使用 MicroStation 时，可能认为它的视图技术和其他软件类似，其实是有很大不同的。MicroStation 的视图技术有很多与众不同的特点，使其与三维协同设计的定位相匹配。

首先，MicroStation 采用独立的视图技术，其独立性体现在如下几个方面。

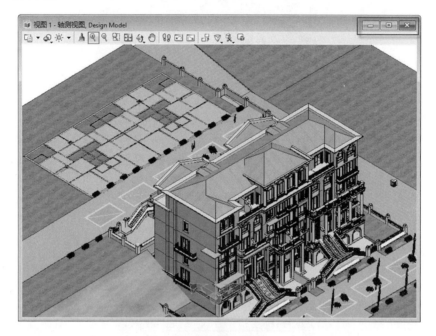

右上角的独立控制

### 4.1.6.1 多显示器支持

需要注意的是，在视图的右上方有关闭、最大化、最小化三个按钮。看似这三个按钮没啥作用，甚至多余。但核心内容是，当电脑外接多个显示器时，每个视图都可以显示在不同的显示器上，而且一个操作就可以跨显示器显示。你可以好好想想，我们现在很多时间都是消耗在不停的视图转换上。至于如何进行这个设置，看MicroStation的培训视频就可以了。

### 4.1.6.2 独立的视图控制技术

在每个视图的上面都有一个视图工具条，包括最主要的视图属性、显示样式、亮度控制等。这些设置只针对当前的视图进行设置，不会影响其他视图，当然如果想实现该功能，也可以做到。

视图属性设置

当然，视图可以被保存，保存的内容包括视角、显示内容过滤、分图层显示以及下面介绍的局部显示。

视图的保存和应用

### 4.1.6.3 局部显示技术

很多时候需要只显示模型的一部分，在 MicroStation 中支持如下局部显示技术。

**1. 选择集**

选中一个或者多个对象时，可以通过右键菜单的"隔离"工具，只显示选中的对象。

选择集                    "隔离清除"命令来恢复整体显示

**2. Clip Volumn 区域显示技术**

可以通过视图工具中的"剪切立方体"（Clip Volumn）工具来对某个区域进行局部显示，用清除命令，可以恢复整体显示。

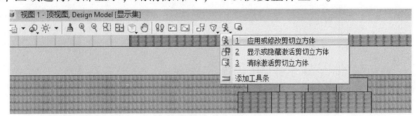

剪切立方体工具

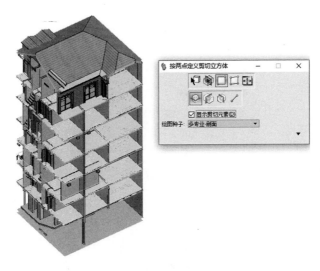

**具体的显示控制**

需要注意的是，当应用剪切立方体甚至是动态视图时，其实就是将整体的显示区域区分为不同的部分，可以设置每一部分是否显示、怎么显示（显示样式）等。

在视图属性中，也可以决定这个区域设置是否有限。

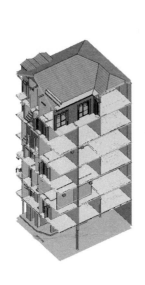

**视图属性中，对剪切立方体的设置**

**3. 分图层控制**

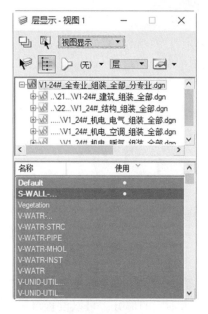

分视图图层控制

在默认情况下，图层的显示控制只针对当前视图进行控制。

回想一下，这个控制因素组合起来，可以实现不同的操作效果，这其实也是 MicroStation 强大的地方，也是有些初学者开始感到有点复杂的原因。只有掌握了这些核心内容的工程应用，才会体会到 MicroStation 功能的强大。

## 4.1.7 统一的命令使用模式

在 MicroStation 中，有很多命令，想学会所有的命令，几乎是不可能完成的任务，若掌握了统一的原则，当需要某个命令时，就可以快速掌握。

在 MicroStation 中，命令行的定位和 AutoCAD 不同，快捷键的种类和设置也不同，我们只要掌握了如下原则，就会达到事半功倍的效果。

**1. 命令执行三步法**

在 MicroStation 中，任何命令的执行分为三个步骤：①选命令；②设置参考；③看提示进行操作或者定位。

这是核心的原则。每个命令的参数设置，都是在第二点的命令属性设置上。执行过程中的顺序通过提示就可以知道了，是点左键

（Accept）还是右键（Reset，不是 End）。

### 2. 命令的属性设置

每个命令都有一个或者多个命令的属性框，用来设置命令执行的参数。通过设置这些参数，可控制命令执行的过程。

选择命令属性框

放置文字的两个对话框

放置风管的对话框

这些对话框其实不需要特殊讲解，只需查看帮助文件即可。

### 3. 三角号，点一点

无论是工具的选择，还是对话框，很多时候都有一个三角号，点击这个三角号会有更多的工具或者更多的选项。

对于工具的选择，点住带有三角号的工具不放，就会弹出更多的工具选择。

**视图工具的扩展**

对于参数的设置，点击三角号，会弹出更多的选项控制。

**选择工具的选项扩展**

## 4.1.8  图层的显示控制

图层的显示可以分别对主文件和参考文件进行设置，设置的结果可以分视图进行显示。当然，显示的结果可以通过视图的方式保存起来。

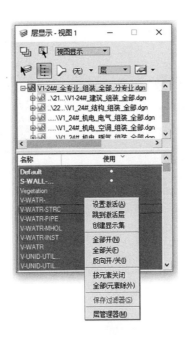

**视图显示与右键菜单**

### 4.1.9　单元的使用

#### 1. 单元的定位及功能

在 MicroStation 中的单元（Cell）与 AutoCAD 中的块有点类似，它的作用在于将重复使用的几个简单对象组合起来，作为一个整体来重复使用。很多的应用模块中，创建的信息模型底层都是通过单元来定说明。在 AECOsimBD 中还有一个特殊的单元类型叫作复合单元（Compound Cell），同时考虑三维模型和二维图纸，以及开洞的属性。

在此，需要将单元与参考的技术做对比，两者都定位在重复使用已有数据的作用上，但单元更加适合于简单的、大量重复的、对内部不进行操作的类型，例如，一些家具库、模型库等。

而参考的定位是文件级的内容组织，需要对文件内部进行操作，重在"组装"，而不是"重复"。

#### 2. 单元的数据类型

在 MicroStation 体系下，可以采用很多数据类型作为单元进行使用，这在 MicroStation 文件类型兼容中已经讲过。在 AECOsimBD 中，也可以将 Revit 的族文件，以单元的方式插入到文件中，称之为 RFA 单元。

支持的单元类型

**在 AECOsimBD 中，使用 RFA 文件**

### 3. 单元的存储及使用

在 MicroStation 中，有很多单元的操作内容，包括建立、修改等。在此，只补充一点。单元库文件"∗.cel"和"∗.dgn"文件本质上是一样的，这也是为何当我们链接一个单元库时，也可以链接一个 DGN 文件，因为在 DGN 的文件结构中，每个 DGN 内部被分成不同的存储区域（Model），这其实和单元的存储是一样的。而每一个 DGN 的区块是否可以被当成单元放置，取决于 Model 的属性里是否勾选了如下图所示选项。

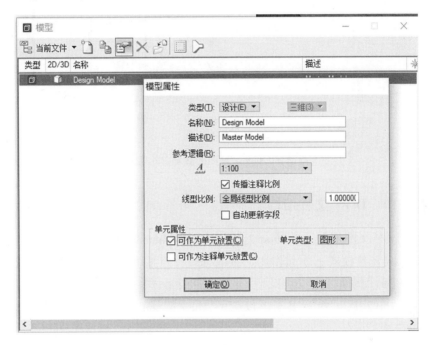

**Model 属性的单元属性设置**

明白了这一点，当新建一个单元或者编辑一个单元时，就可以直接打开"＊.cel"文件进行操作。

**4. 共享单元的使用**

当一个文件中放置多个对象时，相当于从库中取出单元，然后放置多个库中 Cell 的"实例"。共享单元（Share Cell）起到的作用如下：

（1）当放置多个单元实例时，系统在内部存储上只保存一份，这将大大减小文件容量。

（2）单元的定义被保存在 DGN 文件中，将来不链接原始的单元库，这个单元也可以被插入。

需要注意的是，由于多个相同的单元实例，只存储了一个定义，所以，当采用单元替换操作时，将替换所有的单元实例。

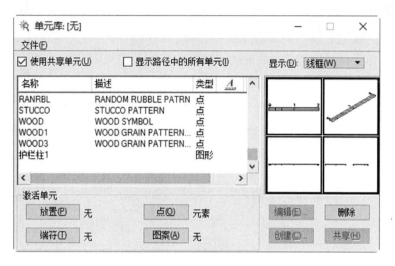

**存储在 DGN 文件中的共享单元定义**

## 4.1.10 DGN 文件结构

DGN 文件是 MicroStation 的工作文件，MicroStation 的很多功能需要在 DGN 工作模式下才起作用。DGN 是一个生命周期很长的文件格式，预计生命周期是 15~20 年，这意味着软件版本的升级不会影响文件的版本，也就意味着使用十年以前的 MicroStation 仍然可以打开现在的 DGN 文件。

事实上，从 DGN 文件诞生到现在只有两个版本，即 V7 版本和现在的 V8 版本。V7 版本与 V8 版本的区别在于 V7 版本的 DGN 文件是不分块的，也就是没有 Model 的概念。

**1. DGN 文件存储的内容**

在 DGN 文件中，其实存储了两种内容，即工作标准和工作内容。用户定义的单元（Cell）、文字样式、标注样式以及界面元素、模板都是以工作标准的形式存储在 DGN 文件中的。而我们常规操作的图纸、模型等都是以工程内容的方式存储在 DGN 文件中的。

**DGN 文件结构**

### 2. Model 的概念

对于工程内容，一个 DGN 文件分为了不同的相互独立的存储区块 Model，就类似于一个 Excel 文件分为了不同的表单 Sheet。

通过 DGN 文件的 Model 设置，可以对不同的 Model 进行操作，例如，新建、删除、属性设置等。但需要注意的是，默认的 Model 不可以被删除。

从文件内容划分上，可以将不同的工作内容放置在不同的 DGN 文件中，也可以将不同的工作内容放置在同一个 DGN 文件的不同 Model 里，如下图所示。

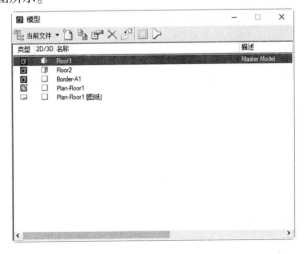

**DGN 文件存储结构**

对于 Model 的概念理解，不能翻译成模型，因为那样很容易与 AutoCAD 的模型空间混淆。因此，将其翻译为"文件区块"更为合适。

对于 DGN 由多个 Model 组成，需要明确如下概念：

（1）在同一个 DGN 文件中，所有的 Model 都使用相同的图层系统。

（2）不同的 Model，可以具有不同的设置。DGN 的文件设置，例如工作单位，都是以 Model 为设置对象的，不同的 Model 可以具有不同的工作单位设置。

（3）当参考一个文件时，其实是参考了某个 DGN 文件的某个 Model，而 Model 和 Model 之间当然也是可以参考的。

Model 根据存储内容的不同，分为了三种类型，即设计（Design）、绘图（Drawing）、图纸（Sheet）。这样的内容划分，是与三维设计的流程密切相关的，如下图所示。

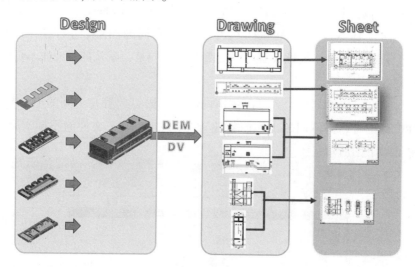

三维工作流程

结合文件组织的概念、参考的概念，从三维协同设计到二维图纸的输出流程如下。

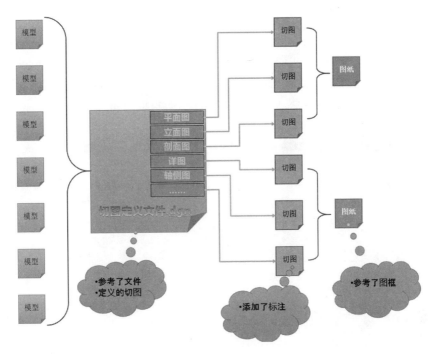

**三维出图流程**

在这个流程中，不同类型的 Model 存储不同类型的工程内容。

**3. DGN 文件类型扩展**

前面讲单元时，我们说过，"∗.cel"文件和"∗.dgn"文件是一样的，将来还有"∗.Dgnlib"文件和 i–Model 文件以及"∗.i.dgn"和"∗.iModel"文件，这些文件类型都是 DGN 文件类型的扩展，随着应用的深入，会逐步介绍。

# 4.2 基于 ProjectWise 的协同工作环境

没有协同的 BIM，不是真正的 BIM。对于 Bentley BIM 解决方案来讲，结合 Bentley 协同工作平台，可以实现对工作内容、工作标准和工作环境的统一管理，给不同的人员设置不同的角色，不同的角色在不同的阶段具有不同的权限，并支持跨区域协同工作等。在此，不对 ProjectWise 的具体技术操作做讲解，只从应用流程上介绍 ProjectWise 协同工作环境，在假设已经有一个配置好的 ProjectWise 协同工作环境的基础上，来叙述这个过程。

## 4.2.1　协同工作模式

在 ProjectWise 协同工作环境下，不同的用户登录到同一个 Project-Wise 服务器上，根据权限的不同，获取不同的工作内容。用户可以通过ProjectWise Explorer 客户端、网页端、移动端来访问这些内容。

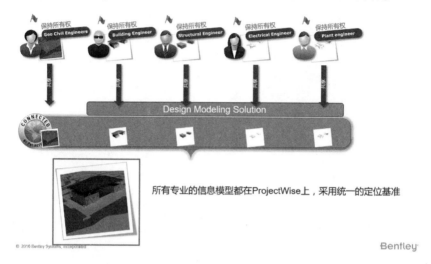

内容的统一存储

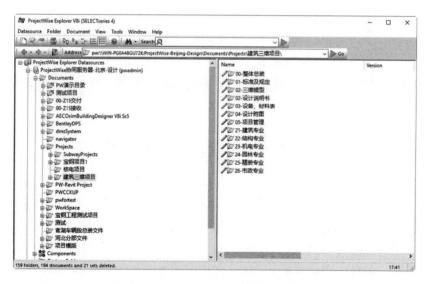

通过 **ProjectWise Explorer** 访问工程内容

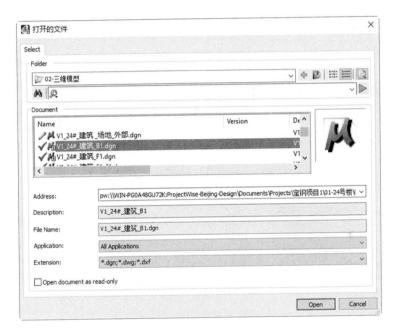

当与 **ProjectWise** 集成后，启动 **AECOsimBD** 时，
需要输入授权信息

打开 **ProjectWise** 上的文件

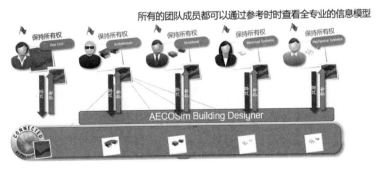

不同的项目成员通过 **ProjectWise** 相互参考

**通过参考技术应用，使工作分配更加合理，加速工作进程**

专业内部的任务分配

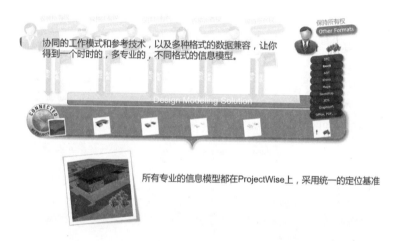

**通过 ProjectWise 兼容、管理第三方数据**

管理不同的应用软件

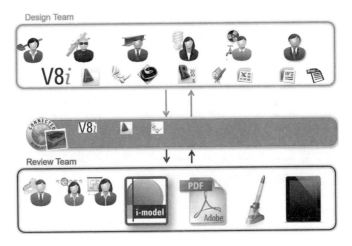

设计团队和校审团队通过 **ProjectWise** 协同工作

### 4.2.2　应用软件集成

ProjectWise 可以与很多应用软件进行集成，不仅仅是基于 MicroStaiton 的应用程序，还包括 AutoCAD、Office、Revit 等应用程序。

以 AECOsimBD 为例，在安装时，就有是否与 ProjectWise 集成的选项。

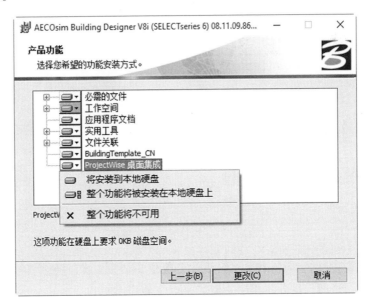

**AECOsimBD 与 ProjectWise 集成**

更多的应用程序的集成是在安装 ProjectWise Explorer 客户端时来控制的。

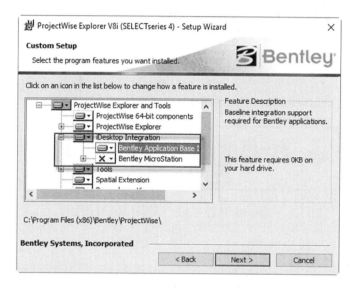

**安装 ProjectWise Explorer 时，应用软件集成选项**

需要注意的是，应用软件与 ProjectWise 进行集成，并不仅仅是把文件放置在 ProjectWise 服务器上，而是替用户管理这些工程内容，例如文件之间的参考关系等。

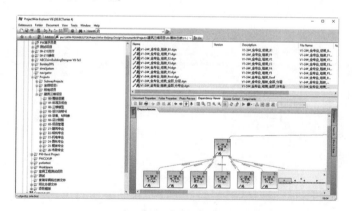

**ProjectWise 对参考关系的管理**

当然，通过 ProjectWise 还可以实现很多协同功能，包括对工作环境的统一管理，在此不再一一叙述。对于使用者来讲，ProjectWise 就像"云"一样，对整个 BIM 项目的协同工作起到了支撑作用。

# 5  AECOsimBD
# 建筑系列建模系统

## 5.1  AECOsimBD 概述

### 5.1.1  AECOsimBD 概览

Bentley 在 MicroStation 的基础上开发了一系列模块来满足不同行业的应用需求,这其中也包括了建筑系列应用模块。几乎所有的基础设施行业都会用到建筑系列应用模块,无论是一个厂房、一个体育场还是一个民用建筑。因为,不管是工业项目的工厂管道还是民用建筑、公共建筑,都需要一个"围护结构",这个"围护结构"就是建筑系列应用模块工作的范畴,可能是用于围护的建筑、结构,也可能是用于围护建筑结构内部环境的暖通、给排水、采暖、电气等。

Bentley 的建筑系列应用模块具有很长的历史,三维建筑系列应用模块的历史甚至可以推至 20 世纪。早在 MicroStation J 版上就有三维的建筑系列软件,用于创建建筑三维的信息模型,只不过那时还没有 BIM 的明确概念和定义,但基于需求的技术扩展方向与 BIM 的目标一致,这也是所有新技术产生的缘由所在。

早期的建筑系列应用模块包括了 Bentley Architecture(建筑设计)、Bentley Structural(结构设计)、Bentley Building Mechanical System(建筑设备)、Bentley Building Electrical System(建筑电气)、Bentley Space Planner(空间规划)等应用模块,还有一些与之配合的结构分析、负荷计算等辅助功能模块与之配合。

如果应用 2012 年以前的建筑系列应用模块,那时为了安装建筑系列模块,需要先安装 MicroStation,然后安装信息的架构平台 Triforma,再安装 Bentley Architecture 模块,而且三者之间还有一定的组合关系,版本之间也有兼容性的问题。

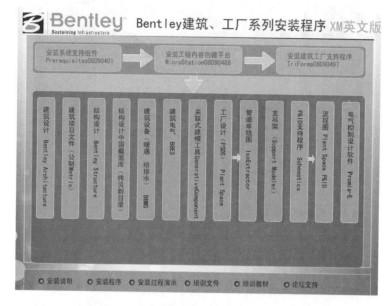

**早期基于 MicroStation 的建筑、工厂系列模块**

后来，各个应用模块开始与 Triforma 融合，Triforma 的概念也慢慢退出了历史舞台，其实现在的 Part（样式）的概念就来源于 Triforma，这相当于早期基于图层的概念的综合应用，只不过这个样式不仅考虑三维设计，还考虑二维出图、渲染等。这个概念在现在的 AECOsim BD 中仍然适用。

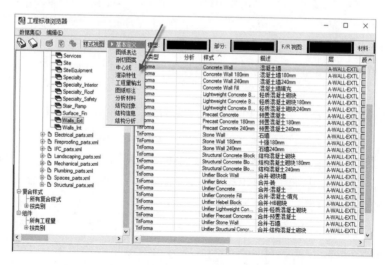

**现在仍然使用样式来表达对象的"外在表现"**

然而随着需求的进一步提升，单单是通过样式来表达对象的"外在表现"已经不够用了，需要更多的属性（信息）来表达 BIM 对象，所以就出现了 DataGroup 的概念，其实就是定义 BIM 对象的类型和型号的概念。

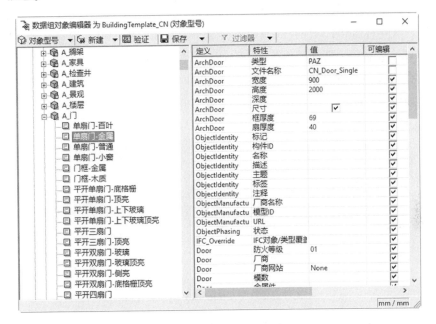

**对象类型 DataGroup 概念**

因此，在早期版本里，是 Part + DataGroup 类型的数据结构。当然，现在的 AECOsimBD 也采用这样的模式，在《管理指南》中，其实就是定义 BIM 对象是什么（DataGroup 类型），长得什么样子（Part 样式）。这样的数据结构在 Architecture、Structural 和 Building Mechanical System 中都适用，只不过对于 Building Mechanical System 更多采用了 Part 来区分不同的管道类型，而不是通过 DataGroup 的型号。Building Electrical System 采用自己特定的数据库管理方式，是一个相对独立的应用模块，这也是启动 AECOsimBD 时，默认启动了建筑、结构、设备模块而没有启动电气模块的原因。除非手动加载电气模块，系统才会启动与之配合的数据库引擎，来满足电气专业的需要。

可见，在建筑系列的多个模块中，如果工作环境不同，在进行后续的模型组装或者设计过程中，都存在无法完全读取属性的问题，除非对工作环境进行配置（通过配置是可以实现的）。为了解决这个问题，Bentley 公司在 2012 年 3 月正式推出新一代的建筑行业解决方案

AECOsimBD，将原来的多个设计模块集成在一起，更加完美地解决建筑行业的需求，因为这让多个专业的协同工作更加无缝，大家采用的是同一个设计系统。它是基于 BIM 理念的解决方案，关注建筑项目整个生命周期。最新的 AECOsimBD 中也涵盖了 Energy Simulator，同时支持与 GeneratIveComponent 智能化设计模块的集成。

　　AECOsimBD 是建筑行业解决方案中重要的组成部分，涵盖了建筑、结构、建筑设备及建筑电气四个专业设计模块以及能耗分析模块，同时，可以与场景渲染模块 LumenRT、场地设计 SITEOPS 结合。其中的建筑设备又涵盖了暖通、给排水及其他低压管道的设计功能。

**AECOsimBD 与 LumenRT 的协同工作**

**AECOsimBD 与 SITEOPS 的集成**

　　在软件架构上，AECOsimBD 已经将三维设计平台 MicroStation 纳入其中，这样做的原因，一是解决了原来分别安装时版本匹配的问题；二是图形平台和专业设计模块结合得更加紧密。对于使用者来讲，它是一个整合、集中、统一的设计环境，可以完成多个专业从模型创建、图纸输出、统计报表、碰撞检测、数据输出等整个工作流程的工作。

　　那么如何更详细地理解 AECOsimBD 的含义呢？

建筑系列是基础设施行业不可缺少的一部分，任何项目都需要建筑系列专业参与。例如，在工厂领域以管道专业为主，但也需要建筑、结构等专业与之配合，为其提供管道的支撑、厂房及附属的配套设施。而从宏观的角度来讲，任何基础设施项目，整个生命周期大致会分为四个阶段，即规划、设计、建造和运营。在这个过程中，业主需要和不同的参与方沟通和协调，以保证项目的顺利运行。

**BIM 项目全生命周期**

在这个生命周期中，所有参与者的共同目标都是希望减少数据错误，增强各方协作，以降低成本、提高效率。因此，我们希望在解决方案中解决这些问题。而 AECO 的含义正是如此。

**AECO 的意义**

在上图表达的基础设施项目整个生命周期的四个阶段，各取其中的一个字母即为 AECO，而 sim 是 simulator 的缩写。AECOsim Building Designer 就是其中的建筑设计部分的功能特点。

## 5.1.2　软件架构

AECOsimBD 涵盖了多个功能模块，使用者可以采用按需加载的方式，在进行建筑设计的同时，也可以根据需求加载其他的专业设计模块，这样的设计使四个专业的设计模块被整合在同一个设计环境中，用同一套标准进行设计；同时，对一些设计工具进行了集成和优化，例如，可以使用一个命令编辑和修改所有的构件。

AECOsim Building Designer V8i (SELE... | Architectural Building Designer V8i (SELE... | Electrical Building Designer V8i (SELE... | Energy Simulator V8i (SELECTse... | Mechanical Building Designer V8i (SELE... | MicroStation Building Designer V8i (SELE... | RAM 3D Viewer v15.01.00.000 | Structural Building Designer V8i (SELE...

**AECOsimBD 快捷方式**

**AECOsimBD 集成设计环境及按需加载方式**

在实际工作中，如果只做一个专业的设计工作，可以启动单独的设计模块。当启动不同的设计模块新建文件时，系统会自动选择种子文件。

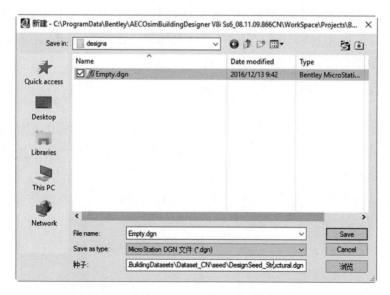

**单独启动 Structural 模块，系统自动选择专业种子文件**

如果启动的是 AECOsimBD 模块，在新建文件时需要手动选择种子文件，默认的 DesignSeed. dgn 种子文件并不适合建筑电气专业，需要选择 DesignSeed_Electrical. dgn 种子文件。

## 5.1.3　AECOsimBD 工作流程

### 5.1.3.1　库的概念

当启动 AECOsimBD 时，选择正确的工作环境，这相当于选择了一个"库"，库中保存了项目所需的工作标准，这个过程如下图所示。

**AECOsimBD 工作过程**

当从库中取出一个对象放置在文件中时，就形成了一个实际的对象，后续若更改墙体参数，也不会影响库中的对象。

因此，在 AECOsimBD 中有很多操作是修改库的，当然，更多的操作是修改实例对象的。

以下是创建墙体的过程。

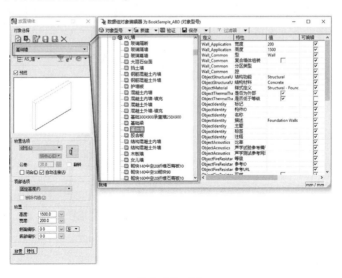

**从库中取对象**

### 5.1.3.2 项目环境的选择和设置

当启动 AECOsimBD 时，需要选择合适的工作环境、不同的语言版本、不同的默认项目环境，也可以在此基础上进行扩展，如下图所示。

**项目环境的选择**

很多用户选择默认的 BuidlingTemplate_CN 项目环境，这是中国默认的项目环境，符合中国本地的工程标准需求，包括门窗库、切图模板、图层定义等内容。如果不想区分具体项目，或者说所面对的所有项目类型的需求是一样的，这样做是没有问题的。但如果所面对的项目类型差异很大，需要不断"添加"一些"库"到项目环境中，那么这个项目环境（库）将会变得越来越大，工作时想找到一个对象，也需要花费更多查找的时间。

在这种情况下，便需要采用分项目的方式来管理工程内容。

事实上，系统提供的 BuildingTemplate_CN 只是一个项目的"模板"，用户可以用它来创建自己的项目，然后分项目管理工作标准。在《管理指南》中已充分介绍了这方面定制的内容，以及对项目标准、企业标准、行业标准的分层管理模式。

本书用到的案例，就是以 BuildingTemplate_CN 为模板，建立了一个 BookSample_AECOsim Building Designer 项目，在此基础上进行工程内容创建，对项目所需的库进行维护。

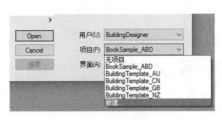

**新建项目按钮**

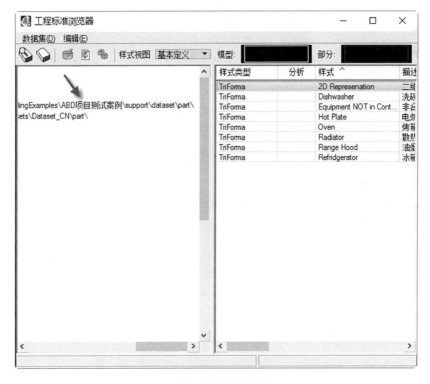

**以 BuildingTemplate_CN 为模板创建项目**

系统加载项目的样式

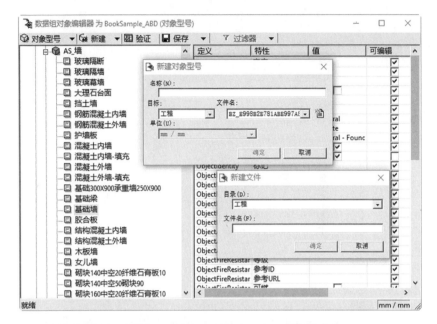

**新建对象型号时，系统提示放置在项目目录还是企业目录**

### 5.1.3.3　对象创建和修改

**1. 创建过程**

按照前述 MicroStation 命令执行三步法则，"设参数"的过程就是从"库"中选择型号，然后设置参数的过程。

以往，用户习惯了选好型号再设置参数的操作，使整个工作过程变成不断设置参数的过程，这样的操作看似没有问题，实则效率低下。

试想一下，从一个厂家样本上选择一个型号的过程，就是从"库"中选择一个型号的过程。这个型号的参数还能更改吗？如果更改了，是否意味着后期数据统计时，同一种型号实际对象的参数不统一。之所以这样操作，完全是由于二维设计时代为了"凑图"而形成的。

因此，对于 BIM 的操作过程来讲，一个项目是由不同类型的 BIM 对象形成的，不同的类型又分为很多型号，每个型号的参数应该是固定的。在放置过程中，不应该更改。修改的过程，应该是更换型号的过程。

如果型号不满足使用，该怎么办？那是扩展库中型号的问题。例如，需要放置三个普通的门，门的宽度、高度参数分别为 900 × 2200、1200 × 2200、1500 × 2200，当然还可以有更多的参数差异，例如门窗编号。按照以前的方式是在选定型号后修改参数，如下图所示。

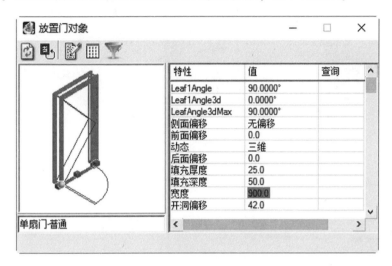

**修改门宽度**

效率比较高的方式是，在项目开始前或过程中，将这些型号提前定义在"库"中，如下图所示。

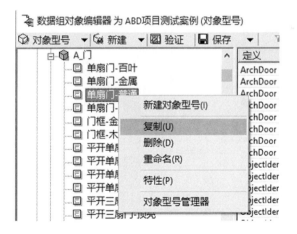

**在库中复制或新建一个型号**

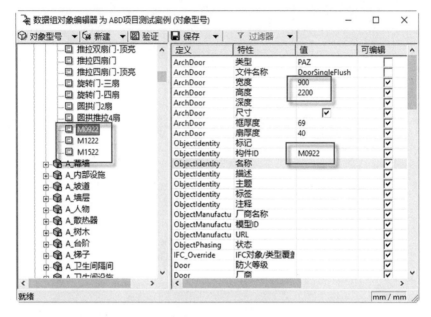

提前定义好型号和参数

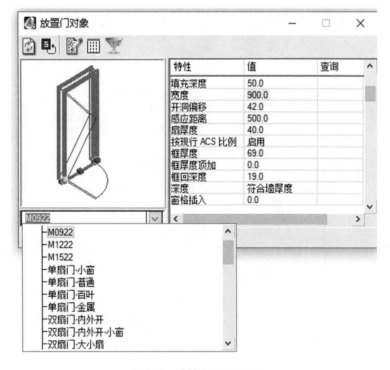

创建时，选择定义的型号

这样的方式非常像"面向对象"的工作方式，如果有程序编写基础的话，会非常容易理解这一点。

### 2. 对象修改

对象修改的方式大体分为两类，即对型号属性的更改和对形体的更改。

在 AECOsimBD 中，对象型号和属性更多，所有的对象类型几乎都用一个命令，如果要批量更改，先通过属性过滤或者多选的方式选中多个对象，然后点击对象编辑命令即可。

**编辑对象命令**

如果多选了多个不同类型的对象，那么系统会让用户"分类"更改，如下图所示。

**多种类型对象更改**

需要注意，对于具体的参数更改，在型号和参数前有个点击区域，需要将其激活才可以修改参数，否则参数是灰色锁定的。

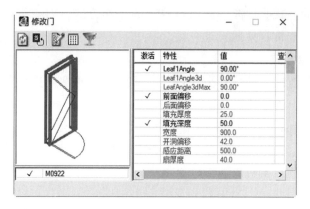

**点击激活区域，才可更改**

上面介绍的对象属性编辑是常用的方式，对于 BIM 操作方式来讲，有更好、更快速的方式，特别是批量操作时。

要做到这一点，需要明白一点，对于 BIM 对象来讲，"前台有信息模型，后台有数据库"。它们是一一对应的，材料统计就是从这个数据库中导出数据而已。

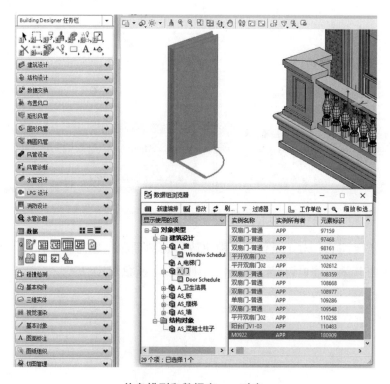

**信息模型和数据库一一对应**

在后台数据库中，既可以选择多个对象，也可以通过属性的排序过滤，还可以利用 Ctrl 和 Shift 键来选择多个对象，然后在右键菜单中找到修改属性、创建选择集等操作。当只想选择多个对象，而不是修改对象参数，或可能需要升高位置等其他操作时，可以采用"创建选择集"的操作。

【提示】如果只是在数据库中选中对象，在视图中只是高亮显示而已，并没有创建选择集，如下图所示。

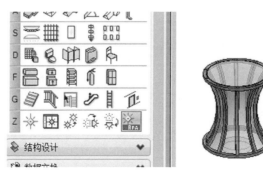

高亮显示而没有创建选择集

### 5.1.3.4 Revit 族的兼容

AECOsimBD 可以完全兼容 RFA 族文件，如果只是将 Revit 的族当成"模型"放置在文件中，只需要点击如下图标即可。

放置 Revit 族文件

如果想将 Revit 的族定义文件放置在 AECOsimBD 的"库"里，就需要特定的导入操作。导入的过程分为三步：①形体的识别；②样式的匹配；③属性的匹配。

所以，一个 Revit 族文件能够正确导入，特别是参数化的构件对象，需要注意如下几点：

（1）原来的参数化形体定义是对的。在工作过程中，导入后不能正确使用的原因是原来的定义不正确。

（2）属性参数匹配不正确。如果是参数化联动的属性定义，不要匹配，直接使用 Revit 族文件原来的定义就可以，如果匹配了一部分反而是错误的。

导入方式如下图所示。

**导入 Revit 族文件工具**

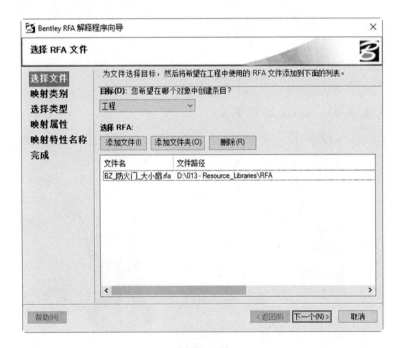

**选择族文件**

由上图可见，导入后是放在项目层级，还是公司层级，你可以选择多个，也可以选择一个目录。

**系统自动识别类型**

**识别形体**

**匹配样式**

这个过程其实就是将 Revit 族文件的不同部件赋予不同的样式定义，这个过程既包括三维对象的匹配，也包括二维对象的匹配。

**属性匹配**

在属性匹配的过程中，对于 Revit 族文件的参数化属性，请不要进行匹配。因为，Revit 族文件通过几个参数来控制形体，这些参数之间的关系与 AECOsimBD 默认的参数是不同的，匹配后反而无法修改参数。

点击"创建对象条目"按钮后，完成导入操作，如下图所示。可以发现，系统放置在项目的目录下。

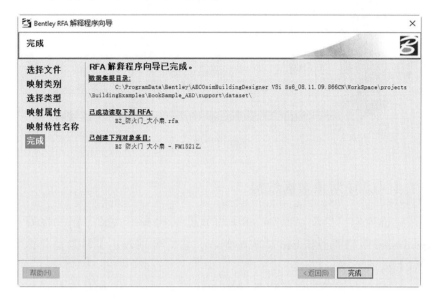

导入完毕

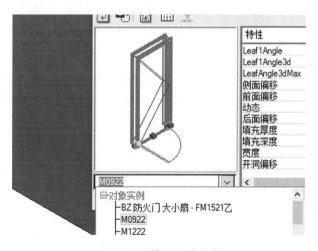

**Revit** 族文件导入到库中

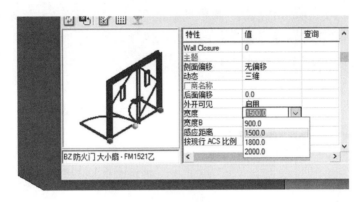

参数可更改

### 5.1.4 BIM 对象数据结构

前面我们已经对 AECOsimBD 的数据结构有了大致了解，也就是 DataGroup 对象类型和 Part 样式的概念，它们分别表达了对象是什么和对象长什么样子。

一个 BIM 项目是由不同类型的 BIM 对象组成的，BIM 对象具有足够的属性来表达它在工程实际中的信息。当然，这里的属性不仅是一个属性值，还可能是一个文件、一个视频、一个链接的数据库。这就是信息模型的属性丰富性，在后面介绍 HyperModeling 概念时也会提到这一点。

#### 5.1.4.1 "模型 + 信息" 的数据结构

一个 BIM 对象其实就是 "模型 + 信息"，模型是信息的载体，信息是 BIM 对象的外在表现。对于某些对象，信息里的属性还可以驱动模型，这就是参数化的概念。

在 AECOsimBD 中的 BIM 对象，对于 "模型 + 信息" 的结果，我们需要知道如下概念。

**1. 模型**

- 固定的模型（Solid、SmartSolid、FeatureSolid、Cell）。
- 可参数化驱动的模型，通过信息的值来驱动参数（PAZ、BXF、RFA）。

**2. 信息**

- 表明构件是什么（DataGroup）。
- 表明构件是什么样子（Part）。

【提示】有时 Part 会作为 DataGroup 的一个属性。

在系统的工作环境中，放置了基于这种数据结构的库来支持工程的需求。当扩展库时，也是根据这样的数据结构来定义对象。

需要注意的是，在不同的应用模块里，BIM 对象的数据结构大体类似，都是"模型+信息"的方式，但是具体的定义方式是不同的，这是由于各专业需求不同造成的，没有一种数据结构可以满足所有专业的需求。即便有，也会造成大量的数据冗余，这其实就是我们惯性思维的"大而全"的概念。实际上，如果有这样的数据结构，使用的效率将会非常低。

例如，OpenPlant 为了数据的严谨性，引入了等级驱动 Spec 的概念，在 OpenPlant 里定义 BIM 对象的方式和 AECOsimBD 里也有很大的差异，但都沿袭"模型+信息"的基本概念。

### 5.1.4.2　AECOsimBD BIM 对象存储扩展方式

在 AECOsimBD 中，就是采用 DataGroup + Part 的数据结构来管理、定义 BIM 对象，在《管理指南》已介绍了这方面的内容以及与企业工作标准的关系。在此，只需要简单了解即可。

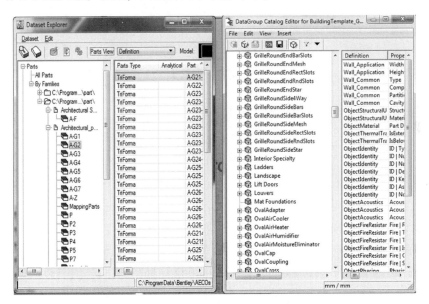

**DataGroup + Part 数据结构**

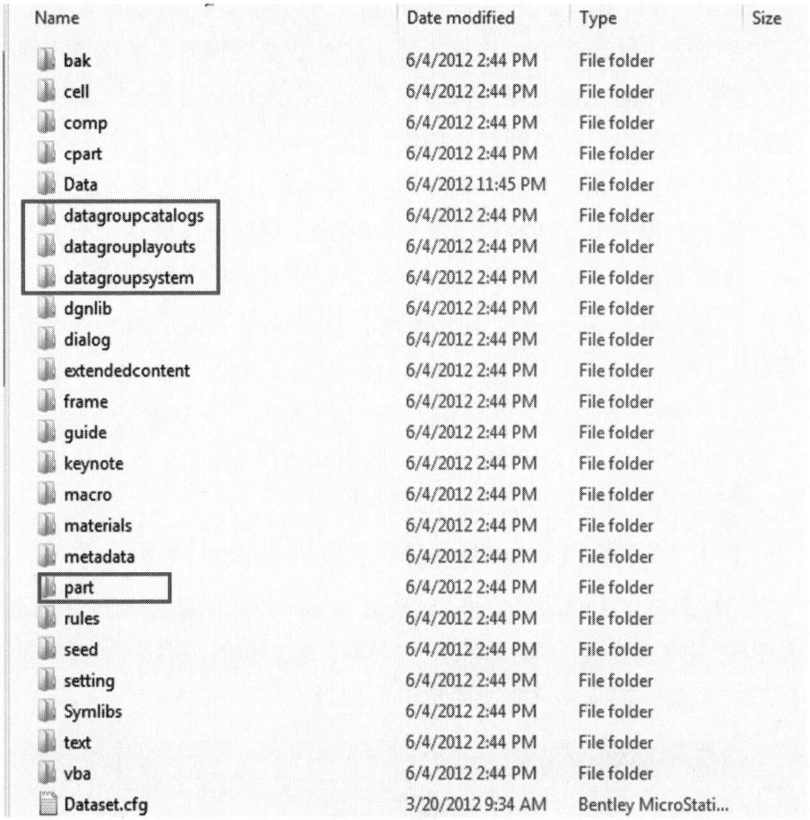

| Name | Date modified | Type | Size |
|------|---------------|------|------|
| bak | 6/4/2012 2:44 PM | File folder | |
| cell | 6/4/2012 2:44 PM | File folder | |
| comp | 6/4/2012 2:44 PM | File folder | |
| cpart | 6/4/2012 2:44 PM | File folder | |
| Data | 6/4/2012 11:45 PM | File folder | |
| datagroupcatalogs | 6/4/2012 2:44 PM | File folder | |
| datagrouplayouts | 6/4/2012 2:44 PM | File folder | |
| datagroupsystem | 6/4/2012 2:44 PM | File folder | |
| dgnlib | 6/4/2012 2:44 PM | File folder | |
| dialog | 6/4/2012 2:44 PM | File folder | |
| extendedcontent | 6/4/2012 2:44 PM | File folder | |
| frame | 6/4/2012 2:44 PM | File folder | |
| guide | 6/4/2012 2:44 PM | File folder | |
| keynote | 6/4/2012 2:44 PM | File folder | |
| macro | 6/4/2012 2:44 PM | File folder | |
| materials | 6/4/2012 2:44 PM | File folder | |
| metadata | 6/4/2012 2:44 PM | File folder | |
| part | 6/4/2012 2:44 PM | File folder | |
| rules | 6/4/2012 2:44 PM | File folder | |
| seed | 6/4/2012 2:44 PM | File folder | |
| setting | 6/4/2012 2:44 PM | File folder | |
| Symlibs | 6/4/2012 2:44 PM | File folder | |
| text | 6/4/2012 2:44 PM | File folder | |
| vba | 6/4/2012 2:44 PM | File folder | |
| Dataset.cfg | 3/20/2012 9:34 AM | Bentley MicroStati... | |

**BIM 对象存储目录**

### 5.1.4.3　信息模型的扩展应用

基于 MicroStation 的不同应用模块，可以创建、编辑不同专业的三维信息模型（BIM 对象），BIM 对象的类型、型号、属性也可以进行扩展，这是我们必须知道的原则。

随着 BIM 应用的不断深化，模型会进一步细化和固定，例如，LOD100 ~ LOV500 的模型细度划分（Level of Detail），在这个过程中，信息也会进一步细化，由设计信息延伸为施工信息、运维信息，从而使 BIM 对象支持全生命周期的要求。而且，在后期的运维环节，还会涉及数据之间的关联关系，这就是"数据模型"的理念，Bentley 的 eB 就是用来管理这个数据模型的，如下图所示。

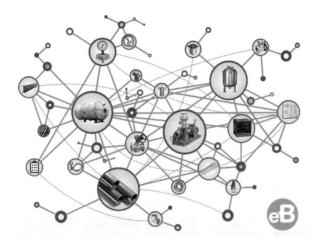

**数据模型概念**

在数据模型中，从不同的维度也会有不同的 BIM 对象划分管理。

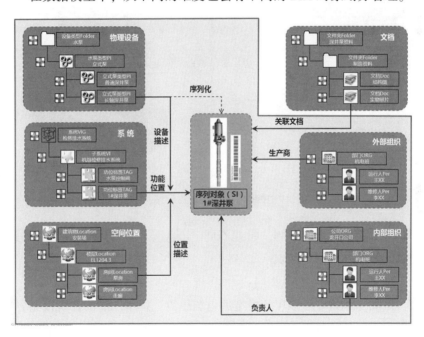

**数据模型应用**

## 5.1.5 文件划分与参考

文件划分与参考的概念扩展开来讲是工作内容的组织。

一个项目由不同的人来完成，不同的人又会将自己的工作内容分文件进行存储，这必定会涉及文件划分、组织、定位等相关问题，其中所涉及的问题如下。

### 5.1.5.1　文件划分

对于传统的建筑项目，我们更倾向于用"层"的概念来进行文件划分，但对于一些外立面、玻璃幕墙的设计，这样做反而是不对的，因为，这样的文件划分会将一个 BIM 对象的"整体"划分为不同的部分，当组装在一起时，会产生中间的接缝。

因此，在 BIM 设计模式下，我们更应该尊重实际的划分原则，下面介绍一些案例供大家参考。

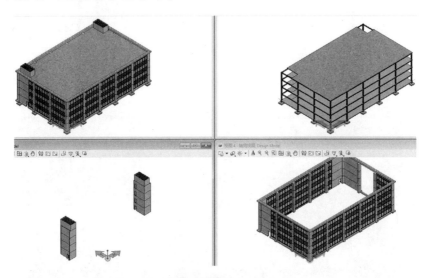

**楼梯间、幕墙分别存储**

对于文件的划分原则，行业不同、专业不同，也会有很大的差异，但总的原则基于以下两点。

**1. 本专业的应用需求**

例如，建筑专业以层为模型的组织单位，将不同层的建筑模型分别放置在不同的文件里。对于建筑管道专业，在层的基础上还可能分系统进行文件划分。

**2. 专业之间的配合关系**

在制定本专业的模型划分时，也要考虑到将来被其他专业参考的使用细节，以便于其他专业有针对性地引用某一具体文件，而不是整个模型。

对于文件的层级按照如下原则进行划分"专业 – 区域 – 模型文件"。例如,"厂房 – 主厂房 –208.5 高程 . dgn"。

### 5.1.5.2　文件命名

文件命名规则的设定目的是为了"见名知意",从而提高专业之间的沟通效率。当引用其他专业的工程内容时,一看名字就知道文件里的内容。文件的命名规则与工程内容的组织规则、目录结构类似。文件的命名分为了五部分,各部分以英文的下画线"_"为分割符号,如下图所示。例如,"××小区_24#楼_建筑_一层_赵清璇 . dgn"。

**文件命名原则**

当然,对于命名的使用,我推荐采用英文字符的方式,因为中文的某些符号会有全角和半角之分,而且命名要尽量的简短。例如,"Sub14 _DWL_Arch_F1_YolandaLee. dgn"。

当然,如果在 ProjectWise 协同服务器上,可以将文件原则固化下来。当在 ProjectWise 上建立一个文件时,系统会让用户选择专业、类别等,文件名称自动根据规则生成,如下图所示。

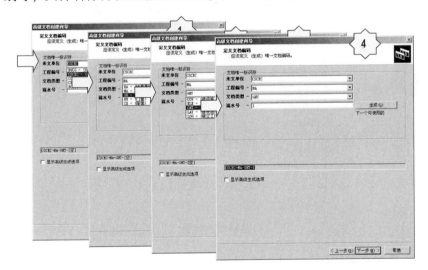

**ProjectWise 文件命名支持**

### 5.1.5.3 文件目录

项目的目录结构设置分为三部分。

**1. 标准设置**

这部分内容是全专业都需要遵守的规定、使用的资源。

**2. 工作流程**

将工作过程分阶段，存放相应的内容。

**3. 专业目录**

每个专业都有自己的专业目录，专业目录又划分为不同的工作区域，在每个专业区域里又根据自己的工作过程分为三维模型、二维图纸、轴网布置等。对于 BIM 的工作过程来讲，大家应该把数据放在同一个位置，采用同一个目录，这才是协同的基础。如果采用 ProjectWise 的协同工作平台，可以为不同的工程师设定不同的权限。例如，建筑工程师对于暖通的目录结构中的数据，只能读取参考，而没有权限更改。

以下是一个典型项目的目录结构，供大家参考。

| | | |
|---|---|---|
| S01-标准及规定 | 2016/10/20 15:45 | File folder |
| S02-设计说明书 | 2016/10/20 15:45 | File folder |
| S03-设备材料表 | 2016/10/20 15:45 | File folder |
| S04-设计附图 | 2016/10/20 15:45 | File folder |
| S05-项目管理 | 2016/10/20 15:45 | File folder |
| W01-方案设计 | 2013/3/18 14:59 | File folder |
| W02-初步设计 | 2013/3/18 14:59 | File folder |
| W03-详细设计 | 2013/3/18 15:00 | File folder |
| W04-三维校审 | 2013/3/18 15:01 | File folder |
| W05-管线综合 | 2013/3/18 15:00 | File folder |
| W06-图纸输出 | 2013/3/18 15:02 | File folder |
| W07-材料报表 | 2013/3/18 15:02 | File folder |
| W08-施工组织 | 2013/10/23 18:27 | File folder |
| W09-项目移交 | 2013/10/23 18:27 | File folder |
| Z01-建筑专业 | 2016/10/20 15:45 | File folder |
| Z02-结构专业 | 2016/10/20 15:45 | File folder |
| Z03-暖通专业 | 2016/10/20 15:45 | File folder |
| Z04-给排水专业 | 2016/10/20 15:45 | File folder |
| Z05-电气专业 | 2016/10/20 15:45 | File folder |
| Z06-精装专业 | 2016/10/20 15:45 | File folder |
| Z07-市政专业 | 2013/10/23 18:21 | File folder |
| Z08-园林景观 | 2016/10/20 15:45 | File folder |

**典型建筑目录**

在项目根目录下，以 S 开头代表 Standard（标准）的意思，所有的人都可以使用；以 W 开头代表 Workflow；以 Z 开头代表专业。

在每个专业下面，划分为不同的区域，并且放置一个目录作为所有专业的文件组装。

| | | |
|---|---|---|
| 📁 00-专业组装 | 2013/11/21 8:47 | File folder |
| 📁 01-C01号楼 | 2016/10/20 15:45 | File folder |
| 📁 02-C02号楼 | 2016/10/20 15:45 | File folder |
| 📁 03-C03号楼 | 2016/10/20 15:45 | File folder |
| 📁 04-E01号楼 | 2016/10/20 15:45 | File folder |
| 📁 05-E02号楼 | 2016/10/20 15:45 | File folder |

**专业目录结构**

| | | |
|---|---|---|
| 📁 00-总装文件 | 2013/11/21 9:44 | File folder |
| 📁 01-定位基准 | 2013/3/18 21:22 | File folder |
| 📁 02-原始资料 | 2013/3/18 21:19 | File folder |
| 📁 03-三维模型 | 2013/11/21 9:44 | File folder |
| 📁 04-二维成果 | 2013/3/18 21:21 | File folder |
| 📁 05-接收条件 | 2013/3/18 21:23 | File folder |
| 📁 06-提交条件 | 2013/3/18 21:23 | File folder |
| 📁 07-中间过程 | 2013/3/18 21:24 | File folder |

**专业内部工作流程**

当一个项目很大时，甚至可以进一步划分。例如，可以对某个目录再进行划分，如下图所示。

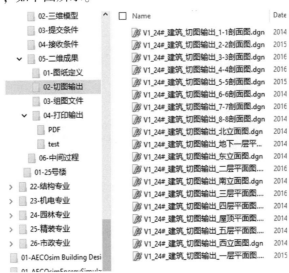

**图纸目录与文件**

### 5.1.5.4　文件组装

整个项目模型的组装按照如下层级进行。

**1. 模型文件**

某一个专业在某一个区域的模型文件。

**2. 专业区域组装**

将模型文件以区域为单位进行组装。例如，12 号楼建筑专业三维模型组装文件。需要注意，由于在模型文件的工作过程中会相互参考，为避免重复引用，本层次参考时参考嵌套设为 0，即"No Nesting"。

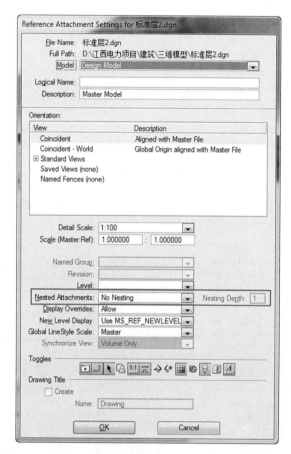

第一层参考嵌套为 0

**3. 专业总装文件**

将不同专业区域的总装文件进行总装，参考嵌套为 1。

**4. 全区总装**

将各专业总装文件进行总装，参考嵌套为 2。

因此，对于一个 BIM 项目来讲，参考嵌套最大到 2 就可以满足需求，同时在最底层的组装，参考嵌套一定等于 0。这样做的目的是有效避免同一个对象的多次引用，如下图所示。

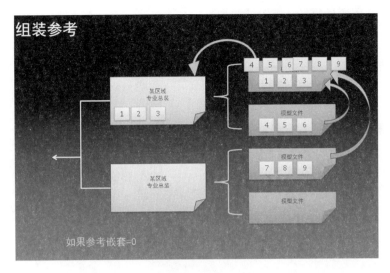

**参考嵌套的含义**

在上图中，模型文件工作过程中会相互参考，在进行组装时，如果参考嵌套为 0，在总装文件里只看到 1~3 部分。其他 4~9 由于是模型文件参考别人的，所以，在总装文件里看不到。如果参考嵌套为 1，那么在总装文件里，4~9 也就会被看到，但当再次参考 4、5、6 所在的模型文件时，就会出现在总装文件里同一个位置有两个模型，而用户无法发现。这给后续的出图、统计材料造成很大问题，如下图所示。

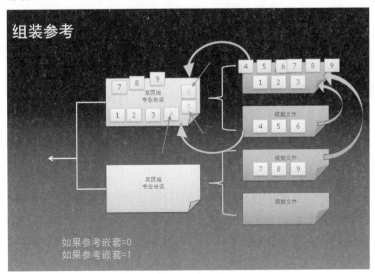

**参考嵌套设置不当带来的内容重复**

整个项目的目录组织结构如下。

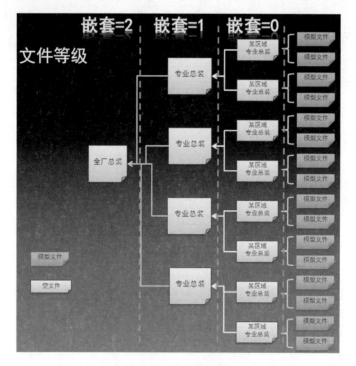

**BIM** 项目文件组装

## 5.1.6　统一的定位系统

在一个 BIM 项目中，大家采用协同工作的方式，无论是工作过程还是最后的组装，都会涉及模型之间、专业之间的相对定位问题。而且不同的专业采用的坐标系统、工作单位也会有差异。因此，对于一个 BIM 项目，需要制定一定的原则来解决彼此之间的定位问题。

### 5.1.6.1　定位原则

#### 1. 相对定位原则

所有的基础设施项目，都放置在地球上，对于场地专业，是以大地坐标为定位基准的。对于建筑专业来讲，更愿意在原点附近工作。如果将建筑模型放置在真实的坐标上，就会造成偏离原点太多、精度降低、浏览切图不便等各种问题。因此，我们会在原点附近来建立模型，当有需要时，只需简单地将参考文件放置到绝对坐标上即可，而真实的模型文件还是在原点附近。

需要注意，场地专业是以绝对坐标系为定位基准的，如果涉及组装及工作参数的提取，会将场地模型或者专业模型移动到相对的位置上。例如，全厂组装时，需要将场地模型移动到相对的位置。在场地开挖上，为了提取开挖参数，需要将建筑模型移动到绝对坐标上，以确定场地开挖的参数。

【提示】在此，移动是移动参考，真实的模型位置不动，为了后期移动对位正确，在项目开始前需要建立相对的定位基准。

**2. 建模正交原则**

在 BIM 项目里，很少有构筑物是"正"的，基本都有一定的角度，在这种情况下，是采取"歪"的东西"歪"着建模，还是"歪"的东西"正"着建模？为了提高工作效率，我们采取"歪"的东西"正"着建模，但需要注意的是，正着建立的模型也要基于本区域的定位基点，在组装文件里再将模型旋转到正确的角度。

### 5.1.6.2 处理步骤

**1. 处理总平图到零点附近**

以总平图上的一个关键定位点为定位基点，将其移动到世界坐标系的 0 点，同时确定 Z 方向的定位高度。这样做的目的是为了将来总装时作为参照的基准。

**2. 各区域定位基点**

各个区域及各个专业以本区域的关键点为世界坐标系的 0 点建立模型，同时以一个典型平面为世界坐标系的 Z 平面。专业区域组装时，以此为定位基础，将其移动到正确的位置、正确的标高。

### 5.1.6.3 模型总装定位

在项目的实施过程中，各个专业特点不同，采取的定位方式也不同，所以，在组装的过程中，需要有一个正确定位的问题，正确定位的前提是在工作前制定定位基准规定。

**1. 场地专业以外专业组装**

场地专业以外的专业在建模过程中都采用相对定位的方式，并没有放置在绝对坐标上，同时对于倾斜的对象也采取正交的方式建立，所以，在区域专业总装文件里，需要根据处理过的总平图，将本区域的专业组装文件旋转到正确的角度。在这个过程中，需要一个专业负责人来协调组装过程中所出现的一些问题。

**2. 场地专业组装**

场地开挖专业都是以绝对的大地坐标为定位基准的。因此，场地专业的组装模型是放置在绝对的大地坐标系上，为了与其他专业位置配合，需要将场地的组合模型移动到与其他专业对齐的位置。同时也需要注意，场地的组合过程中，可能会出现工作区域的交叉，这时，需要专业负责人来处理、协调这些交叉带来的一些问题。

## 5.1.7　模型利用与输出

在工作过程中，大家彼此参考，协同工作。在任何时候，都需要一个整体模型来了解彼此之间的关系，确认一些设计关注点，提交、确认设计条件。

因此，我们可以使用模型解决很多工程应用问题，下面只简单介绍几个主题。

### 5.1.7.1　i－Model 文件的输出

在前面的 DGN 文件结构章节里，我们提到了 i－Model 数据文件，这种文件的产生是为了后期数据应用而设计的，也通过许多插件将第三方数据成果导入进来。例如，将 Revit 的文件导出 i－Model 文件。

i－Model 是 Bentley 公司为了融合不同的专业信息模型，兼容第三方的信息模型，为后期的数字化移交做准备的。它是一种轻量化的、自解释的数据格式。

因此，在 Bentley 的各个应用模块，都有导出 i－Model 的功能。Bentley 提供了很多插件兼容第三方数据，后期的信息模型的利用均以 i－Model 为基础。

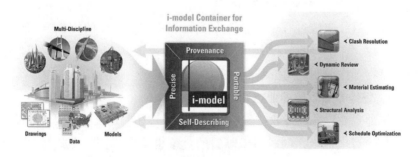

**i－Model 数据格式**

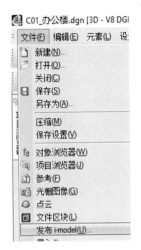

在 AECOsimBD 中 i – Model 导出菜单

输出 i – Model

**ProStructural 的 i – Model 输出**

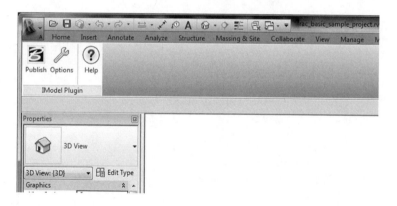

**Revit 的 i – Model 输出**

### 5.1.7.2　能耗分析输出

很多时候，我们需要对一个建筑进行能耗分析，这就需要将三维信息模型导出进行能耗分析。在 AECOsimBD 中，当设计完毕后，可以通过"导出能耗分析命令"进行输出。但需要注意的是，如果建立了几个孤立的房间对象，然后导出能耗分析，这是没有任何意义的，因为能耗计算需要以房间对象（Space）为基础，然后设定房间对象的功能、运行规律、内扰等信息，最后进行能耗计算。

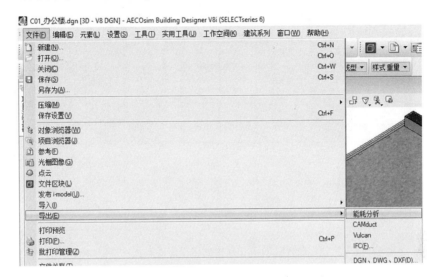

**AECOsimBD 中的能耗分析输出**

GBXML 文件是为了导出房间对象数据，作为基础数据供能耗计算（Energy Simulator）使用。其实，很多能耗计算软件都支持 GBXML 文件。如果只是创建了几个三维的墙体，而没有创建房间对象（Space），导出 GBXML 是没有任何意义的。

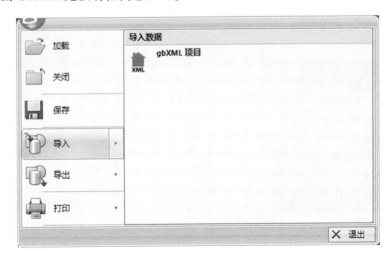

**在 Energy Simulator 中导入 GBXML 文件**

不过在最新的 AECOsimBD 中，如果为了做能耗分析，可以直接导出以 DGN 文件为核心的能耗分析文件，如果需要导出 GBXML 文件，在 Energy Simulator 中再导出就可以了。

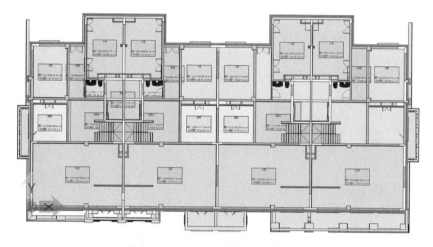

**在 AECOsimBD 中创建了房间对象**

**导出能耗分析命令**

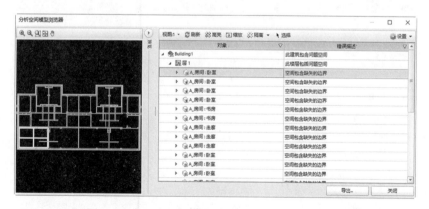

**房间对象被识别**

导出选项设置

当文件导出后，可以选择自动打开 AECOsim Energy Simulator（以下简称 AES）进行进一步的能耗分析设置。

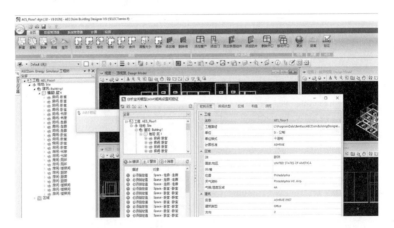

**在 AES 中对数据进行修正**

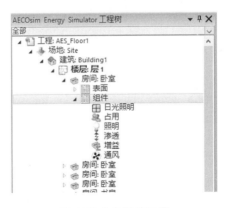

**在 AES 中参数的设置**

具体操作，请参考 AES 的教学资料。

【提示】在此所讨论的是能耗设计，而不是节能设计。在中国大陆地区，节能设计是指一个建筑设计的节能设施是否符合中国节能设计标准，是一种节能规范的验证。

而 AES 提供的能耗分析，在节能设计方面，没有中国节能标准验证的过程。但是，AES 支持 LEED 认证的过程，在 AES 上也有一个扩展的插件支持这个过程。对于 LEED 认证的内容，请参阅相关资料。

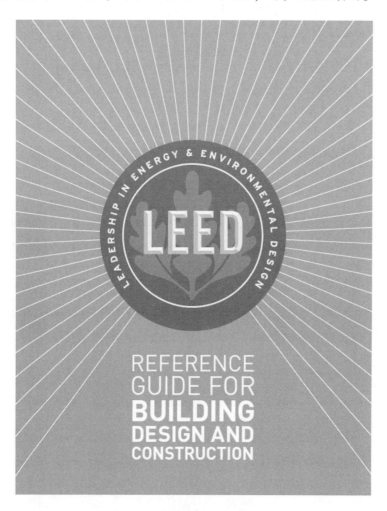

**LEED 认证资料**

当然，如果想将第三方的信息模型导入到 AES 中进行能耗计算，可以通过 GBXML 文件进行，如下图所示。

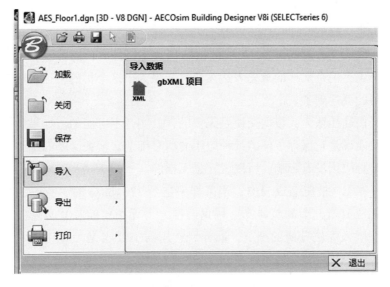

**AES 支持 GBXML 文件**

### 5.1.7.3 IFC 与数据转换

Bentley BIM 解决方案支持 IFC 数据交换,对于 IFC 的数据转换,大家可能有如下问题:

MicroStation 怎么没有 IFC 的导出支持?

我导出 IFC 为何缺东西?

我从 AECOsimBD 导出的 IFC,导入 Revit 是空的。

……

诸如此类的问题,还有很多,那么我就简单回答一下这些问题。虽然,我对很多的 IFC 细节也不是特别清楚,但我希望能提供一些原则供大家参考。

首先,我们应该明白如下几个问题,再去理解 IFC 就比较简单了。

**1. 如何看待数据交换**

无论是使用工程软件还是办公软件,或者是任何的软件,都涉及数据交换的问题,也就是数据的导入和导出。这是一个系统数据兼容性的设计。一个人不可能孤立地存在于社会上,同样,一个软件也不能。一个 Word 文档如果无法支持 JPG,就无法插入一张图片;PowerPoint 不支持视频,就无法在一个 Slide 里插入一段视频。这都是为了实现某种应用而让应用软件具有的一项技能。从这个角度考量,软件的世界和人类世界是一样的,这也许就是面向对象设计的初衷——描述真实的世界。

可能又扯远了，我们再绕回来，再进一步思考这样一个问题：数据的交换是否是无损的？

一段图文并茂的 Word 文档被粘贴到文本文件时，图片没有了，格式没有了，但是文字的意思表达无误，如果为了这个目的，这个数据交换的目的就达到了。

人们往往认为，数据交换是无损的，其实是不可能的。如果说是无损，只能说是它保存了你的某种应用的所有细节，无关紧要的细节对于实现某种应用没有影响，所以说它是无损的。

一张 CD 被压缩成 MP3，当采样率达到 320kbit/s 时，我们的耳朵几乎无法分辨其中的差异，这时我们称之为无损压缩。其实它去掉了那些一般人无法分辨的细节。同样，常用的 JPG 也是一种压缩的数据格式。

无论是 MP3 还是 JPG，其实都和后面讲的 IFC 一样，是一种数据格式，它定义了一种数据结构，帮助某类应用之间进行数据交换。当转换时，它按照预先定义的数据格式去采集数据。

明白了上述内容，我们再来看下一个问题。

### 2. 什么是 IFC

IFC 是由 IAI（International Alliance Interoperability）定义的一种数据格式，用于存储信息 + 模型的数据，用于各个软件、应用之间交换数据，它是 Industry Foundation Class 的缩写。

也就是说 IFC 定义了一种数据格式或者说数据结构（Schema）来满足某种应用。结合第一个问题，你其实已经明白了很多的问题，也解决了很多的问题。

针对于 BIM 的应用，我们有几个更简单的叙述是这样的：

（1）IFC 定义了信息模型的标准，用于各个软件、应用之间交换数据。

（2）IFC 定义了很多的类别，每个类别有很多属性来描述它，这其实就是类（Class）的概念。对于那些程序员，这个名词很容易理解，更加通用地讲，BIM 就是面向对象的工程设计。

与很多公共文件格式一样，IFC 是一个协会 IAI 为了更好地解决行业的问题来定义的一种数据结构，便于各个厂商的产品之间交换数据。

如果你是一个影音的爱好者，想想早期的 VCD 和 DVD 的标准你就明白了 IFC 的意义。

### 3. 如何看待 IFC 的导出导入过程

一个数据要导出为 IFC 的数据格式，首先需要保证这个导出的数据是有意义的，一个三维体、面对象导出为 IFC 有意义吗？IFC 说了，我就不是干这个的。一段文字导出为 Doc 格式有意义吗？没有任何的意义。IFC 定义的是信息模型，你只有模型。这就是在 MicroStaiton 里没有 IFC 的原因，MicroStation 是图形的平台，它没有定义一种数据结构，让所建立的数据符合 IFC。在 MicroStation 的导出中，只有一些公共的图形文件合适，而非信息模型文件格式。

**MicroStaiton 导出文件**

在一些应用软件里，除了 IFC 还有很多的数据格式可以导入导出，这是因为应用软件是为了解决应用的问题，在每种应用里都有类似 IFC 的公共数据格式可以支持。例如，在 AECOsimBD 里有导出为 GBXML 的支持，为什么呢？因为 GBXML 是支持建筑能耗计算的，这对于 PowerCivil 就没有意义。

明白了上面几个问题后，我们需要知道如下几点，IFC 转换的问题就解决了：

（1）为了导出 IFC，创建的数据应该符合 IFC 的规范，IFC 定义了 20 类对象，建筑对象有 25 种，那多出来的 5 种就没有意义，因为在 IFC 里没有定义。这有点类似于我们的清单算量编码，所有的建筑构件必须归结为清单算量编码里的几类。多出来的没有意义，或者用其他的算量编码体系计算。

（2）导出时应该是一个匹配的过程，包括类的匹配和属性的匹配。

（3）导出端，或者说应用端不要期望获得原始数据所有的类型，因为已经经过了 IFC 的"过滤"，这和导出端没有关系。

明白了上述的几点，所有的问题就解决了。

下面以 AECOsimBD 为例说明这个过程。

启动 IFC，然后创建模型，导出 IFC，这是不对的。看上面的第一点，工作环境应该支持 IFC，并不是所有的过程都需要支持 IFC，这不是能力的问题，而是是否必要的问题。为了支持 IFC，在项目的配置文件里有相应的设置。

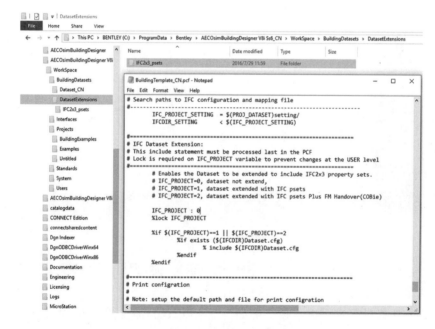

**AECOsimBD 里 IFC 的配置**

同样，在导出时，会有相应的设置。

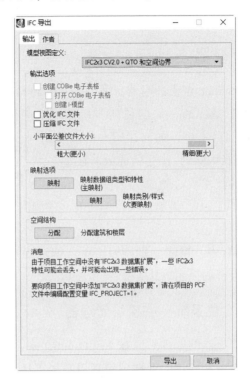

**应用的设置**

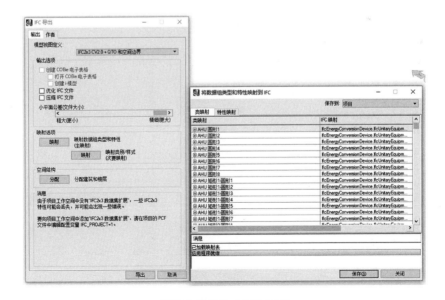

**类型和属性的映射和匹配**

当然还有很多细节，在此不再一一赘述。最后，还是要说一句：不用期望点一个按钮就可以完成数据转换的过程。

## 5.2 楼层管理器及轴网

在讲到 MicroStation 定位的时候，我们知道通过精确绘图和 ACS 的组合，可以在基于 MicroStation 的任何应用模块里进行三维空间定位。但对于一个 BIM 项目来讲，如何让所有的人使用同一组标高，这就是楼层管理器（Floor Master）产生的原因所在。

楼层管理器的技术核心就是大家使用一组 ACS，这组 ACS 存储在一个外部的 DGN 文件中，供整个项目的所有文件调用，在《管理指南》中，对此有详细的描述。

在 AECOsimBD 中，当建立轴网时，也会调用楼层管理器的设置，而且两者有很多组合的使用方式。

### 5.2.1 项目级定位系统——楼层管理器

明白了楼层管理器的原理后，在 AECOsimBD 中，有两个命令来对楼层管理器进行管理和使用，即楼层管理器和楼层选择。很容易理解，楼层管理器是建立一组标高，楼层选择是使用标高。

**楼层管理器使用**

点击"楼层管理器"的命令，弹出如下界面，进行楼层标高的管理，供整个项目使用。

**楼层管理器**

## 1. 楼层管理器

在楼层管理器界面下，我们在定义标高时，需要明白如下标高的层次关系：

$$Project→Site→Building→Floor→Reference\ Plan$$

一个项目（Project）可能分为几个地点（Site），每个地点上可能会有几个建筑（Building），每个建筑分为了不同的楼层（Floor），每个楼层又可能分为了不同的参考平面（Reference Plan），例如，天花板的高度、风管的高度层。

每个高度对象都有属性，这样的层次设置，一方面便于管理标高，另一方面也是为了将来输出到其他的管理系统中而设计的。

当选择某个层级时，工具条上相应的工具也会亮显。每个标高也有相应的参数设置，在此不一一说明，下面列举一例，以供参考。

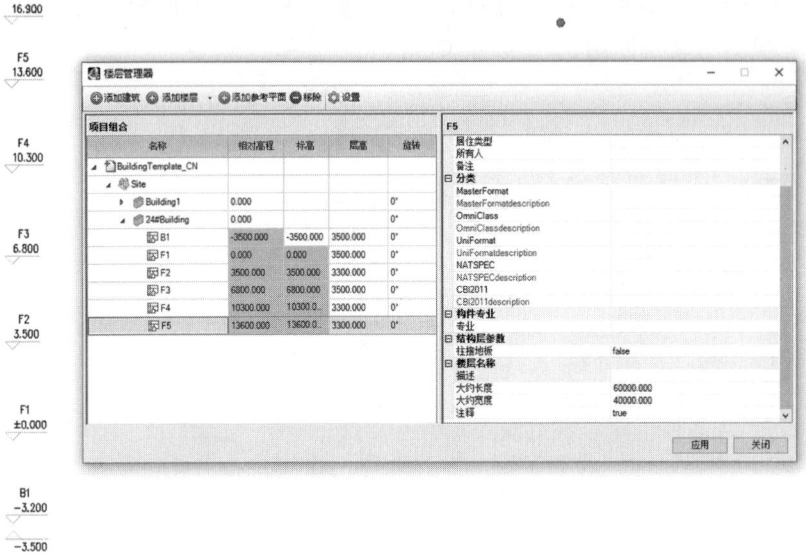
16.900
F5
13.600
F4
10.300
F3
6.800
F2
3.500
F1
±0.000
B1
-3.200
-3.500
楼层管理器
添加建筑 添加楼层 添加参考平面 移除 设置
项目组合
名称 相对高程 标高 层高 旋转
BuildingTemplate_CN
Site
Building1 0.000 0°
24#Building 0.000 0°
B1 -3500.000 -3500.000 3500.000 0°
F1 0.000 0.000 3500.000 0°
F2 3500.000 3500.000 3300.000 0°
F3 6800.000 6800.000 3500.000 0°
F4 10300.000 10300.0... 3300.000 0°
F5 13600.000 13600.0... 3300.000 0°
F5
居住类型
所有人
备注
分类
MasterFormat
MasterFormatdescription
OmniClass
OmniClassdescription
UniFormat
UniFormatdescription
NATSPEC
NATSPECdescription
CBI2011
CBI2011description
构件专业
专业
结构层参数
柱接地板 false
楼层名称
描述
大约长度 60000.000
大约宽度 40000.000
注释 true
应用 关闭

标高定义

上图中，左边是需要定义的高度，右边是具体的定义。对于一个建筑整体来讲，修改了相对的标高，整个建筑的楼层都将调整。在每一层的设置里，只需要设置具体的层高就可以了。当修改了某个层高的时候，其他楼层的层高也可以自动进行调整，这就是采用楼层管理器的好处。

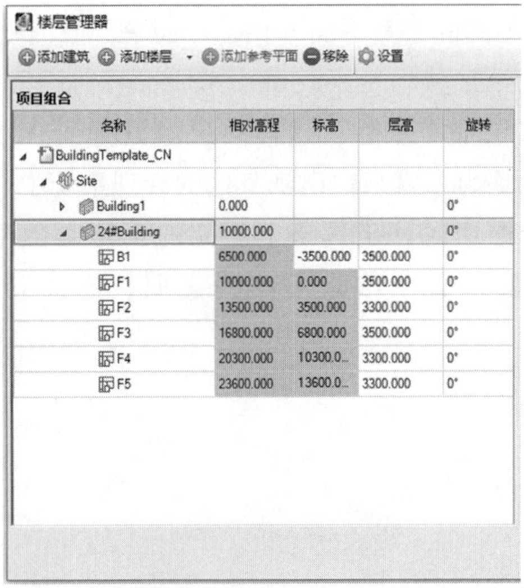
楼层管理器
添加建筑 添加楼层 添加参考平面 移除 设置
项目组合
名称 相对高程 标高 层高 旋转
BuildingTemplate_CN
Site
Building1 0.000 0°
24#Building 10000.000 0°
B1 6500.000 -3500.000 3500.000 0°
F1 10000.000 0.000 3500.000 0°
F2 13500.000 3500.000 3300.000 0°
F3 16800.000 6800.000 3500.000 0°
F4 20300.000 10300.0... 3300.000 0°
F5 23600.000 13600.0... 3300.000 0°

更改了整个建筑的高度

当然，我们也可以建立典型楼层，如下图所示。

**建立典型楼层的工具**

典型楼层相当于标准层的概念，系统会自动生成多个标高，如下图所示。

**典型楼层设置**

**典型楼层设置结果**

在后续的应用过程中，这些高程在立面、剖面图中会被自动标注的，也有一些相应的设置，如下图所示。

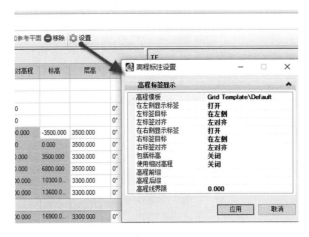

设置选项

**2. 楼层选择器**

当建立好楼层标高后，在这个项目环境下，所有的文件都共享同一组标高。这通过楼层选择器来实现，当在菜单中选择楼层选择器的命令时，系统会有如下界面出现，默认情况下，这个界面是显示的。

楼层选择器

楼层选择器左边的按钮也可以进入楼层管理器；下拉列表可以选择标高；右边有很多的选项，这些选项将在下面的轴网使用时讲到。

当选择了一个楼层标高时，系统其实是"临时"在当前的文件中建立了一个 ACS，当然，它受 ACS 是否锁定的控制。

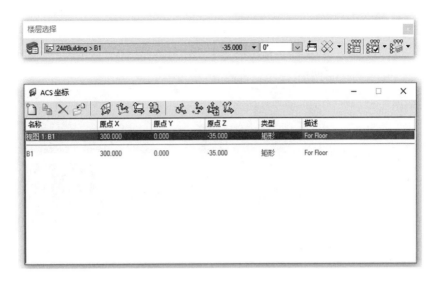

**楼层管理器和 ACS 的关系**

## 5.2.2　轴网的建立及使用

　　轴网是工程项目中常用的定位方式，我们用轴网来定位开间和进深。在以往的二维设计里，我们期望所有的楼层都使用一个轴网，因此定义了涵盖所有楼层开间和进深的"大而全"的轴网系统。

　　在三维设计中，这样的操作也是没有问题的。但当我们定义一个轴网时，需要知道，对于一个实际的项目来讲，每层开间和进深是不同的，需要一个独特的轴网。这就意味着，我们需要根据每层开间和进深的不同，为每个楼层，在相应的高度上，建立一个"空间"的三维轴网系统，这就是轴网与楼层管理器协同工作的原因。

　　因此，当我们启动轴网命令建立轴网时，弹出如下界面，每个轴网都有一个或多个楼层与之对应。如果你想采用传统的方式，也没有关系。只不过，这个"大而全"的轴网只是放置在某个特定的标高上。

## 1. 轴网的建立

轴网建立

由上图可见，建立的每个轴网都是制定给某个建筑的某个楼层标高的，在其下面的参数区域可以设置参数。在预览区域，也可以对这个三维轴网的某一层进行预览。

轴网类型

在 AECOsimBD 中，可以建立矩形、弧形以及曲线轴网，如右图所示。

在一个楼层里，可以组合多个轴网进行定位。为了定位，在属性的右键里，可以调出偏移选项参数，如下图所示。

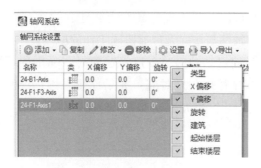

属性参数显示设置

设置的结果如下图所示。

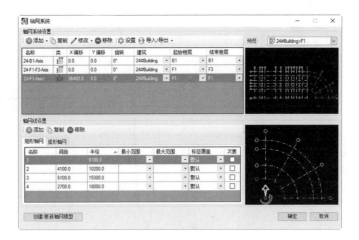

**多个轴网的布置**

当选择添加一个曲线轴网时，点击添加/修改按钮会弹出如下界面，以对曲线轴网进行设置。

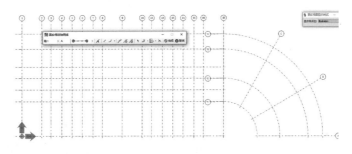

**曲线轴网设置**

工具条中有很多命令，可以通过绘制轴网、识别轴网等方式进行曲线轴网的布置。

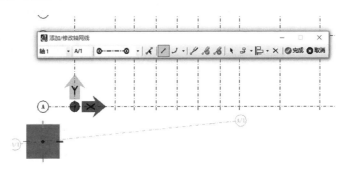

**手工绘制一个曲线轴网**

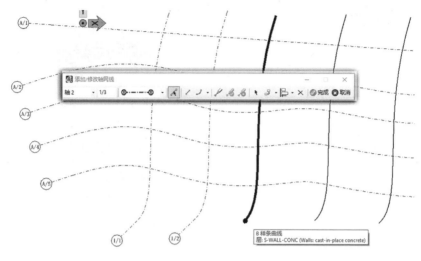

识别曲线作为轴网

当轴线的参数设置完毕后，点击对话框下的"创建/更新轴网模型"就可以生成三维轴网，如果只点击"确定"按钮，系统只是保存参数而已。

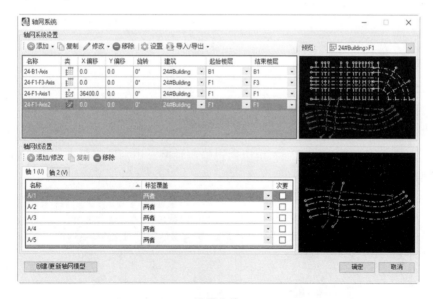

设置完毕

从文件组织上来看，轴网应该放置在一个单独的文件里，所以，当点击"创建/更新轴网模型"时，系统在当前文件将不同的楼层轴网放置在当前 DGN 文件的不同 Model 里，如下图所示。

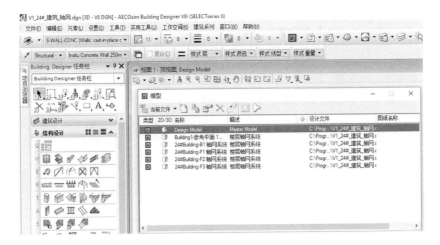

**生成轴网**

【提示】轴网和标高的信息是保存在"项目"里，所以，如果新建一个文件，然后再点击生成轴网的按钮，系统仍然会按照你的轴网参数，在当前文件创建相应的轴网系统。

## 2. 轴网的使用

轴网作为一个独立的文件存在，当创建模型时，我们当然可以采用参考的方式，将轴网"真实"地参考过来，然后在此基础上创建相应的信息模型，如下图所示。

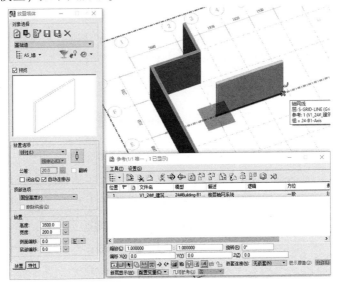

**参考轴网进行定位**

对于这样一个"智能"的轴网，我们还有更好的方式，这就是通过楼层选择器。在创建模型时，通过楼层选择，设定一个 Z 轴的高度，通过轴网进行平面定位。而在楼层管理器中，选择一个楼层标高时系统会自动设定高度，把轴网"显示"在相应的标高上，从效果上和参考是一样的，如下图所示。需要注意，在下图中，我们没有参考轴网。

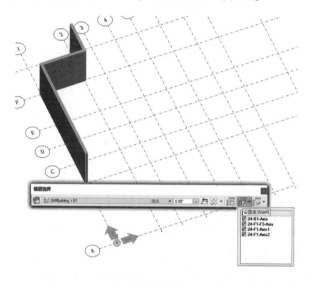

显示轴网

这就是智能轴网的意义，将来在切图时，轴网也会自动显示在二维图纸上，而不是"真实"的参考。在后续切图的时候，我们还会介绍。

综合所述，通过楼层选择器，可以进行楼层管理器的设定、轴网的设定，即使不生成真实存在的轴网，系统也会读取这个轴网，然后呈现在模型里，供定位、出图来使用。

## 5.3 AECOsimBD 功能使用——建筑模块

下面的章节开始介绍 AECOsimBD 的功能使用，重点是工作流程和核心要点，而不逐个讲述所有的命令，也不花太多的篇幅介绍具体的参数。每个命令的执行步骤和参数设置在帮助文件中都有详细的描述。对于学习者来讲，学会查询帮助文件也是一个不错的习惯。

一个建筑是由不同的建筑类 BIM 对象来形成，如果学会了 MicroStation 的三维定位方式，掌握了任何命令的三个步骤，那么，创建一个三维信息模型是非常容易的事情。试想一下，如何创建如下的模型。

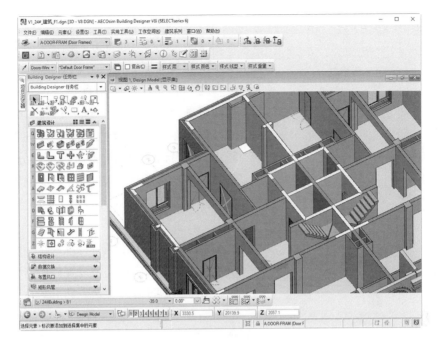

**创建建筑类对象**

## 5.3.1 墙体类对象

墙体是建筑的基本 BIM 对象，在 AECOsimBD 里也有一组命令来对墙体进行创建和修改，如下图所示。

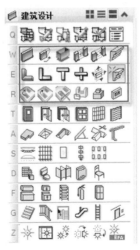

**墙体的创建和修改命令**

### 5.3.1.1 墙体的创建

墙体布置

墙体通过如下几种方式创建。

**1. 直接绘制**

这个过程就像绘制直线一样，通过楼层选择设定楼层，或者通过 ACS 也可以。然后采用参数化的方式进行创建，在对话框中的参数分为两部分，布置的参数分为了两部分：一是位置及形体参数；二是属性参数，如左图所示。

如前所述，为了项目标准的统一以及效率的提高，应该提前设置好所需要的墙体库，通过修改参数，然后另存为一种新的"型号"，这样，下次使用时，就可以直接选择了，如下图所示。在顶部也有一个工具条，来对"库"进行围护。

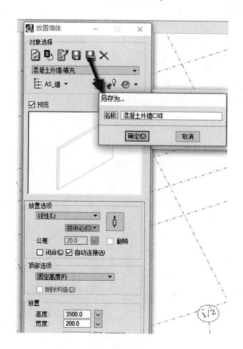

新建型号

至此，布置过程就和放置直线没有区别了。

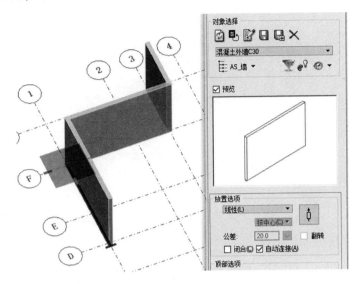

布置墙体过程

## 2. 通过房间对象生成

在某些情况下，我们的工作过程可能是先有房间布局，然后通过房间对象来进行墙体布置。也就是说，先做空间对象，然后再创建具体的墙体。当然，在 AECOsimBD 里有一个专门的 Space Planer 模块。如果你对此感兴趣，可以学习一下。具体的房间对象生成将在房间类对象章节进行讲解。

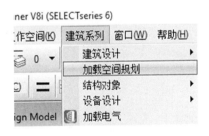

空间规划模块

假设我们做了如下的房间布局，创建了如下的房间对象。通过房间生墙的命令，可以根据空间布局来生成墙体，然后再利用墙体修剪的命令进行墙体的修改。

【提示】可以同时选中多个房间对象。

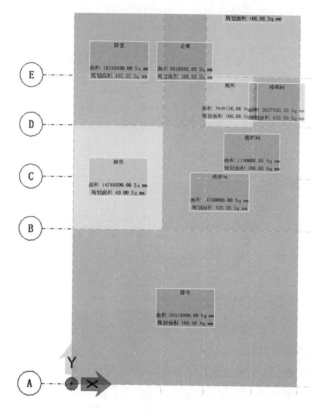

**房间对象**

这种方式可能更适合前期方案阶段，从效率上讲，不一定比第一种直接创建的方式快。

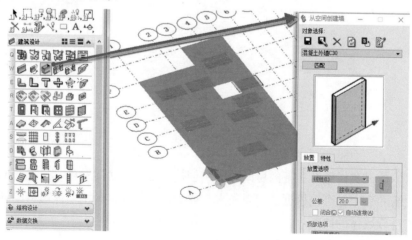

**房间生墙**

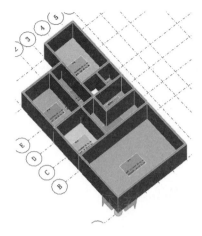

生成的墙体　　　　　　　　　　需要处理的墙体连接

使用这种方式时需要注意，房间对象不能重合，否则会有提示信息。

### 5.3.1.2　墙体的类型和选项

在 AECOsimBD 里创建的墙体分为单层墙体和复合墙体，复合墙体就是多个单层墙体的组合。在《管理指南》和教学视频中有相关说明和视频。放置的效果如下图所示。

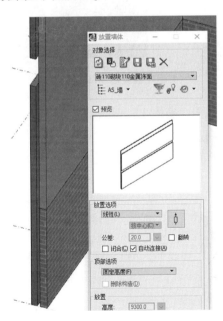

复合墙体的布置

　　复合墙体是在线性方向具有一致性，如果对于下面的墙体布置，就要不停地配置复合墙体的"层次结构"，但衔接的地方还有接缝。

**选择复合墙体**

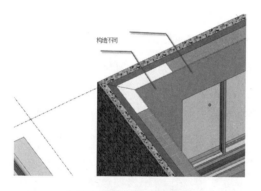

**实际工程复合墙体的案例**

　　因此，我个人认为，实际上，复合墙体利用率并不高，用单层墙体来组合反而效率更高。

　　墙体的布置还有如下选项需要注意。

**墙体的路径选项**　　　　　　**墙体高度选项**

有时墙体的顶部会和坡屋顶对齐，这时候就会用到修改墙体高度这个选项，点击该命令时，根据提示操作即可。

在对话框型号选择的上面和下面都有一组工具，可对库进行管理、对型号进行过滤、对属性进行匹配。

工具选项设置

### 5.3.1.3 墙体的修改

墙体的修改分为属性更改和形体更改。

对于墙体的属性更改，可以通过前面介绍的通用修改方式进行参数更改，在此不再赘述。

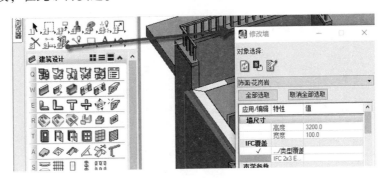

墙体的属性更改

墙体的形体更改，包括了如下操作。

墙体打断和连接

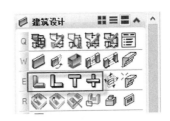

墙体连接

墙体的形体修改，用到比较多的是对墙体的高度、厚度、长度等进行更改的命令；此外，这个对话框里有很多选项设置，可以以精确绘图的方式定位，也可以设定相对或绝对的值。

**墙体形体修改**

对于墙体等对象，以及开洞的操作，后面会专门介绍。

## 5.3.2　门窗类对象

门窗类对象的放置方式和墙体的放置方式一样，这类对象包括传统的门、窗、幕墙、百叶窗、洞口对象等。

**门窗类对象**

这类对象的放置对话框具有通用性，学会使用一个对话框，就知道所有对象的对话框如何设置了，以下是典型的放置对话框。

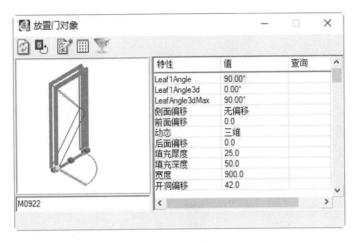

**放置门对话框**

在上图所示对话框的顶部，是一组工具条，可对"库"进行管理和设置，左面是预览框和型号选择区，右面是属性。

在预览框的右键菜单中，可以进行不同的预览选项设置，预览框中的绿色点是当前的定位基点，红色点是可以选择的定位基点。

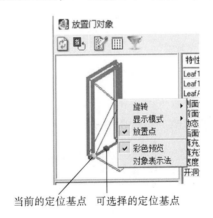

当前的定位基点　可选择的定位基点

**预览选项设置**

对于门窗类对象，一般都会依附一个"主体"对象，它会与主体对象对齐，然后在主体对象上开洞。所以，需要一定的属性设置来对这些参数进行控制。下面介绍几个核心的参数。

**1. 是否启用 ACS**

这决定放置的门窗类对象的高度基准是以主体对象为准，还是以 ACS 为准。

**是否启用 ACS**

### 2. 感应距离

其用于设置多大范围内的对象会被开洞。

**感应距离设置**

### 3. 窗台高度

门对象默认的窗台高度为 0。

**窗台高度设置**

在布置的过程中，首先要点击一个墙体，然后门窗类对象和墙体粘连，第二点确定位置，第三点确定开启方向，布置的结果如下。

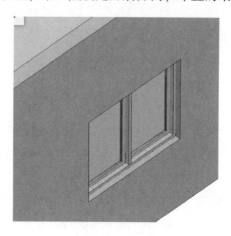

**布置门窗**

【提示】在 MicroStation 中，高度不是对象的"属性"而是"位置"，也就是放置完毕后，没有必要通过修改属性的方式来修改位置，直接在三维空间内移动即可。

门窗类对象的更改除了参数和位置的通用更改外，还有一些开启方向和把手方向的更改（对于门来讲），如下图所示。

开启方向更改

需要注意的是，对于空洞类对象来讲，其实是一种没有"窗扇"的窗户被放置在垂直的墙和水平的板上。它的放置方法和窗户一样。

对于开孔来讲，和后面的操作不同的是，这些孔洞是作为独立的对象被系统识别并统计的。

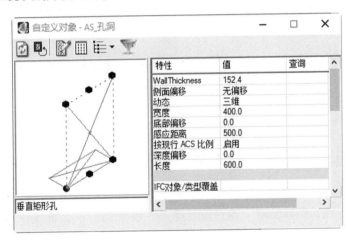

孔洞对象放置

### 5.3.3　线脚布置

线脚对象就是 MicroStation 命令中路径曲面命令的增强，同时定义为一个线性的信息模型对象。在建筑设计中，有很多这样的模型类型，如下图所示。

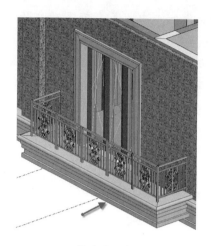

线脚类对象

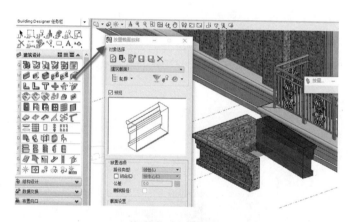

线脚类对象的创建

线脚类对象的定义是通过一个单元对象来定义界面的，系统会自动处理连接点，所以，对于建筑设计里的一些天花线、装饰线、踢脚线，可以快速布置，并且可以统计长度等工程量。

## 5.3.4 房间类对象

房间类（Space）对象其实是 BIM 核心的概念，因为前期的规划、后期的运维都是以房间为对象的，而我们创建的墙体只不过是房间的维护结构，房间具有一定的功能定义。建筑的初期规划，是以功能为前提的，设定了不同功能区域的面积规划，而后才会涉及楼层的定义等。

在 AECOsimBD 里，Space Planner 其实就是来做初期规划的，如早期的区域规划。

空间规划模块　　　　　　　　空间规划工具

空间规划工具在此不做详解，可以参考 Space Planner 的相关内容。在此只对房间对象的相关命令做讲解。

**房间对象创建工具**

房间对象的创建可以分为多种方式，既可以采用绘制的方式，也可以识别已有的形状，还可以采用泛填（Flood）的方式。在创建房间对象时，需要选择不同的房间对象类型。

**直接绘制生成房间的方式**

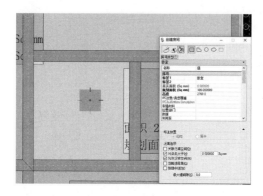

**泛填方式生成房间**

房间的更改也采用通用的方式，在前期的规划阶段，可以为不同的房间类型生成图例，如下图所示。

**放置房间图例**

## 5.3.5 卫生设施及家具

对于卫生设施与家具对象，都采用与门窗类对象相同的方式，所包括的命令如下。

**卫生设施及家具**

放置过程

家具等对象其实是自定义对象的扩展，如前所述，我们可以自己扩展对象类型，创建的系统类型和 AECOsimBD 原生的对象是一致的，如下图所示。

自定义对象

由上图可见，阳台、台阶、树木、人物都是根据中国的需求定义的，具体的定义过程在《管理指南》里有详细的描述。

至此，你会发现，在 AECOsimBD 里很多操作都是一样的，明白了一个工具的操作原理，其他的操作也与之类似。

### 5.3.6 板类对象和屋顶设施

板类对象

板类对象是建筑设计中常用的对象，那么，什么是板呢？板对象根据工程中的属性应该是上表面和下表面平行的对象，而四周可以不是竖直的，通过板类的创建对话框就可以知道这一点，里面有个侧面角度的选项。

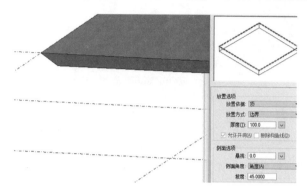

**板创建对话框**

有很多用户咨询复合板的创建方式，在当前 AECOsimBD 版本中还没有这个工具，可能后续会增加，这有点类似复合墙体，但对于复杂的层次结构和边界控制，我倒感觉效率也不会太高。

对于板对象而言，创建的选项里有放置方式的选项，它也支持泛填方式，以及用结构对象生成的方式，例如，绘制了梁对象，会自动在梁对象之间布置板对象。

**放置选项**

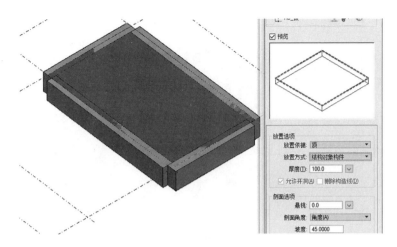

**根据结构对象边界生成板**

　　屋顶是一种特殊的"板"对象，不一定是平板，如果是平板，则可以用上述的命令来实现。如果是坡屋顶或者异型屋顶，就通过屋顶的相关命令来实现，对于特殊的异型屋顶，用 MicroStation 的建模命令创建，然后赋予属性就可以了。

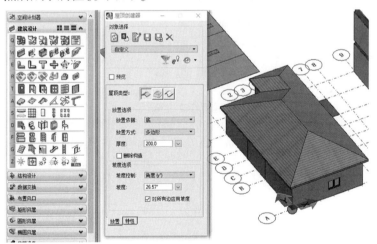

**屋顶创建对话框**

　　对于普通的坡屋顶，需要事先绘制好外轮廓，设定各个边的坡度参数，然后点击右键生成即可。

　　【提示】对于复杂的操作，看提示即可，不需要记忆。多做几次，就记住了。

　　对于曲线屋顶的创建过程，系统其实是让你选择两条曲线，一条是路径，另一条是截面，如下图所示。

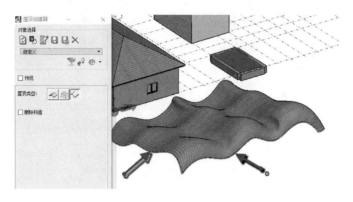

曲线屋顶的创建

对于坡屋顶，系统还提供了两个工具，即设置屋顶的坡度和两个屋顶交接时进行剪切。

屋顶修改工具

屋顶设施是常规的对象布置，在此不做特殊讲解，能够定位即可。

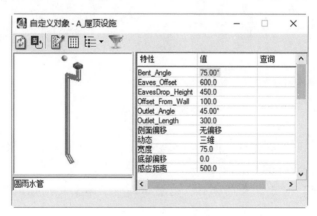

屋顶设施对象布置

### 5.3.7　开孔操作

在 AECOsimBD 里，开孔操作包括了两个命令：一个是前面讲的孔洞对象布置和门窗类对象布置；另一个就是在对象上的开孔操作，这其实就是 MicroStation 的 Cut Solid 操作。

但是对于 AECOsimBD 的墙体类对象而言，它们所需要的开孔操作更智能，例如，开错了怎么办？移动孔洞对象如何操作？

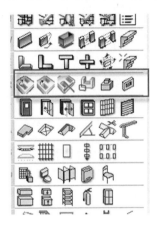

开孔操作

在 AECOsimBD 里的墙体、柱子、板等对象，它们的模型是用一种更高级的对象 Form 来定义的。不是 MicroStation 的 Solid 对象。在任务条里的"基本构件"模块就是来创建、编辑这类对象的。

**Form 对象**

Form 对象分为三维、线性对象、板对象和自由对象。墙体、柱子都是线性对象，板对象也很容易理解，对于自由对象来讲就是上表面和下表面可以不平行的对象。

这类对象具有更高的特性来表达 BIM 对象的形体属性。

**Form 丰富的底层属性**

在这类对象上开洞的操作系统也会自动识别，对工程量等进行自动扣减。

开洞的步骤分为两步：

（1）洞口的轮廓：通过绘制多边形来实现。

（2）洞口的参数设置：包括空洞的深度等。

对于洞口的轮廓，我们需要知道，它一定放置在某个三维空间的位置上，如果在属性中选择通孔，它将在轮廓的法线方向来剪切对象。如果设定了开孔的方向和深度，那么它就以这个面的位置来计算深度的范围。

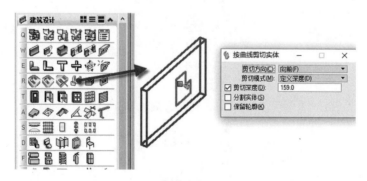

开孔操作

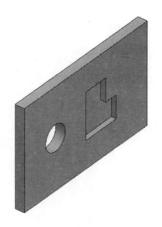

**开孔的效果**

如果仅看以上的操作，貌似和 MicroStation 里的 Solid 操作一样，但是，由于现在的对象是 Form 对象，而不是 Solid 对象，后续可以对这些开孔的内容做更高级的操作。

每个开洞的操作，系统认为是给 Form 对象加了一个"特征（Feature）"，用下列的工具可以对特征进行复制、移动和删除。

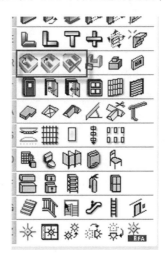

**特征操作**

上面的案例相当于给 Form 对象加了两个特征，可以对特征进行操作，墙体对象、柱子对象、梁对象、板对象等，它们的模型都是 Form 对象。这将大大方便开洞的操作过程。

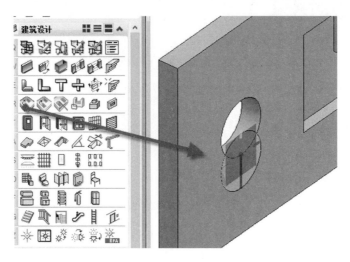

**复制一个开孔特征**

开孔特征的移动、删除操作与之相同。

### 5.3.8　楼梯与栏杆

无论是风格各异的民用建筑、公共建筑，还是工业建筑，都有楼梯对象。在工程实际中，楼梯分为常规楼梯和异型楼梯。这其实与所有的对象类型一样。

软件解决的更多的是常规楼梯，对于异型楼梯，很多时候都是靠自定义工具或者形体工具"堆"出来，然后赋予属性就可以，这是最好的方式。因为，对于每个都不一样的异型楼梯，非要参数化，其实效率并不高。

参数化的产生一方面是要满足简单、重复利用对象的快速布置需求，例如，墙体就是最简单的布置；另一方面是由于在二维设计模式下，人们操作三维对象太麻烦，无法在三维空间中灵活定位或操作，而必须采用一个对象框来输入参数，系统根据这些参数的变化，在"后台"去操作对象，而不能直接在对象上更改，在对话框里人们还要指明哪个参数是对应的哪个实体尺寸等。

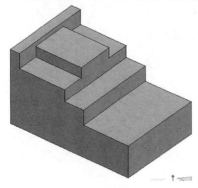

**异型构件**

对于下面的异型对象，如何去修改呢？你可能认为需要一个参数化的界面去修改。如果用鼠标在三维空间中直接修改，而且可以精确定义尺寸，你还用参数化吗？

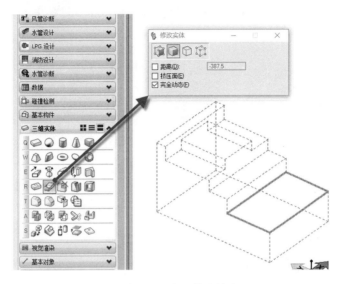

**Push－Pull 直观修改技术**

参数化的概念在《管理指南》中有专门的一章进行叙述。对于参数化，我们并不是说它好还是坏，而是需要知道它可以解决哪些问题，不能解决哪些问题，把它放置在一个合适的位置上，才能让它发挥最大的作用，这和任何技术都是一样的。

回到楼梯创建上来，在 AECOsimBD 中，楼梯的创建包含一系列命名，如下图所示，如楼梯、扶梯、爬梯、电梯、栏杆等对象。

**楼梯类对象**

此外，在早期的 AECOsimBD 版本或者应该叫作 Bentley Architecture 版本里，也有楼梯的命令，其中有一个旋转楼梯的创建选项。这个命令在现在的 AECOsimBD 版本的界面上已经不存在，但在工具条里仍然可以找到，按"Ctrl + T"快捷键，可以调出工具框选择，其实 AECO-simBD 或者 MicroStation 的所有命令都可以从这里找到。AECOsimBD 左边的任务条（Task）只不过是从这些工具条里取出部分命令重新组合而已，这其实就是 Tools→Task→Workflow 的概念。在工具条里找到实用工具（Utility），如下图所示。

实用工具

这是一个"古老"的工具条，其中一些工具已经被改写为新版本了，如楼梯、轴网等。在这个工具条上的楼梯工具是"古老"的工具，可以来创建一系列楼梯对象，而这些对象只是"形体模型"，没有 Data-Group 属性。

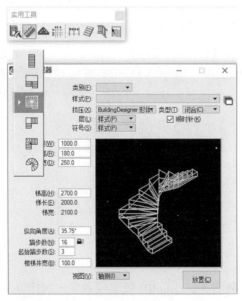

老版本的楼梯工具

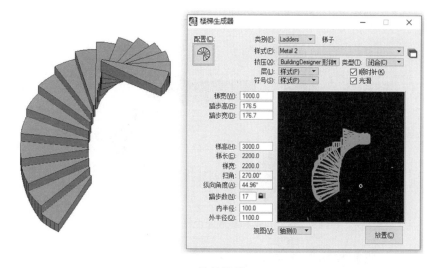

旋转楼梯

这个"形体"工具在需要的时候可以使用，而现在新版的楼梯创建工具具有更多的参数控制和形式。

### 5.3.8.1 普通楼梯的创建

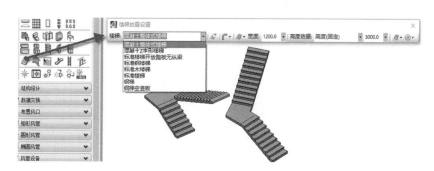

楼梯创建

在上图所示对话框中，可以选择不同的楼梯类型，如混凝土楼梯、钢梯等，这些楼梯在后台其实对应的是一个参数化的文件，也是一个"库"，用户也可以在此基础上进行扩展。只不过，对于一个楼梯对象而言有很多的参数需要控制，而且也要处理好参数之间的联动关系。

楼梯对象的创建需要采取如下步骤：

（1）选择楼梯的类型，是钢梯还是混凝土楼梯。

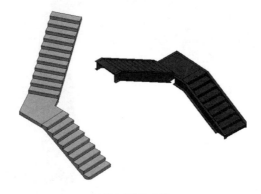

**钢梯和混凝土梯**

（2）设定楼梯的整体标高，这个标高应该是层高或者是固定的高度。

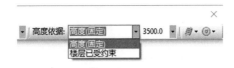

**楼梯高度设置**

（3）选择楼梯的形式。

**楼梯形式和一跑的宽度**

（4）设定一跑的宽度，如果是正常的两跑楼梯，还应该考虑楼梯间的宽度与一跑的关系。

（5）设定楼梯的具体参数，当楼梯的高度确定后，那么，楼梯高度、跑数、台阶高度都有一定的约束关系，这个约束关系也受行业规范的影响。

**楼梯参数设置**

楼梯特性对话框中的工具条和墙体对象的工具条大体相似，都是对"库"的管理。

在楼梯属性对话框中，很多参数是灰色的，这就是由于约束的缘故，很多参数是被计算出来的，例如，当楼梯整体高度设定后，台阶数设定后，每个台阶的高度也就确定了。

在属性对话框中，不同的选项卡（Tab）分别设置不同的楼梯构件参数，如踏板、台阶、平台等。除了设置形体参数，还可以设置样式（Part）。

在属性框中有一个特殊的选项卡"约束"，它的作用是将楼梯的参数控制作为一种配置文件，当然用户可以编辑约束文件中的数值，来让设定的楼梯参数符合要求，如右图所示。

**楼梯约束文件**

在设置参数时，在工具条的最右边有个按钮，用来设定楼梯参数的约束文件是否起作用。开启后，如果参数不符合要求，系统会弹出提示。

楼梯的约束文件控制

约束警告

（6）设定楼梯的定位点。在放置楼梯的时候，需要选择合适的定位点，放置的过程就是定位的过程，在此不再详细叙述，这是一个动态的过程，看提示即可。对于三跑或者多跑楼梯，基本就是设定定位点，然后设定第一跑的跑数及方向，再设定第二跑的跑数及方向，以此类推。

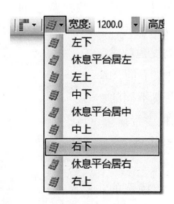

楼梯定位点

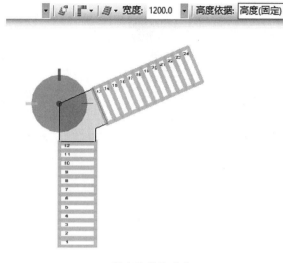

设定跑数和方向

### 5.3.8.2　楼梯栏杆

楼梯栏杆的设置也分为两类：一类是参数化的扶手栏杆，另一类是通过实体创建的方式。到后期的详细设计阶段，第二类楼梯栏杆使用得更多。设想一下，楼梯是异型的，栏杆也很难实现参数化，特别是拐角的处理。

在工程实际中，我很多时候采用第二种方式，如下图所示，将不同的栏杆组件保存为单元，然后进行组装；如果有必要，再赋予属性，其实，这样也更有利于材料统计。

实体栏杆对象

对于参数化的栏杆，AECOsimBD 的命令如下，它是以一个楼梯对象或者一个"基线"来生成栏杆的。

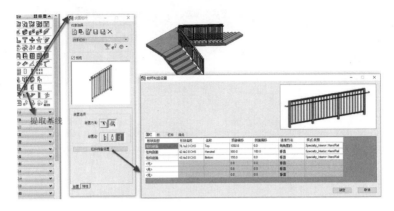

**栏杆布置对话框**

在栏杆的具体参数对话框里，不同的栏杆组成部分具有不同的参数控制。这些构件分为围栏、杆、栏杆和断点。

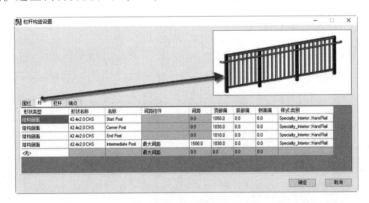

**栏杆参数设置**

栏杆的每部分如何设置、放置什么类型的构件，是可以选择的，既可以是结构的截面，也可以是一个单元，还可以是一个截面，如下图所示。

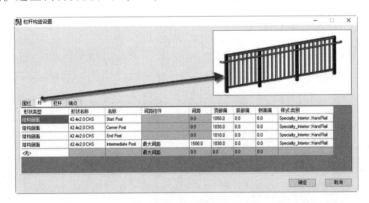

**栏杆构件类型选择**

| 形状类型 | 形状名称 | 名称 | 间距控件 | 间距 | 顶部偏 | 底 |
|---|---|---|---|---|---|---|
| 单元 | el with brackets ⬇ | Start Post | | 0:0 | 1050.0 | 0.0 |
| 结构剖面 | 42.4x2.0 CHS | Corner Post | | 0:0 | 1030.0 | 0.0 |
| 结构剖面 | 42.4x2.0 CHS | End Post | | 0:0 | 1010.0 | 0.0 |
| 结构剖面 | 42.4x2.0 CHS | Intermediate Post | 最大间距 | 1500.0 | 1030.0 | 0.0 |
| <无> | | | 最大间距 | 0.0 | 0.0 | 0.0 |

单元的选择

组合这些参数控制，可以做出很多类型的栏杆布置。

【提示】现在栏杆布置的工具，不支持曲线"基线"。

此外，利用这个工具特性还可以做出很多的应用来，例如，沿着一条直的道路布置路灯。

### 5.3.8.3　自动扶梯和爬梯

自动扶梯和爬梯与门窗的创建方式及界面是一样的，也是相同的处理方式。对于异型的楼梯，建议使用 MicroStation 的建模工具创建，然后再赋予属性，这是最快的方式。

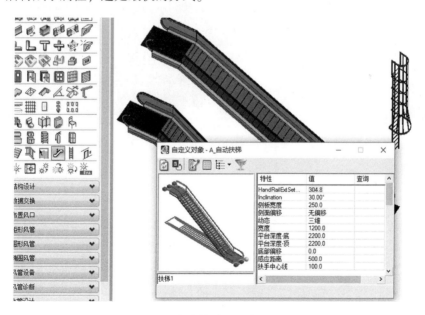

自动扶梯和爬梯

### 5.3.8.4 电梯对象

电梯对象的布置方式与其他参数化对象的布置方式相同，可以单独布置电梯门，也可以布置整个电梯轿厢，还可以布置一些电梯的构件。

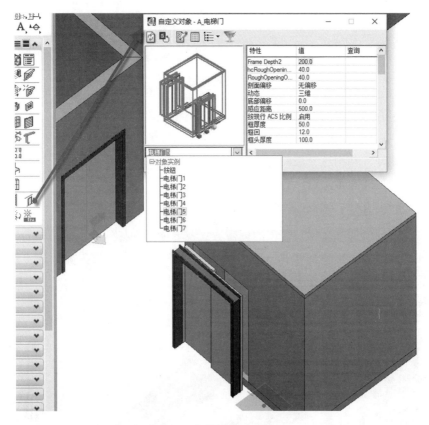

电梯对象

## 5.3.9 自定义对象

在 AECOsimBD 里，系统已经定义了很多构件类型，但这些对象其实远远不够满足日益增长的 BIM 对象需求。因此，在 AECOsimBD 里系统提供了自定义对象的功能，允许用户对构件类型进行扩展，《管理指南》一书中详细讲解了定义的步骤。

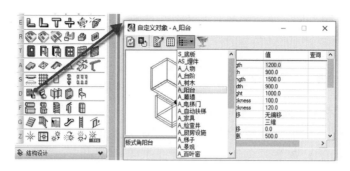

**自定义对象**

从核心上讲，布置的楼梯、幕墙、电梯门、家具等对象，只不过是调用了自定义对象的一种类型而已。这些构件类型的型号被保存在库里，用户也可以将一些常用的信息模型类型和型号定义好，放置在库（DataGroup）里。

对于 Bentley 的解决方案来讲，从创建信息模型的角度，一般以 AECOsimBD 作为平台，而不是 MicroStation，这完全是因为 AECOsimBD 提供了开放的、灵活的自定义对象功能。在很多行业的解决方案里，很多对象无法具体归纳到某个特定的专业里，这个时候就使用 AECOsimBD 来定义这个构件类型。

系统在后台区分了系统预定义类型和用户类型，在前台使用是没有任何区别的。系统预定义类型更多的是用来处理一些专业的联动关系。

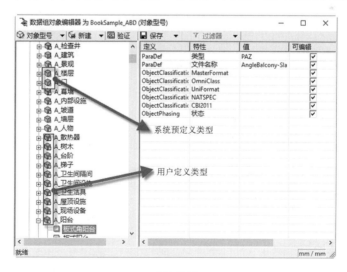

**系统类型**

由上图可见，两种类型前面的图标是不一样的，但从使用上是没有问题的。

## 5.3.10 单元类对象

单元类对象是一个统称，包括了 MicroStation 提供的单元、Revit 的族文件和 AECOsimBD 独有的复合单元（Compound Cell）。对于前两者，在 MicroStation 章节已经介绍了，在此不再赘述。本单元只介绍复合单元。

由于这些单元类对象，只是放置的"模型"，而没有"信息"，所以可以用添加属性的工具，给这个"模型加上信息"。添加信息的操作其实对所有的"模型"都是有效的，相当于给模型贴一个"标签"，表明这个模型是什么、具有什么属性。

**放置复合单元对话框**

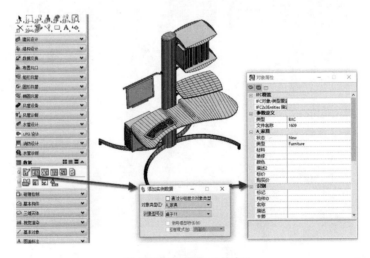

**给"模型"添加"信息"**

复合单元是保存在 *.bxc 文件里的一个"库",这个文件其实也是 DGN 文件的扩展,也可以直接打开。

放置时在对话框里双击一个复合单元,就可以放置了,放置的对话框如下图所示。

**放置复合单元**

在对话框里有更多的控制参数,包括开洞的设置及感应距离,这非常像门窗布置的参数控制。实际上,布置的很多类型的对象,在后台其实就是调用的一个复合单元。

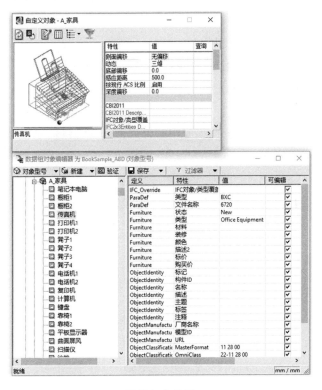

**调用复合单元**

复合单元是一种比单元具有更多属性的单元，它考虑二维表达、三维模型、开洞信息及定位点。当定义一个复合单元时，基本也是分别定位这些元素，具体的定义操作见《管理指南》。

复合单元的定义

对于 AECOsimBD 里的建筑专业的建模功能，除了这些常用的命令外，还会用到后面讲的 Form 基本构件对象，以及 MicroStation 提供的 Solid、SmartSolid、FeatureSolid、Surface、Mesh 等工具，然后给这些"模型"添加上属性就可以。

如果是想做成参数化的对象，在 AECOsimBD 里提供了 Parametric Frame Builder 和 Parametric Cell Studio。到了 SS5 版本后，AECOsimBD 开始支持 Revit 族文件。

明确了可以利用的工具和使用的方式，创建三维信息模型就是非常容易的，只是这是一个熟练的过程。

# 5.4 AECOsimBD 功能使用——结构模块

## 5.4.1 结构专业程序架构

对于结构类的对象来讲，我们需要从结构的工作流程来考量，从结构的三维设计到结构分析，以及后期的结构详细模型。

对于结构的数据流向，我们首先要规划工作流程。例如，对于工厂项目，当设备、管道的信息确定后，会提供参数给结构专业，结构专业会将这些信息作为荷载条件，根据三维布置进行大致的结构分析计算，确定所使用的结构对象参数，然后在三维布置里进行设计，必要的时候

会到结构分析系统里进行验算。当设计参数发生更改时再重复这个
过程。

在 Bentley 的解决方案里提供了很多结构模块，涵盖了分析、设计
和详图。我们熟悉的 STAAD Pro、RAM 用于结构分析，SACS 用于海洋
石油平台的结构分析。

针对不同的结构形式，有不同的设计模块，对于建筑行业的结构设
计，就是采用 AECOsimBD 来实现的，还有很多用于桥梁结构设计。

当设计完毕到施工环节，需要形成一个结构专业的详细模型，以满
足结构施工专业的细节需求。后面将要讲到的 ProStructural 就是来做这
个的，它分为了钢结构详细模型和钢筋混凝土详细模型。需要注意的
是，这些模型是针对施工细度的。

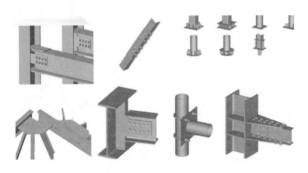

钢结构详图

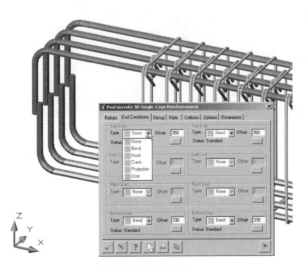

三维钢筋布置

明白了 Bentley 对于结构专业的产品，那么问题来了，这些模块之间如何进行数据交换，如何与第三方的结构产品进行数据交换？结构专业的数据交换具有一定的特殊性，因为需要交换模型、荷载、约束等信息。在这种情况下，前面讲到的 i–Model 就不符合需要。

Bentley 为了解决这样的问题，就建立了 ISM（Intergrated Structure Modeling）的数据标准，帮助用户进行结构数据的兼容。

**ISM 数据结构**

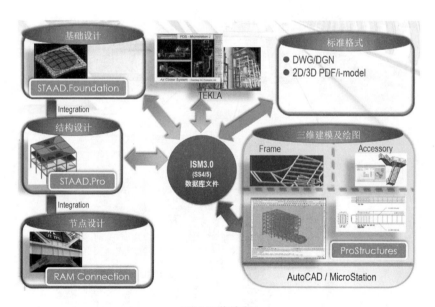

**ISM 工作流程**

我们很容易把 ISM 当作一种格式，从存储上，它确实是文件格式，但是，它更像是一个"数据库"。当发生一些更改时，这个数据库会知道哪些做了更改，哪些没有。所以，当更改发生时，它不是导出的概念，而是更新的概念。导出意味着重新开始，覆盖前面的。

**通过 ISM 数据库进行交互**

因此，在 AECOsimBD 中有与 ISM 的数据交换工具。

**数据交换工具**

当然，ISM 和 i‒Model 之间也有相应的数据交换。对于第三方的结构软件，也是通过 ISM 进行数据交互。例如，与 PKPM、Tekla 之间的数据交换。

## 5.4.2　结构模块概述

### 5.4.2.1　功能框架

AECOsimBD 的结构模块中支持钢结构、混凝土结构、木结构以及自定义的结构形式。

**结构模块功能**

在结构模块里，几乎所有的布置命令界面都是一样的，如下图所示。它们的区别在于，当选了不同的命令，系统在后台区分不同的结构对象类型，而布置的过程几乎是一样的。

**结构对象布置**

需要注意的是，对于结构分析特性，在 AECOsimBD 里，很多的对象在定义时就没有定义成结构对象，因此也就没有分析特性。这是由对象的样式（Part）来控制的，如下图所示。

**是否是结构对象**

如果定义成结构对象，那么这个对象就具有了分析特性的资格；如果只是做三维布置，也可以选择不在对象中放置分析特性，因为不需要再去做结构分析了。

这个选项的打开、关闭与结构分析特性的编辑是通过菜单里的"分析特性"开关来控制的。

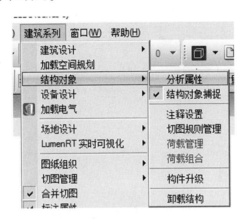

分析属性控制

当打开了分析特性开关，在任务条里会增加如下的工具。

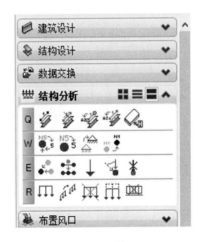

分析工具

在布置对话框里也多了分析属性的选型卡。

**分析属性**

当然，如果布置的对象预先定义的就不是一个结构对象，那么这个分析的选项卡也没有作用。

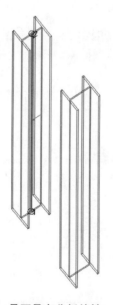

**是否具有分析特性**

当然，如果布置时没有添加结构分析特性，也可以通过后期的工具进行添加。

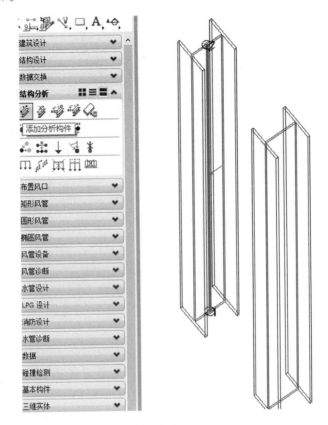

**添加分析特性**

对于结构对象的布置方式，和其他的参数化构件命令一样；对于结构设计模块，它几乎使用了相同的布置界面，布置的过程也是从 DataGroup 库中提取一个型号进行布置。同时，用户也可以对其进行扩展。

与其他类型的库不同的是，结构专业模块布置的"型号"都有一个对应的截面（Section）与之对应，这个截面的定义是保存在 XML 文件中，内部的关系如下图所示。

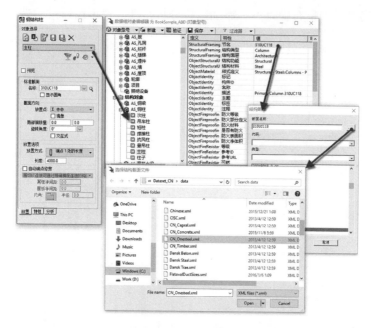

**结构对象型号和截面的关系**

　　一个结构对象的型号所对应的结构截面应该是固定的，不应该随意更改，这和前面说的原则是一样的，这其实是应该不应该改的问题。

　　如果需要修改，就可以点击布置界面中的截面右边的按钮，选择一个新的截面，当然也可以加载一个新的结构截面 XML 库，具体截面库的定义请参考《管理指南》。

**结构截面选择**

在截面选择对话框里，通过菜单"文件"可以加载一个不同的 XML 文件，也可以同时加载多个 XML 文件。系统在启动时，其实已经自动加载了多个 XML 文件，以保证所有的结构对象放置工具所调用的结构截面有效。

不同的 XML 文件以代码（Code）进行区分，所以，在选项"代码"里区别的是不同的 XML 文件，而类型是不同的截面型号。例如，工字钢、角钢、矩形、圆管等结构截面型号。

### 5.4.2.2 通用布置操作

下图是一个通用的结构布置界面，与墙体布置的对话框有点类似，也有 DataGroup 库的相关操作。除了前面讲过的截面选择外，在"截面方向"区域主要设定定位点、定位偏移和旋转方向，而"交互式"的选项就是让你在布置的过程中自己决定角度。

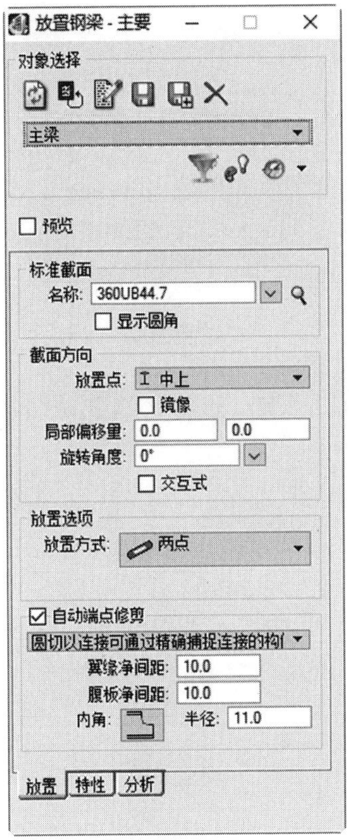

布置界面

**定位点设置**

"放置方式"里设定布置的方式。从操作上来看，柱子和梁的布置就是默认布置方式的不同而已，其他没有区别。对于不是"直"的对象，用户可以自己设定路径，然后用"选择路径"的方式来布置。

**放置方式**

对于结构对象来讲，"端点修剪"选项是结构对象独有的，如下图所示。

**端点修剪**

勾选该选项后，当捕捉到一个对象时，系统会根据端点修剪设置，对布置的对象进行"修剪"，以避免碰撞，如下图所示。

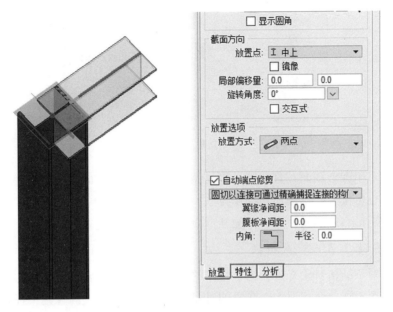

**布置结构构件**

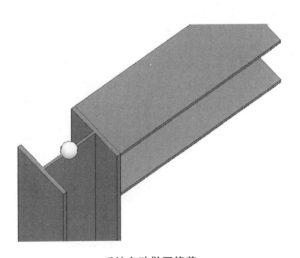

**系统自动做了修剪**

　　在布置结构对象时，最常用的矩形和圆形截面有一种快速的布置方法，用户可以直接手工在截面的对象框里输入相关信息。

　　对于矩形截面，可以输入"宽度 X 高度"。其中的"X"大小写均可，然后回车。如果截面库中具有这个截面设置，系统会自动调用；如果没有，系统弹出如下对话框，直接点击"确定"按钮就可以使用。

定义矩形截面

对于圆形截面，直接输入直径就可以了，如果截面库里没有相应信息，也可按照矩形截面的操作方法。

矩形和圆形的截面，一般在混凝土结构中使用比较多。

### 5.4.2.3  节点捕捉

对于结构对象来讲，为了将来的结构分析，一定要注意结构对象之间的逻辑连接性，那么在布置的时候，就需要按照相关的规则来捕捉结构对象逻辑连接的点。

在 AECOsimBD 里，可通过设定来决定捕捉时是捕捉形体的"点"还是逻辑的结构"节点"，如下图所示。

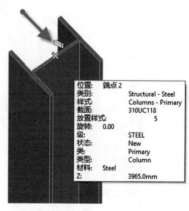

节点捕捉设置　　　　　　结构"节点"的捕捉

需要注意的是，结构对象的"节点"捕捉，可以理解为在 MicroStation 普通捕捉类型的基础上增加了一种类型，是一种特殊的"关键点（Keypoint）"，所以，也需要打开精确捕捉的开关才可以。

#### 5.4.2.4 结构分析

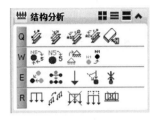

**结构分析工具**

结构分析的工具包括对结构对象添加、修改、删除分析特性，对节点进行修改，以及对荷载进行设置等。

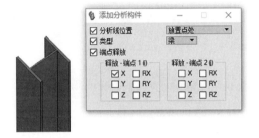

**添加分析特性**

**添加荷载**

### 5.4.3 钢结构对象

#### 5.4.3.1 通用钢结构对象

了解了上述结构对象布置的通用原则，再来介绍不同的结构形式，就简单多了。

**钢结构对象布置**

其中有些特殊的命令如下。

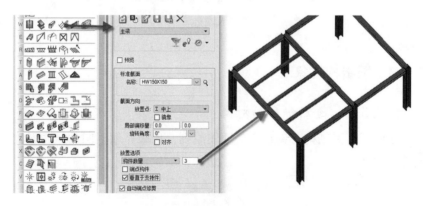

**变截面对象**

对于变截面对象来讲，需要选择两个截面，但是这两个截面应该是同一种形式，例如都是工字钢。如果一个是工字钢、一个是角钢，是没有任何意义的，系统也会给出错误的提示。

**两个结构对象之间布置多个对象**

需要注意的是，上面的两个结构对象之间，也可以是弧形的，如下图所示。

**两个弧形对象之间放置结构对象**

防火层的布置方法如下图所示

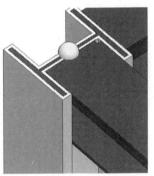

**防火层布置**

结构檩条、支撑的布置和通用的结构对象布置没有区别。

**檩条、支撑的布置**

### 5.4.3.2 特殊钢结构对象

在 AECOsimBD 的钢结构对象里还有几个特殊的钢结构对象。

**1. 桁架对象**

钢桁架布置的过程中，系统首先会弹出一个对象框，让用户选择是放置一个新的桁架，还是编辑一个已有的桁架对象。如果是新建一个钢桁架对象，就需要制定起点和终点的位置。

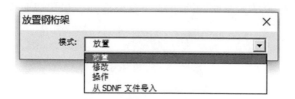

**放置桁架**

在参数设置的对话框里，也是以选择一个结构截面为基础，在设置完毕后，点击放置就会生成桁架。如果是编辑的过程，选择已经放置的桁架，也会弹出下图所示界面来进行参数设置。

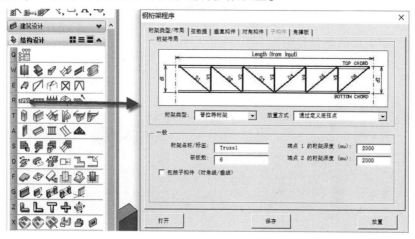

**钢桁架布置**

这些设置的参数可以通过"保存"按钮保存为一个 *.tru 文件，等下次再使用的时候，通过"打开"按钮就可以调用已经保存的设置文件。

**桁架布置**

### 2. 托梁对象

托梁对象（Span）与桁架有点类似，也是通过参数的方式来布置，其中需要选择不同的截面和参数。其他桁架对象布置与之类似。

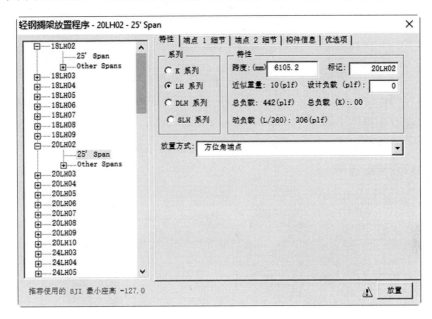

托梁对象布置

### 3. 放置压型钢板

压型钢板的布置对话框如下图所示。

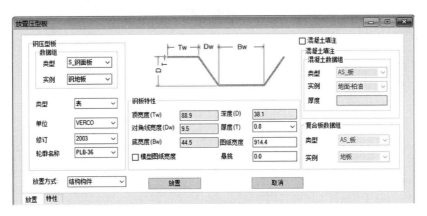

压型钢板布置

### 5.4.4 混凝土结构对象

**混凝土对象布置**

混凝土对象的布置与钢结构布置几乎相同，只是多了一个"牛角对象"，相当于在一个柱子上放置一个支撑对象。这个对象，我倒是感觉不如直接建模方便。

在放置的时候，需要通过精确绘图定位柱子侧面点，建议关掉结构的节点捕捉选项。

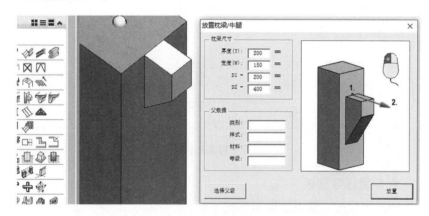

**放置牛腿操作**

此外，在混凝土结构里，还有一些墩子、地桩等结构形式，布置的方式与前面讲的通用布置方式相同。

**其他混凝土结构对象**

### 5.4.5 木结构对象

对于木结构对象，在中国大陆地区使用比较少，在欧美国家的民用建筑中用得比较多。木结构对象的布置方式与其他结构对象的布置方式基本相同，只不过多了一个木桁架而已。在参数设置界面，设置参数然后点击放置就可以了。

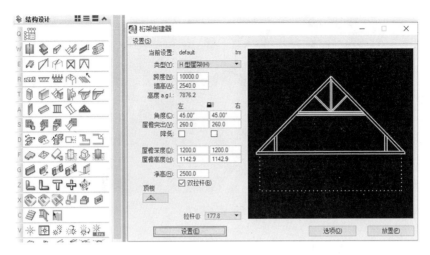

木桁架放置

## 5.4.6 自定义结构对象

在 AECOsimBD 的结构模块，同样设置了自定义结构对象的布置方式，分为了自定义线性结构对象、变截面对象以及同时布置多个对象。

**自定义结构对象**

## 5.4.7 结构对象更改

结构对象的更改，除了和建筑类对象相同的开孔等操作外，还有一些特殊的操作。

**结构对象更改**

图上第一个命令是修改结构对象的端点，由于结构对象是特殊的对象，涉及一些结构分析的特征，所以不能用 MicroStation 的 Strech 操作，而要用特定的工具来一起修改结构对象的形体和分析特性。

平面回切的操作是修改结构对象距离定位"节点"的距离，如下图所示。

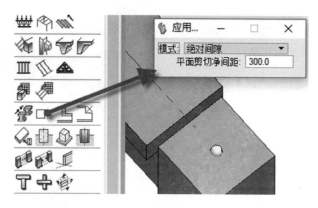

平面回切

回切参数的修改，可以当作一个对象来处理，也可以是对整个文件中的回切设置进行更新和修改，如下图所示。

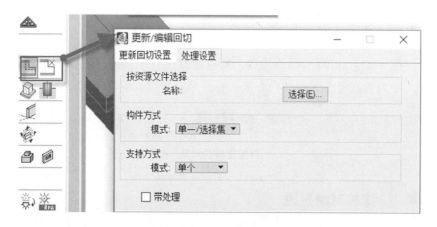

回切参数的修改和删除

## 5.4.8 结构对象快速布置

在 AECOsimBD 的中文版本中，优先为中国用户开发了很多快速建模的工具，对于结构对象来讲，可以通过轴网来快速布置。

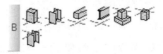

快速布置工具

在布置的过程中，系统可以识别轴网和直线，按照提示选择多根轴线或者直线，系统会按照设定的参数，批量布置结构对象，如下图所示。

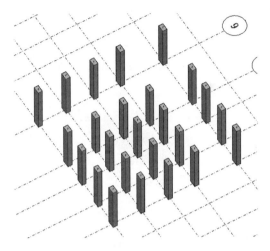

**根据轴网布置柱子**

　　在选择轴网时，可以连续选择一个方向的轴网，当选择了另一个方向的第一根轴网时，系统其实就可以生成柱子了。如果想在两个方向上选择多个轴线，请按住 Ctrl 键选择，选择完毕后，在空白处点击左键就可以放置柱子。

　　根据轴线放置梁的操作与之相同，只需要注意，当选择了一根轴线时，就具备了生成梁的条件；如果选择了多根，而且方向交错，系统会根据围成的"封闭"区域，然后根据选择的轴线进行生成。

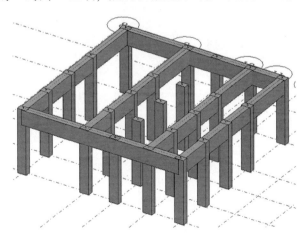

**根据轴线生成梁**

### 5.4.9　数据交换与输出

#### 5.4.9.1　常规导入和导出

作为结构应用模块，AECOsimBD 具有结构数据交换的功能，这包含了对 CIS/2、SDNF、IFC 的数据交换，以及直接与 STAAD.Pro 的交换支持。

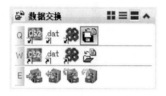

**数据的导入和导出**

对于结构数据的导入和导出，由于截面的定义，有些时候需要截面的匹配设定，以使两个应用程序可以识别彼此的截面设定。

**结构截面的匹配**

#### 5.4.9.2　ISM 数据交换

ISM 文件更像一个数据库，所以，在与 ISM 数据交换时，更像是与一个"库"进行数据更新，而不是导入和导出。因此，ISM 数据交换涉及建立 ISM、从 ISM 库中更新模型、用当前模型更新 ISM 库等操作。

为此，应该先生成一个 ISM 库，ISM 库其实就是一个以扩展名为 *.ism.dgn 的文件，导出的过程如下图所示。

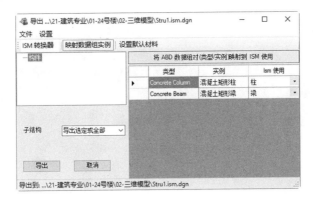

**ISM 库导出**

导入和导出的过程是一样的，都是要先打开需要进行数据更新的 ISM 库。

**在 ProStructural 中导入 ISM 的库**

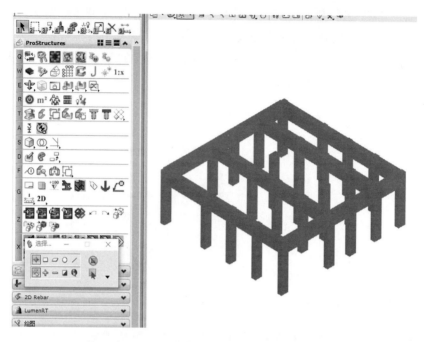

**在 ProStructural 中导入 AECOsimBD 的结构对象**

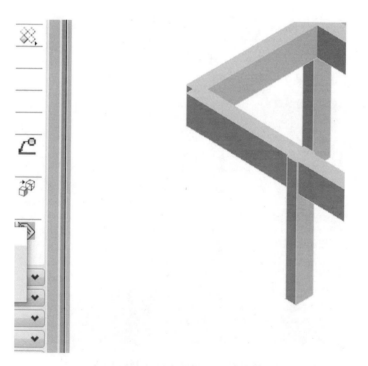

**在 ProStructural 中删除了一个结构对象**

对 ISM 库进行更新

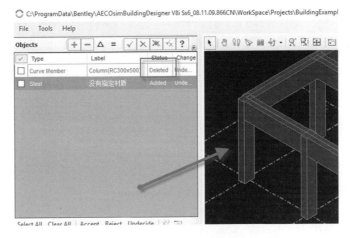

在 ISM 管理器里会看到哪些是更新的对象

　　在截面中，通过过滤显示工具可以看到哪些对象被修改了，然后选择这些对象进行更新即可，这样就完成了对 ISM 库的数据更新。

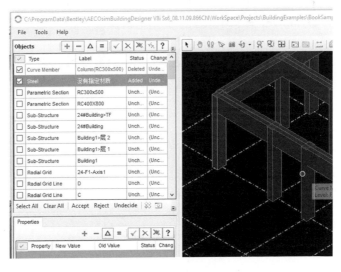

选择更新的构件

之所以能够进行这个转换，是因为在安装 AECOsimBD 和 ProStructural 时都会安装一个 Structural Synchronizer 模块，它相当于一个中间的翻译器。下图就是它的界面。

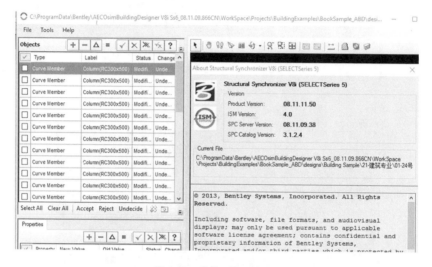

**Structural Synchronizer**

所有的 Bentley 结构应用模块以及第三方的结构应用模块，都是通过 Structural Synchronizer 来进行数据交换的，以达到从结构设计、分析到结构详图的数据交换。

对于结构模块，在 AECOsimBD 里无法实现结构的平法出图。如果需要，则要导入到 PKPM 中进行操作，当然，如果有 PKPM 的数据也可以导入到 AECOsimBD 中来，生成三维的结构对象。

## 5.5　AECOsimBD 功能使用——建筑设备

### 5.5.1　建筑设备模块概述

#### 5.5.1.1　建筑设备模块架构

AECOsimBD 中的建筑设备模块（Building Mechanical）是个具有很长历史的应用模块，早在 20 世纪 90 年代，Bentley 就在 MicroStation J 版的基础上开发了三维的建筑设备模块。

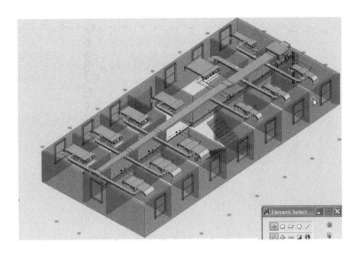

**建筑设备模块系统**

　　在 AECOsimBD 中，建筑设备模块包含风管系统（HVAC）、给排水系统（Plumbing）、天然气（LPG）、消防系统等；从专业设计上，分为暖通、给排水、采暖、消防、燃气等相关专业。BBMS 为不同类型的管道设置了不同类型的管件。例如，LPG 管道具有不同于水管的连接件。

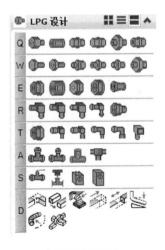

**BBMS 设计模块**　　　　　　　　**LPG 系统设计**

　　通过 AECOsimBD 的类型扩展功能，BBMS 可以被应用到许多的相关专业。

扩展的管道类型

在此，首先介绍工程行业中管道设计软件的分类。在工程项目中，管道设计应用模块大体上分为两类，分别对应两种不同的应用类型：一类是服务于工业行业的 Plant 应用模块；另一类是服务于建筑环境的 Building Mechanical 应用模块。

工业行业的管道系统具有等级驱动（Spec）的概念，通常都是高温、高压的工业系统管道。其会有自己的工作流程。例如，首先是工艺流程设计 PID，而后根据工艺流程的设计，结合工业标注，也就是等级驱动的概念，确定管道和设备的参数，最后再由附属的结构和建筑为其提供支撑和围护结构。这类管道对应的就是带有"Plant"字样的应用模块，例如 Bentley 的 OpenPlant 应用模块。

对于建筑类管道系统，更多的是为建筑环境提供支持，在一些高校专业设置上也划归为建筑类专业。它所涉及的管道类型基本都是低温、低压的管道类型（相对于工业管道而言）。

因此，当我们面对一个项目时，首先要从管道类型上来选择不同的管道系统，不要期望用一个管道应用模块来覆盖所有的管道类型。

但是，在工业领域，有一些特殊的管道类型，如电力行业的"六道"专业。这"六道"指的是在工业领域里，烟、风、煤、粉、尘等六种主要媒质的管道。这是一种特殊的管道类型，其特点是管道和构件尺寸都非常大，每个构件甚至都需要做单独的结构计算，设置加强筋；而在图纸方面，都需要做每个构件的展开图，以指导后期的加工制作。因此，从行业上来讲，比较倾向于将其划归到工业管道的领域，但目前暂时没有专门的应用模块与之对应。

　　根据"库"的概念，建筑设备模块的管道也是从"库"中选择型号进行布置。现在基于 DataGroup + Part 的数据结构和布置方式，在布置的时候，系统在管道类型 DataGroup 上只设置了一种类型，而通过不同的样式来区分不同的管道类型。

　　默认的风管布置命令其实是调用了 DataGroup 里的默认的管道类型，如下图所示。

**放置风管**

　　虽然用户可以在 DataGroup 里建立多种型号的风管再去调用，但是对于建筑设备来讲，可能风管都是一样的，只不过从逻辑上来区分不同的管道类型。为了这样的需求，用样式来区分反而会比较容易。

　　当然，如果想通过自定义来调用 DataGroup 里已设置好的"型号"，也可以通过不同的工具来实现，因为，放置风管的命令行以如下的规则进行调用：

　　BMECH PLACE COMPONENTBYNAME < schema name > < item name > dsc = HVAC

　　你可以建立型号，然后用不同的命令行进行调用；也可以定义按钮、菜单来调用这些命令行，在《管理指南》中有详细的叙述。

　　上面的"schema name"就是对象类型，"ltem name"就是型号，放置风管的命令行如下：

　　BMECH PLACE COMPONENTBYNAME RectangularDuct Default > dsc = HVAC

　　上面命令行中的"RectangularDuct"就是类型的系统定义名称，如下图所示，"Default"就是默认型号的名称。

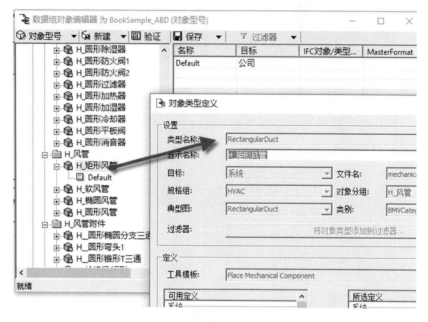

**系统类型**

管道类型的扩展就是样式的扩展操作。

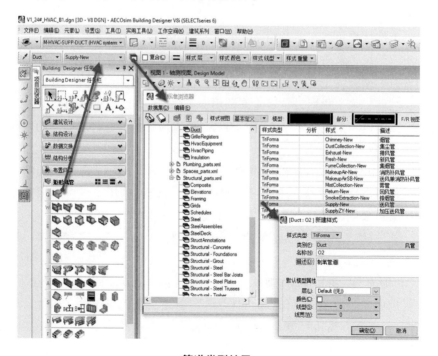

**管道类型扩展**

### 5.5.1.2　管线系统的对象类别

我们学习一个管道系统应用模块时，往往关注于具体的命令，但是，我们也应该花些时间来了解管道系统的规律。

对于一个管道系统来讲，管道对象分为以下三类：

（1）管线：介质流通的通道，如风管、水管、天然气及自定义媒质管道。

（2）附件：附属于管线系统，如阀门、仪表、分支三通、侧部格栅风口。

（3）节点：位于管线的连接处，如连接件、设备等。

矩形风管系统对象　　　　　　　　圆形管道系统对象

自定义的风机判管　　　　　　　　水管系统对象

明确对象类型划分，我们就会非常简单、明确地理解构件之间的关联关系。这是一种通用的原则，例如，对于附件对象来讲，它是"依附"管线系统的，在工程实际中不会独立存在，当管线的参数修改时，附件对象的参数也应该相应调整。而对于"节点"对象来讲，它肯定有一些"接口"与管线对象连接，在定义这类设备时，也就需要定义接口。

例如，在建筑模块里布置的卫生洁具与建筑设备的卫生洁具的不同就在于后者具有接口信息，与管线系统相连。

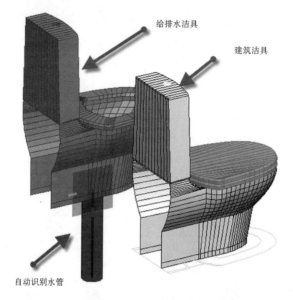

给排水洁具

建筑洁具

自动识别水管

**建筑洁具和给排水洁具的差异**

当布置管道时，系统也会提供一些选项或者设置来智能地读取一些参数。

在建筑设备模块中，系统也会根据三种不同类型的管道对象类型提供一些智能的操作。例如，布置管线时，自动生成连接件；修改节点对象时，自动处理关联对象的尺寸等。

## 5.5.2 管线系统布置

### 5.5.2.1 快捷键

管线、附件和节点这三类对象在布置过程中的方式是不同。

在建筑设备模块的布置功能里，有 5 个常用的精确绘图快捷键，来帮助使用者灵活地控制布置、修改过程，我们先暂时列在下面，在后面的讲解中会陆续讲到。

【提示】这些快捷键是精确绘图快捷键，需要精确绘图对话框有焦点才可以。

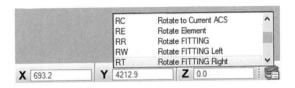

**建筑设备模块精确绘图快捷键**

- RI：插入附件到管线上。
- RW/RT：旋转对象方向。
- RR：更改定位接口。
- RF：长宽参数调换。
- RS：设置连接对象尺寸。

### 5.5.2.2　参数来源

在建筑设备模块中进行管线对象布置时，参数有两种来源：①自由输入；②厂商目录。

自由输入的方式，就是输入想设定的属性值；厂商目录的参数设置方式，系统是从一个厂商的数据库里取出数值来。

在布置管线对象的属性里有一个"目录属性"（Catalog Name）的属性，如下图所示。

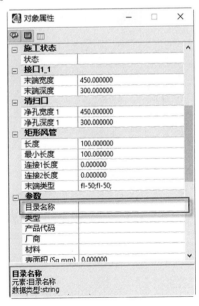

**厂商目录参数**

如果选择了一个厂商目录后，就不能自由地输入属性值，而是从一个库里选择一个属性组合的"条目"（item）来设置属性的值，如果有多个条目，还有相应的过滤条件和优先级来使用。

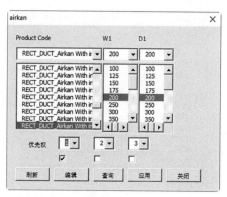

**选择厂商目录**

在上图中，如果选择了"目录名称"为"airkan"，当你试图在"末端宽度"的属性里输入"122"时，系统自动变成"125"。因为在"airkan"的库里没有 122 这个值，在你试图输入该值时，系统帮助你选择临近的一个数值。

**厂商目录的值**

在属性对话框的不同区域，有不同的右键菜单来对不同类型的构件进行参数化的辅助设置。如果想调用"厂商目录"的值，也可以通过右键菜单进行调用。

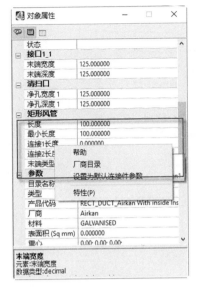
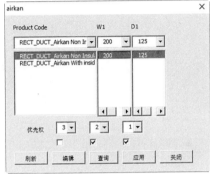

**启动厂商目录**　　　　　　　　　　　　**厂商目录对话框**

在上图中，在厂商目录的数据库里有很多高度（D1）为 125 的风管参数，所以底下的优先级是通过不同的过滤条件优先级选择合适的条目，选择完毕后，点击"应用"按钮，系统就用这个条目的数值来设置属性。

【提示】这个界面里显示的只是主要的过滤关键属性。

厂商目录的工作原理是对象有很多的 DataGroup 属性，厂商目录里有很多的数据，它们之间通过一个 XML 匹配文件来进行属性读取，在《管理指南》中有详细的叙述。

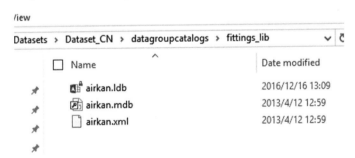

**后台存储的厂商目录**

| ID | Product C | Type | Manufactu | W1 | D1 | Material | Click to Add |
|---|---|---|---|---|---|---|---|
| 1 | RECT_DUCT_A | Rectangular | Airkan | 100 | 100 | GALVANISED | |
| 2 | RECT_DUCT_A | Rectangular | Airkan | 125 | 100 | GALVANISED | |
| 3 | RECT_DUCT_A | Rectangular | Airkan | 125 | 125 | GALVANISED | |
| 4 | RECT_DUCT_A | Rectangular | Airkan | 150 | 100 | GALVANISED | |
| 5 | RECT_DUCT_A | Rectangular | Airkan | 150 | 125 | GALVANISED | |
| 6 | RECT_DUCT_A | Rectangular | Airkan | 150 | 150 | GALVANISED | |
| 7 | RECT_DUCT_A | Rectangular | Airkan | 175 | 100 | GALVANISED | |
| 8 | RECT_DUCT_A | Rectangular | Airkan | 175 | 125 | GALVANISED | |
| 9 | RECT_DUCT_A | Rectangular | Airkan | 175 | 150 | GALVANISED | |
| 10 | RECT_DUCT_A | Rectangular | Airkan | 175 | 175 | GALVANISED | |
| 11 | RECT_DUCT_A | Rectangular | Airkan | 200 | 100 | GALVANISED | |
| 12 | RECT_DUCT_A | Rectangular | Airkan | 200 | 125 | GALVANISED | |
| 13 | RECT_DUCT_A | Rectangular | Airkan | 200 | 150 | GALVANISED | |
| 14 | RECT_DUCT_A | Rectangular | Airkan | 200 | 175 | GALVANISED | |
| 15 | RECT_DUCT_A | Rectangular | Airkan | 200 | 200 | GALVANISED | |
| 16 | RECT_DUCT_A | Rectangular | Airkan | 250 | 100 | GALVANISED | |
| 17 | RECT_DUCT_A | Rectangular | Airkan | 250 | 125 | GALVANISED | |
| 18 | RECT_DUCT_A | Rectangular | Airkan | 250 | 150 | GALVANISED | |

**MDB 数据库中存储的厂商目录数据**

```xml
<?xml version="1.0" encoding="UTF-8"?>
<HVAC_CATALOG>
    <Version major="1" minor="0"/>
    <Catalog name="RectangularDuct">
        <CodeSubstitutes>
            <Property definition="Properties" name="Properties/@ProductCode" value="Product Code" dbname="Product Code"/>
            <Property definition="Properties" name="Properties/@Type" value="Type" dbname="Type"/>
            <Property definition="Properties" name="Properties/@Manufacturer" value="Manufacturer" dbname="Manufacturer"/>
            <Property definition="Properties" name="Properties/@Material" value="Material" dbname="Material"/>
            <Property definition="EndSpec1_1" name="EndSpec1_1/End1/@width" value="W1" dbname="W1"/>
            <Property definition="EndSpec1_1" name="EndSpec1_1/End1/@depth" value="D1" dbname="D1"/>
        </CodeSubstitutes>
        <Database Filename="$(BMECHDIR_FITTINGS_LIB)Airkan.mdb" TableName="rectduct"/>
        <SearchCriteria NumOfnames="3" name1="Product Code" name2="W1" name3="D1"/>
        <QueryCriteria NumOfParams="2" Param1="W1" Param2="D1" />
    </Catalog>
```

**XML 文件中的属性匹配关系**

需要注意的是，对于厂商目录的数据，往往不是针对于一类对象的，而是整个关系系统，因为管线的参数是从厂商目录里选择，当连接管线时，系统也倾向于从厂商目录中读取合适的参数。这其实有点类似于工业管道系统里"参数驱动"的概念。

**不同的对象类型数据**

如果想自由地输入参数值，需要删除"目录名称"里选择的厂商目录名称。

### 5.5.2.3 对象属性右键菜单

在对象属性（DataGroup 属性）的不同区域有不同的右键菜单，现在罗列出来以供参考，方框内是右键点击的区域。

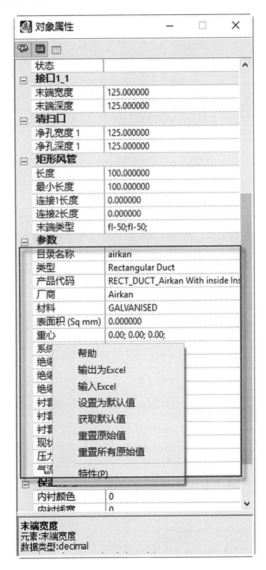

风管：从库里更新数据，输出为 Excel 文件

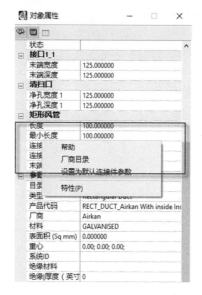

**厂商目录、当前参数设置为默认连接件的参数**

**风管变径的偏移选项**

有时候，我们需要在某个参数上点击右键才会弹出对应的这个参数的选项，如下面的偏移选项。

**偏移选项**

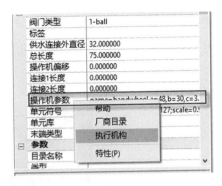

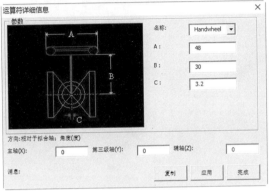

水阀的操作机构设置

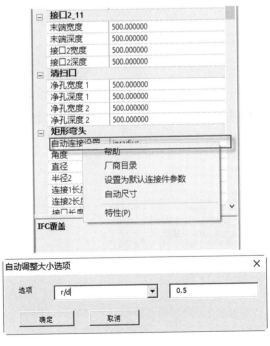

风管弯头的转弯选项设置

### 5.5.2.4 管线类对象

管线类对象采用一种"线性"的布置方式，与绘制一根直线是一样的，而且风管、水管的布置方式也是一样的。

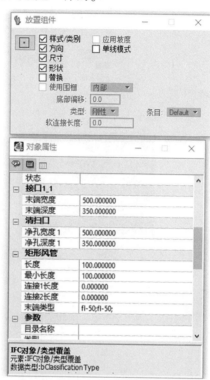

**布置风管**

对于管线的布置，对话框可设置管线布置的定位基点、布置方式等。勾选样式/类别、方向、尺寸、形状，则沿用捕捉到的对象接口的参数。布置的方式采用九点对齐方式。

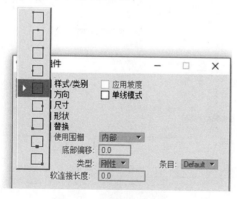

**管线的对齐方式**

在布置的过程中，通过点击鼠标左键来布置管线。如果要更改管道尺寸，直接修改即可，系统会根据参数自动生成连接件。当然，对齐方式的不同，也会影响连接件的尺寸。

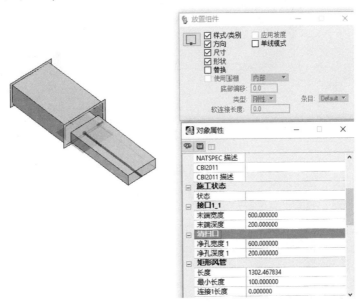

布置的过程，更改风管的尺寸

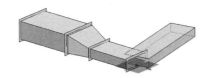

自动生成底对齐的变径

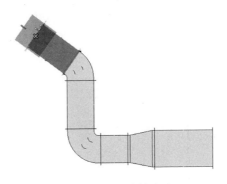

方向改变时生成的弯头

此外，精确绘图快捷键同样起作用。使用"T"来将精确绘图坐标系放平，继续绘制水平的风管。

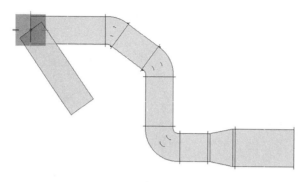

**调整管道方向**

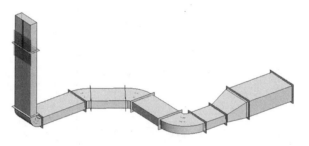

**生成竖向管道**

水管的布置方式和风管是一样的，只不过水管没有"方形"的而已。

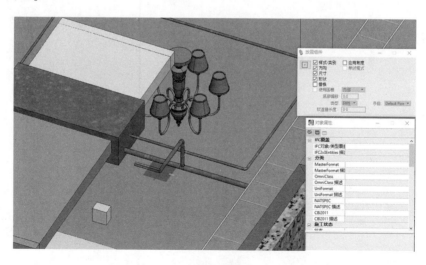

**水管的布置**

当重新开始布置一个管道，捕捉到已存在的管道时，系统会根据捕捉的位置来自动生成连接件。

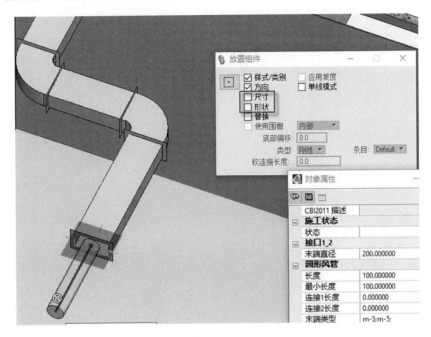

**捕捉到端点**

需要注意，在上图中布置的是一个圆形风管，而参数设置对话框中并没有选择"尺寸"和"形状"选项，如果勾选该选项，系统会自动沿用捕捉到的矩形风管的尺寸和形状，而不会绘制出"圆管"。如果去掉了这两个选项，绘制圆形风管时，系统会自动生成"天圆地方"连接件，如下图所示。可见，连接件的形状受对齐方式的影响。

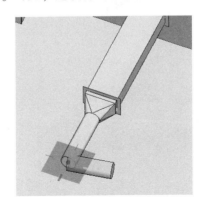

**自动生成"天圆地方"连接件**

如果捕捉到了管线上的点，无论该点是在中部还是利用附近点捕捉的特征点，系统都会根据两个风管的尺寸、位置、形状自动生成相应的分支三通和其他相关的连接件。

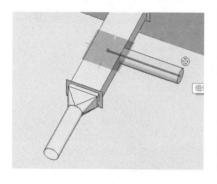

捕捉到风管上的点

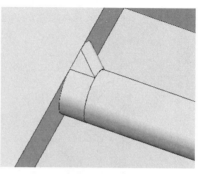

自动生成分支三通

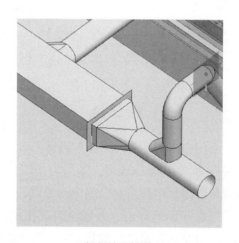

竖向的连接件

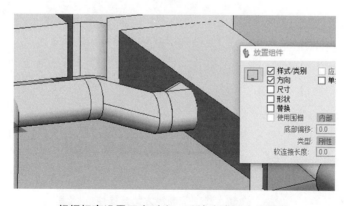

根据标高设置了底对齐，系统生成两个连接件

可以看出，如果会使用定位，利用建筑设备模块可以很容易地在三维空间内布置相应的管道类型，来确定管线系统的精确尺寸。

### 5.5.2.5　附件类对象

附件类对象是附属于管线系统的，例如，风阀、水阀、风口格栅等。

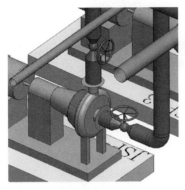

阀门组件

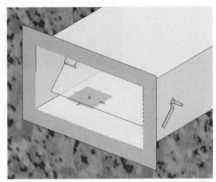

平板阀

矩形风阀

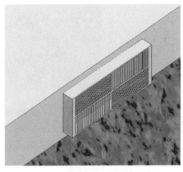

侧面风口

附件类对象分为两种。

（1）不打断管线对象的附件类对象。例如，上面的平板阀和侧面的格栅风口。这类对象布置时，首先必须要捕捉到管线的端点，然后点击左键，这时附件对象与风管粘连，确定位置后，点击左键即可。

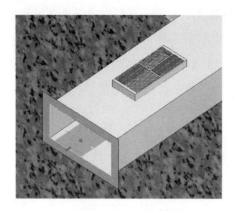

**侧部格栅风口与风管粘连**

通过 RW/RT 快捷键，分别可以向左或者向右旋转格栅风口，以让格栅风口分别放在不同的风管侧面，如下图所示。

**调整格栅风口位置**

确定位置后，点击左键确认就可以。

（2）打断管线对象的附件类对象。例如，在水管上放置一个阀门，这样的附件对象是有接口与管线连接的，这比较像后面讲到的节点类对象。

**阀门有接口与管线相连**

对于这类对象的布置，仍然需要捕捉到管线的端点，如下图所示，但需要捕捉到管线的端点，而不是三通的端点，这在捕捉的时候需要特别注意。

**捕捉到三通的端口**

**捕捉到管线对象**

如果此时点击左键，就意味着将阀门放置在端点处，如下图所示。

**放置在端点处**

如果想插入到管线上，这时就需要用"RI"快捷键，使系统知道要把阀门插入到管线上，而不是放在端点处。

【提示】快捷键"RI"需要在捕捉到管线端点的时候才有效，如果没有捕捉到任何的端点，系统则无法判断插入到哪根管线上。这个操作需要不断的熟练。

当输入"RI"后,附件就会与管线粘连,和第一种对象一样,当确定位置后,系统就会按照附件的长度来打断管线,所以,如果想设置附件的长度,应该在点击位置前来操作。若确认位置后再去修改附件的长度,就会出现如下图所示的状况。

**修改附件的长度**

如果这时点击左键,那么系统就会形成不连接的状态,如果选择"RS"快捷键,系统就会调整管道的长度,如下图所示。

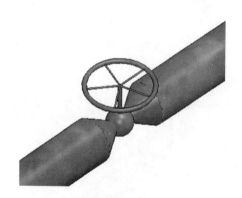

**自动调整管线长度**

快捷键"RS"就是当修改对象参数时自动调整相连接的其他对象,其操作其实是一个放置操作加一个修改操作。

当删除这个附件对象时,管道会自动连接起来。

无论是第一种对象还是第二种对象,都有"接口"的信息,如下图所示。

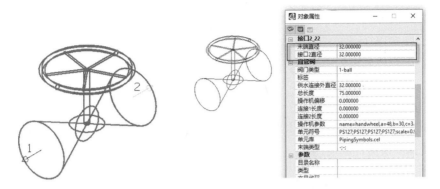

附件的节点信息　　　　　　　　布置阀门时的接口信息

因此，当布置附件对象的时候，需要将属性对话框里的"尺寸"和"形状"参数选中才可以，即使是第一种对象，也应如此，这个选项的设置会自动让类似格栅风口的对象正好放置在风管的侧壁上。

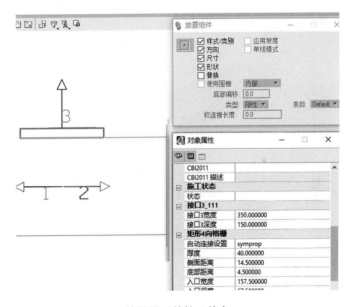

格栅风口的接口信息

### 5.5.2.6　节点类对象

节点类对象的特点是位于管线系统的连接处，从这个特点考虑，上述打断风管的附件类对象也属于这个范畴。

常用的节点类对象分为连接件和设备。

在布置的过程中，系统会根据布置自动生成连接件，在后续的操作中也会讲解利用自动连接的命令来生成连接件。

**风管连接的命令**

在工作中，我们很少单独布置连接件，如果有这样的需求，需要注意如下快捷键的使用。

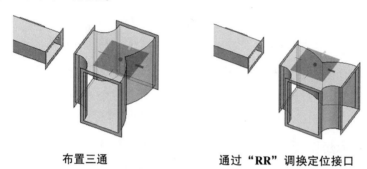

布置三通                    通过"RR"调换定位接口

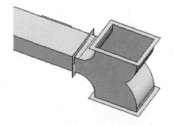

通过"RW/RT"旋转连接件

当然通过"RI"也可以将一个连接件"插入"到管线内，通过"RR"来调换定位接口，但意义不大。

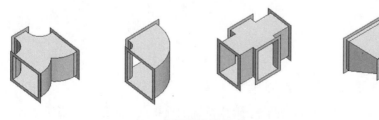

不同的连接件类型

需要注意的是，对于连接件，只有变径的高度、宽度可以调整，当然也包括形状，例如，"天圆地方"也是一种"变径"。而三通、四通、弯头等连接件的"高度"都不可以单独调整。例如，在上图中的三通，三个接口的宽度可以不同，但高度必须一样。

　　节点类的设备类对象比较简单，在放置时，也是以接口来进行定位的，这些接口可以用后面讲到的命令与管线连接。

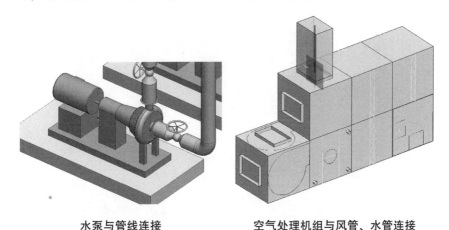

水泵与管线连接　　　　　　空气处理机组与风管、水管连接

### 5.5.3　管线系统连接与修改

#### 5.5.3.1　参数更改

　　一般不会批量更改管线对象，因为会涉及连接的管道。单个管线对象的更改方式和其他对象是一样的。

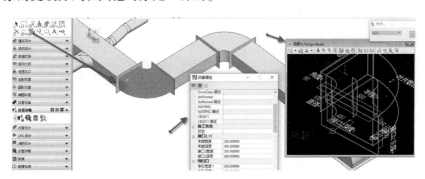

管线对象更改

　　当修改管线时，系统会弹出参数修改的对话框，也可以采用在后台的 DataGroup 数据库中选择对象更改的操作。

　　管线形体参数的更改确定后，记得用"RS"快捷键去调整关联的管线参数。

此外，在建筑设备模块中还提供了一种图形化的编辑方式，就像上图中显示的一样，可以通过点击数值来更改，如下图所示，但这样的效率反而不高。

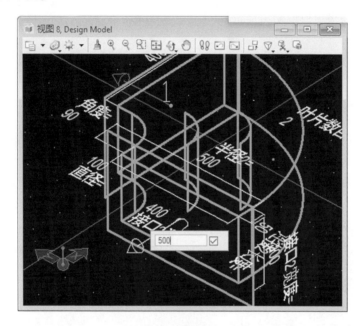

**参数更改**

需要注意的是，在上图中的复选框决定"对象属性"参数对话框是否显示。

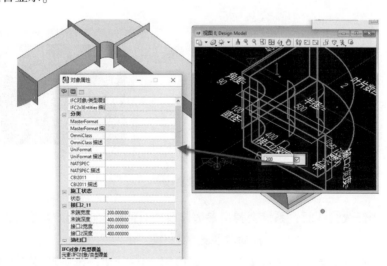

**"对象属性"参数对话框是否显示**

　　而这种图形显示的方式在哪个视图里显示，则取决于 AECOsimBD 的优选项的设置。

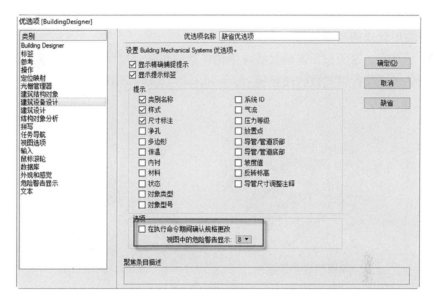

**优选项设置**

　　对于管线对象参数的设置，有时会利用前面讲到的 DataGroup 对象属性对话框的右键菜单。

### 5.5.3.2　管线连接

　　管线的连接和调整是最常用的操作。我们需要明确管线系统的特点：管线是连接的，对象是有接口的。

风管连接命令　　　　　　　　水管连接命令

　　从风管、水管的命令可以看到，它们几乎都是一样的。

**风管连接**

　　管线连接命令，用于连接两个管线，既可以连接相同方向的两根管线，也可以连接垂直或者具有一定角度的两根管线。"公差"的参数用于设定两根管线的高差在多大范围内可以连接，如果设置为 0，则意味着两根管线的高度必须一样才可以。

　　其实，这两根相连的管线可以是任意的形状、尺寸和位置，系统倾向于用连接件来连接管线系统。

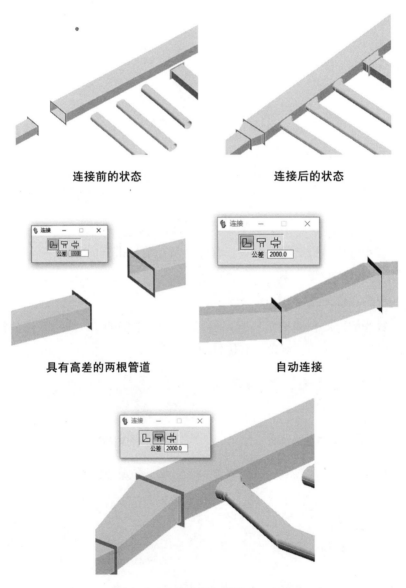

连接前的状态　　　　　　　　　　　连接后的状态

具有高差的两根管道　　　　　　　　自动连接

自动连接具有高差的主管道和分支管道

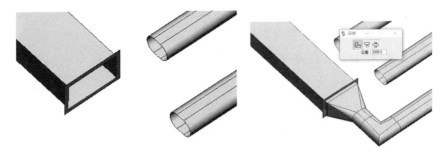

自动连接椭圆管道和矩形风管

连接垂直方向的不同高度的管线

在连接管线时，连接的结果和点击管线的次数和位置也是有关系的，而且，连接件的参数受自动连接件设置的影响。例如，在上图中，由于对变径的收缩率做了限制，造成这个部件过长。很多时候，对于特殊的连接情况，还是需要手工干预。

### 5.5.3.3　管线移动

管线移动

管线移动命令和 MicroStation 移动命令的差异是，系统会自动判断对象移动的方向，然后调整相连接的对象。

### 5.5.3.4  设备连管

设备连管（hookup）命令与上面的连接命令的差异在于，它根据被连接对象接口或者捕捉点的位置和方向来规划路径，根据路径、尺寸、形状等参数生成一系列的管线和连接件。

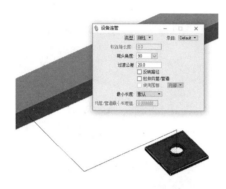

**设备连管规划的路径**

**自动连接圆形散流器**

**自动连接矩形接口散流器**

上面介绍的是设备连管命令最常用的命令，水管的连接也是一样的。

**水管连接路径**

**水管连接效果**

　　设备连管的命令更倾向于将一个设备的接口与一个管道相连，也就是将一个接口和另外一个管线或者管线的端点进行连接。如果是两个设备的话，也可以实现连接的操作。

设备连接路径　　　　　　　　　　　设备连接

　　在设定路径时，请选择合适的视图，例如平面图，这样会比较容易设置路径，或者多个视图配合操作。

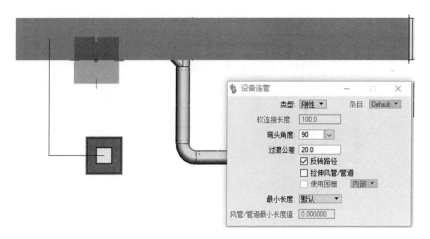

平面视图设置路径

　　所以，从某种意义上讲，设备连接是两个接口的连接，在对话框中的参数设置也是为此而设置的，当然有些参数是为特定的连接方式准备的。

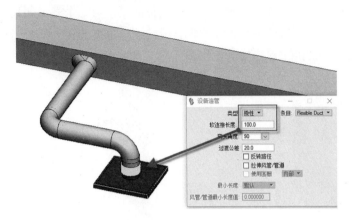

软性连接设置，矩形风管无效

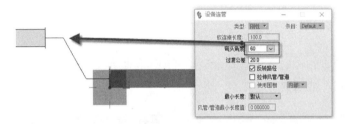

弯头角度

连接效果

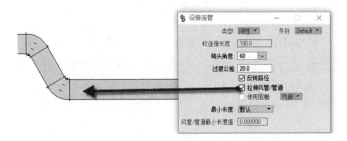

拉伸风管连接

像这样的连接还有很多种情况可以应用这个命令。

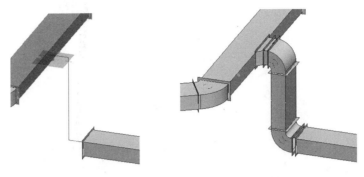

方向、高度不同的连接　　　　　　连接效果

### 5.5.3.5　延伸管线

延伸管线的命令没有任何的选项，只是对管线进行拉伸。

延伸管线

### 5.5.3.6　管线打断

管线打断的命令有三个选项，动态的方式是设定两点，然后打断；合并共线的方式是将连接在一起的两根管线连接成一根，如果两根管线之间有空隙，需要先延伸；而标准选项是按照标准的长度将管线分成多段。

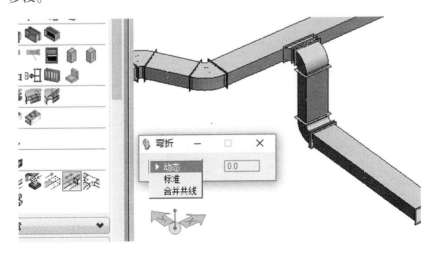

管线打断

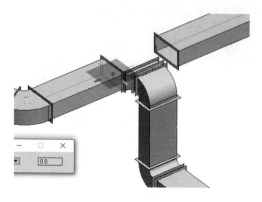

动态打断

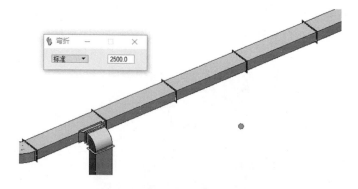

标准长度打断

### 5.5.3.7 三通、四通连接

三通、四通连接的命令是根据风管的方向，选择不同的连接形式，而后形成三通、四通连接件。

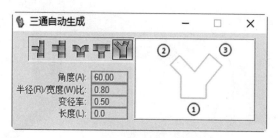

三通连接

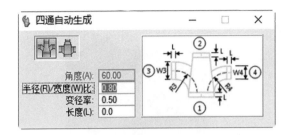

**四通连接**

连接的过程只需设定连接的类型、参数，然后按照参数选择风管即可。

但很多时候，由于风管的高度、管径不符合连接的条件，或者说，这样的"三通"或"四通"在工程实际中不存在，系统会给出提示。

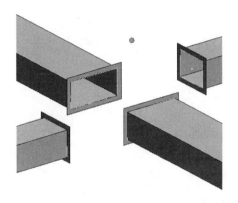

**管道尺寸和高度不同**

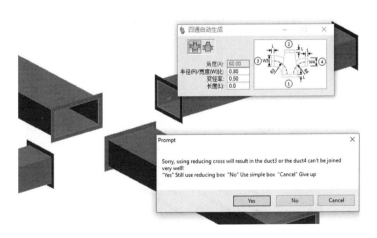

**系统提示不成立**

现实中不存在的四通

### 5.5.3.8 跨越管连接

跨越管连接是处理管线之间的交错情况，可以同时处理风管和水管。

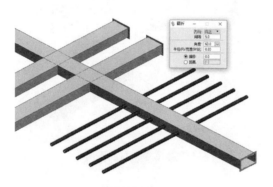

管线交错现象

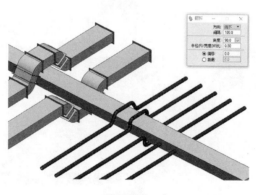

翻折操作

　　在对话框中，分别设置向上翻还是向下翻、间距以及生成弯头的参数控制。

　　操作过程需要选择两组对象，三次左键确认。

　　选择被翻折的对象，可以使用 Ctrl 多选。

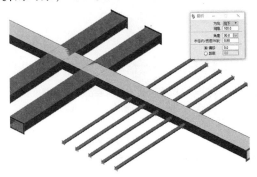

**选择被翻折对象**

　　选择完毕后，左键确认完成被翻折对象的选择。

　　再选择需要翻过去的管道。

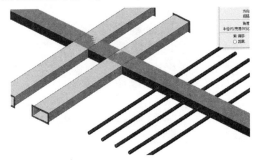

**选择参考对象**

　　然后，左键确认就完成了操作。

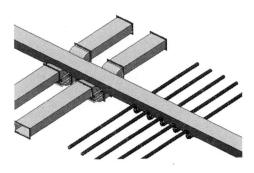

**翻折操作**

### 5.5.4 管线对象具体布置

下面对管线类对象的具体操作做大概说明，一些参数的含义可以参考帮助文件。

#### 5.5.4.1 风管类对象

**1. 风口类对象**

风管类对象的布置过程，一般情况下是先根据负荷计算或者风量的参数选择设备参数或者风口的尺寸，然后进行风口的布置。所以，系统提供了一系列的风口布置。

**风口布置**

风口分为散流器和格栅风口。

**散流器类型**

散流器的接口和外形分为矩形和圆形两种形状。需要注意的是，在参数里也有两个尺寸与之对应，一个是风口的出风口尺寸，另一个是散流器的喉部尺寸。

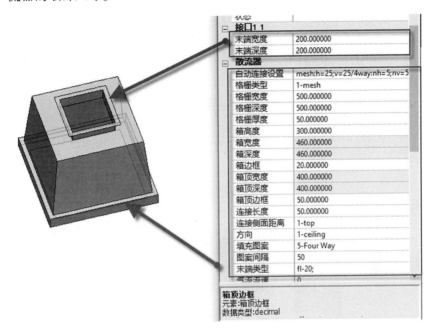

散流器尺寸

由于散流器一般都是放置在天花板上的，所以散流器的定位点在格栅板的位置，如下图所示。

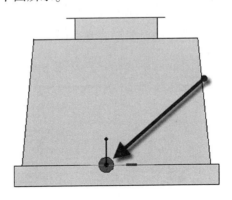

散流器定位点

不同类型的散流器，其区别在于接管的方向、默认散流器的方向不同。

格栅风口分为两种类型，即放在风管端部的和侧部的。

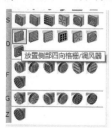

**格栅风口的类型**

不同类型的格栅风口，其区别在于格栅的形式不同，例如星形、条形等。

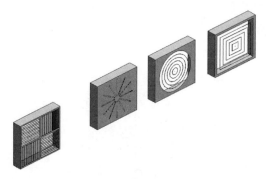

**不同形式的格栅风口**

### 2. 风管类对象

风管类对象在建筑设备模块中分为三种形状，即矩形、圆形和椭圆形。对于圆形的风管还有软风管可以布置，软风管的布置过程就像绘制一条 B 样条曲线一样。

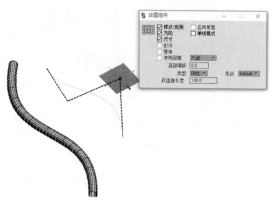

**软风管布置**

### 3. 分支三通

分支三通的布置过程和附件类的第一种对象的布置一样，当点击管线端点时，分支三通会被粘连，点击放置的位置即可。

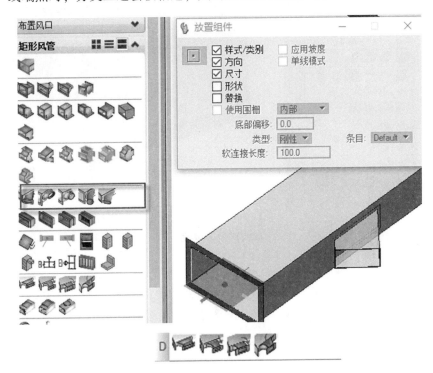

分支三通的布置

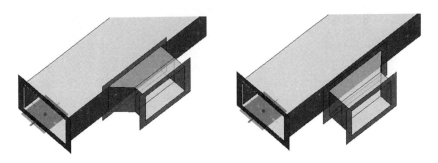

通过"RR"快捷键，调整分支三通的方向

### 4. 阀门组件

对于风阀等风管系统组件，布置的方式和附件类对象的方式一样。

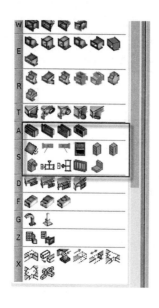
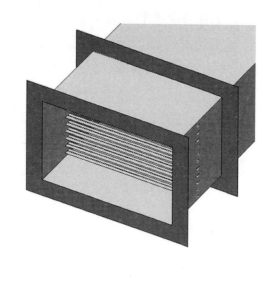

**风阀对象的放置**

## 5. 自定义风管设备

AECOsimBD 兼容 Revit 的族,对于建筑设备专业来讲,也可以将 Revit 的设备对象导入进来,用自定义设备的放置按钮放置。

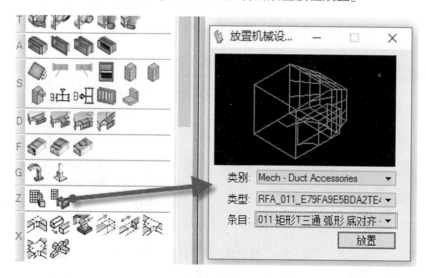

**放置 Revit 设备**

对于圆形、椭圆形的风管对象布置,与之相同,此处不再赘述。

### 5.5.4.2 水管类对象

水管系统会被用于空调水系统、给水、排水、消防、采暖管道。对于不同的专业应用，管件的种类和形式也不相同。例如，对于排水系统，就有不同的反水弯、跨越管等管件存在。

水管系列组件

**1. 水管类对象**

水管类对象

在水管中，系统也提供了软管（flex pipe）的功能，与布置软风管的操作是一样的。

水管与风管不同的是，对于开放系统，例如排水系统，需要有一定的坡度，即使是封闭系统，为了排气机制的运作，也需要水管具有一定的坡度。

水管坡度的控制有两种方式。

（1）先绘制水平管，然后用"应用坡度"的工具对水管系统进行坡度设置。需要注意的是，当绘制水平管道时，不要选择"应用坡度"选项，如果勾选，即使把精确绘图竖起来，也无法绘制一条"垂直"的管道，如下图所示。

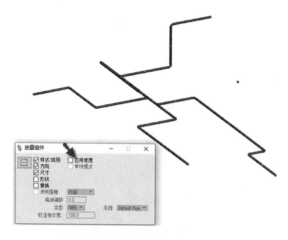

**绘制水平管道**

绘制完毕后我们就会利用"应用坡度"工具，给水平管道应用坡度。需要注意的是，这里的应用坡度是对一个管道的分支系统而言，系统会搜索管道之间的逻辑关系，当然也可以对某一根管道来应用坡度，如下图所示。

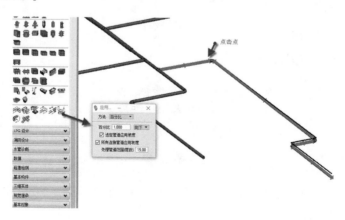

**应用坡度**

（2）在绘制管道时，使用"应用坡度"选项，坡度的默认设置是由"应用坡度"命令的当前设置控制的。在这种情况下，不能绘制一根"竖直"的管道，如下图所示。

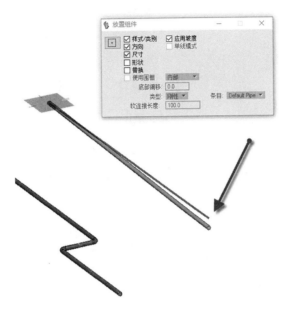

**绘制时，自动应用坡度**

**2. 弯管组件**

**弯管组件**

弯管组件的布置方式风管系统的三通、四通的布置方式相同。注意用"RR"选择定位接口以及用"RW"来对管件进行旋转，不同类型的管件分别用在不同类型的管道上。

**弯头组件**

### 3. 三通

三通类型

### 4. 法兰垫片

法兰垫片

法兰垫片一般用在大管径的管道上，需要单独来统计数量。在管道的接口类型上，也有法兰连接的选项，它只是管道的一种属性，不能作为独立的对象进行统计。对于任何管道，都有接口类型的属性，风管和水管是一样的设置方式。

| | |
|---|---|
| 长度 | 100.000000 |
| 最小长度 | 100.000000 |
| 连接1长度 | 0.000000 |
| 连接2长度 | 0.000000 |
| 末端类型 | fl-50;fl-50; |
| 参数 | |

末端类型属性

在帮助文件中，会有对末端类型（End Type）的参数定义：

- fl – < numeric value >

Sets and sizes end with a flange connection.

- m – < numeric value >

Sets and sizes end with a male connection.

- fe – < numeric value >

Sets and sizes end with a female connection.

Separate End Type entries for each End Spec with a semi colon.

Example：fl – 2；fe – 13 creates a flange at End1 with size 2，and a female connection at End2 with an overall reduction of component's dimensions of 13.

单独的法兰垫片设置

### 5. 阀门仪表

阀门仪表的布置，注意要用"RI"的快捷键来插入选择的管线，同时用"RW"来旋转方向。

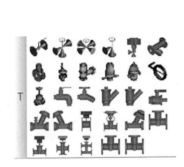

阀门仪表

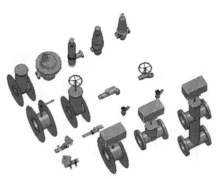

不同的阀门组件类型

### 6. 地漏排水沟

排水设备

对于排水设备来讲，有一个接口与管道相连，只需会定位就可以了，没有特殊的参数控制。

排水设备

### 7. 仪表

仪表

仪表属于一种末端的组件，需要先创建一根细的连接管，然后再放置仪表，如下图所示。

仪表放置

**8. 水泵**

水泵

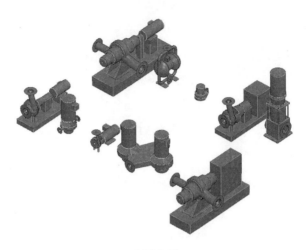

水泵布置

**9. 给排水设备**

给排水设备

给排水设备

### 10. 暖气片及采暖设备

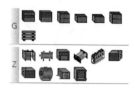

**暖气布置**

### 11. 卫生洁具

给排水卫生洁具有接口信息，也有相应的属性设置。

**卫生洁具**

### 5.5.4.3 LPG 设计

LPG 设计模块提供了一些特殊的组件，支持 LPG 系统的设计，放置的方式与前面一样。

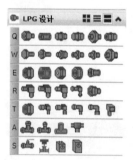

**LPG 设计**

### 5.5.4.4 消防设计

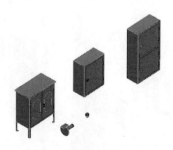

**消防设施**

消防设计模块提供了喷淋、消防栓等设施的布置功能。

### 5.5.5 管线系统诊断与设置

在建筑系列模块里，建筑设备模块与其他模块的不同在于，对象之间具有一定的连接性。我们也可以使用这种"连接性"来做一些系统诊断和计算。

例如，对于一个建筑来讲，无论是风系统还是水系统，都有一些末端设备，这些末端设备具有一定的流量参数，并且这些末端设备又与管道相连。所以，当流量确定又对流速有一定限制时，那么管径的选择就需要在一定的范围内；同时，也可以据此进行一定的阻力计算。这就是建筑类水力计算的基础。系统也提供了一定的指令来诊断系统的连接性。

对于一个末端对象来讲，都有一个流量单位，如下图所示。

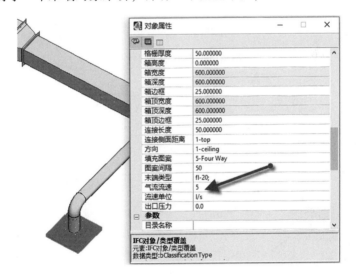

流量设置

### 5.5.5.1 系统诊断

在 AECOsimBD 中，针对于风管系统和水管系统，都有系统诊断的命令。一个管线系统是由多个分支（Path）组成的，阻力的计算也是以系统分支（Path，也可以叫作分系统）为基础的，然后，再进行不同分支的阻力平衡控制。

水管诊断和风管诊断的界面有所差异。

当启动"风管诊断"的命令时，系统会提示选择一个管线对象，选择后，系统首先搜索管线系统的连接性和末端设备的流量信息。如果有些末端的设备没有流量信息，系统会显示如下图所示信息。

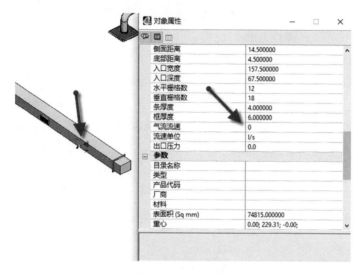

**格栅风口未设置流量信息**

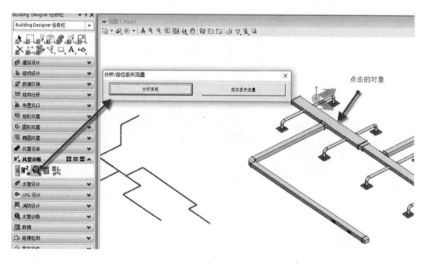

**启动风管诊断**

在上图中，由于有的末端风口没有定义流量，所以才会弹出上面的界面，点击"分析系统"按钮，进入分析界面，如下图所示。

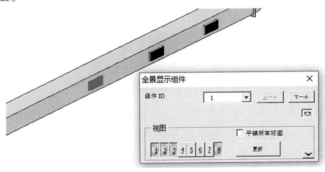

**分析风管系统**

如果点击"定位丢失流量"按钮，系统会提示哪些末端风口没有设置流量。

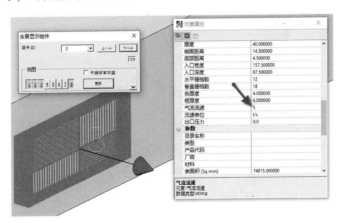

**定位丢失流量的风口**

此时，风口已经被选中了，可以在不关掉上图对话框的情况下启动编辑命令，对流量进行编辑。

**编辑风口流量**

通过这种方式可以给所有丢失流量的风口设定正确的流量信息，更新完毕后，当重新启动"风管诊断"命令时，系统会自动进入"分析系统"的界面，如下图所示。

分析系统界面

该界面中有很多选项卡，可分别实现不同的功能。在"中心线"选项卡中，可以对不同的系统分支创建中心线，也可以通过"路径方向"和"路径编号"浏览不同的系统分支。

【提示】系统分支的数目是由选择的构件来决定的，也就是说，有几个系统分支与选择的管件对象有关系，是以这个对象为"中心"沿整个管线系统进行搜索，所以，一般情况下，我们会选择一个"根"对象，如下图所示。

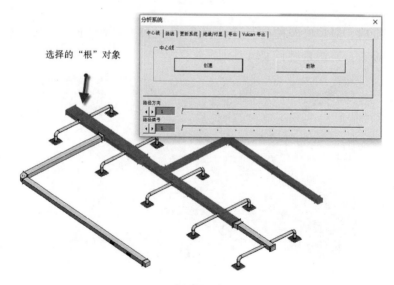

选择根对象

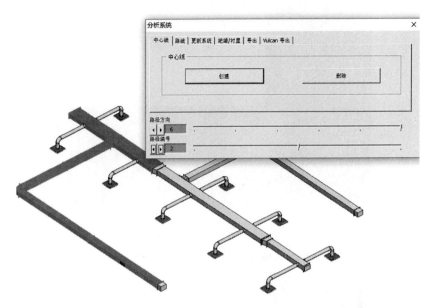

**不同的分支系统**

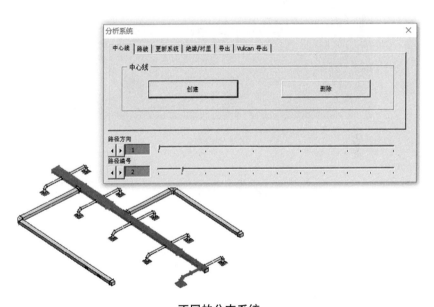

**不同的分支系统**

在某些选项卡的操作中，需要以选择一个系统分支为基础，例如，计算一个分支的流量。有些操作是针对整个管线系统的，如下面的"中心线"的操作。

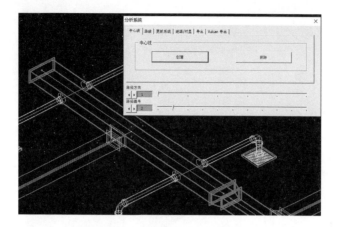

**创建中心线**

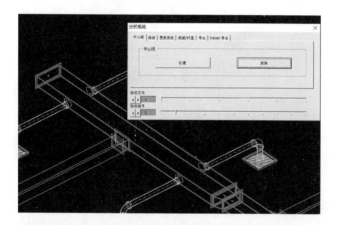

**删除中心线**

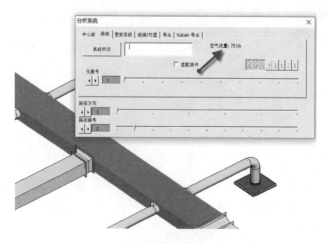

**每个对象的流量**

用户可以通过"元素号"以及下面的系统分支选择找到不同管线对象的流量。

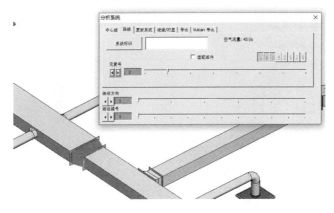

变径的流量

点击"系统标识"按钮,可以为管线系统赋予系统标识属性。

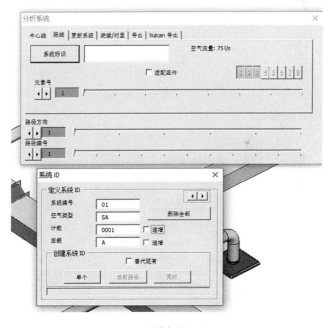

系统标识

如果要给一个分支赋予系统标识属性,需要设定"计数"的递增选项,这样"当前路径"的按钮就可以使用了,可以给多个对象赋予系统标识。

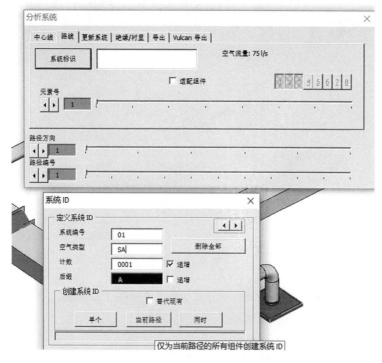

**整个分支**

赋予系统标识后，每个对象都有一个系统标识，这个系统标识也会在系统属性中出现。

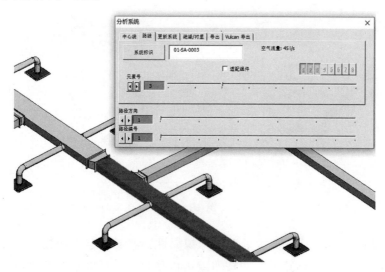

**赋予的系统标识**

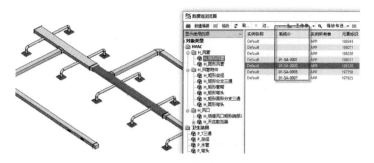

**系统标识属性**

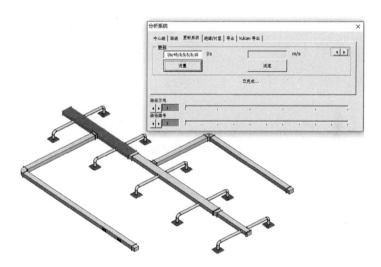

**通过"流量"更新所有对象的流量属性**

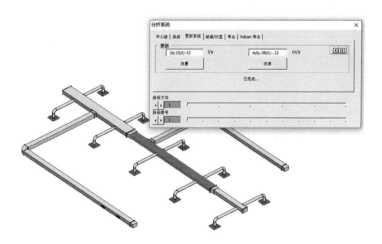

**通过"流速"更新所有对象的流速信息**

上图中右边的按钮可以浏览不同管线对象的流量、流速信息。

通过"绝缘/衬里"选项卡，可以对风管进行保温、内衬设置，既可以通过手工设置，也可以通过规则来设定，设定完毕后点击应用就可以了。

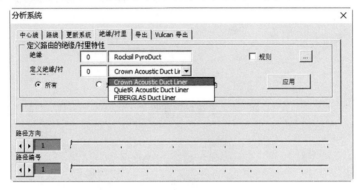

**手工设置保温**

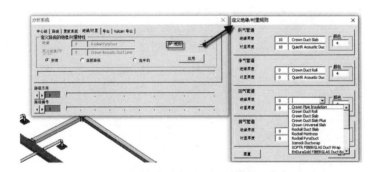

**定义规则**

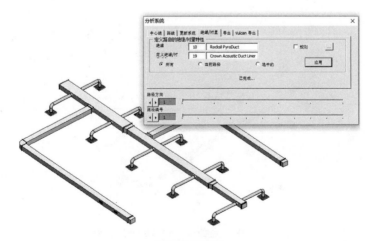

**保温添加完毕**

"导出"和"Vulcan 导出"选项卡，都是用来与风管放样软件配合使用的，以与计算机加工制作 CAM 系统相结合。

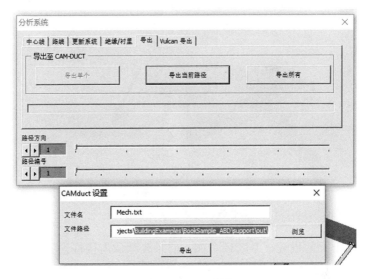

**导出 CAMduct 操作**

水管的诊断与风管是类似的，在此不再赘述，如下图所示。

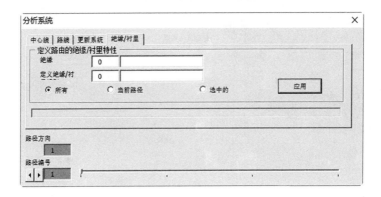

**水管诊断命令**

### 5.5.5.2　连接件设置

在风管创建过程中，系统会根据路径、尺寸、形状的变化来生成连接件。当用连接的命令来连接风管时，系统也会生成不同参数的连接件。这些自动生成的连接件的参数是如何设置的呢？在讲解对象属性（DataGroup）不同区域的右键菜单时，讲到了一个命令——"设置为默认连接参数"。

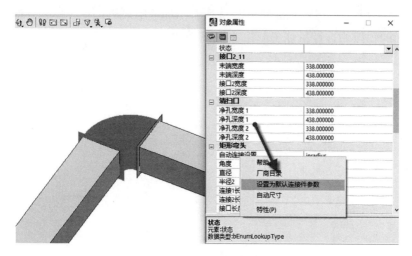

**编辑连接件时的参数设置**

除了上面的设置，系统还有如下的系统默认连接件设置选项，可供使用。

**默认连接件设置**

通过上面的对话框，可以对分支三通、三通和变径进行默认的参数控制。

### 5.5.5.3  空气处理机组定义

系统提供了空气处理机组（AHU）的放置命令，如下图所示。

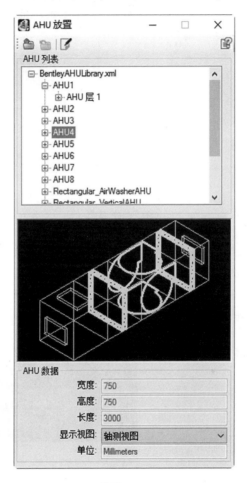

**放置 AHU**

在上面的界面中，可以点击编辑命令来自定义新的空气处理机组以及修改已存在的空气处理机组的参数。

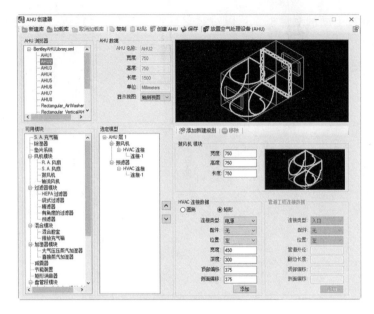

**AHU 创建界面**

AHU 的定义是保存在一个 XML 文件中的，用户可以新建一个 XML 库来保存自定义的 AHU 设备。系统提供了一组"可用模块"来组合一个"新"的 AHU 模块，我们只需要组合这些模块，然后设定不同模块的风管、水管和电气接口就可以了。

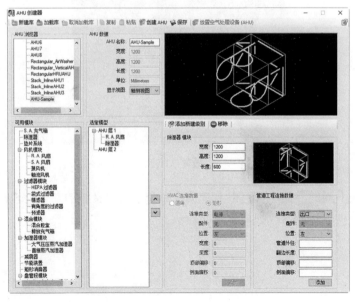

**添加一个模块，并设定参数**

对于一个暖通工程师来讲，这些参数是显而易见的，只需尝试一下即可，或者参考帮助文件。

## 5.6  AECOsimBD 功能使用——建筑电气

### 5.6.1  电气模块架构

建筑电气模块（以下简称电气模块）包含了照明/动力系统、火灾报警和电缆桥架三个模块的布置功能，以及相应的图纸报表功能。

电气模块的程序架构、运行机制与前面讲到的建筑、结构、建筑设备不同，它采用了相对独立的运行机制，所采用的设置也不相同。所以，当启动 AECOsimBD 时，系统默认启动了建筑、结构和建筑设备应用模块，而没有启动电气模块。

对于电气模块来讲，它需要数据库的支持，所以，当启动电气模块时，系统会启动一个数据库来支持其运行。当启动电气模块时，你会发现在任务条里又启动了一个窗口，这个窗口就是后台运行的数据库程序，请不要关闭它，否则，系统将无法正常工作。

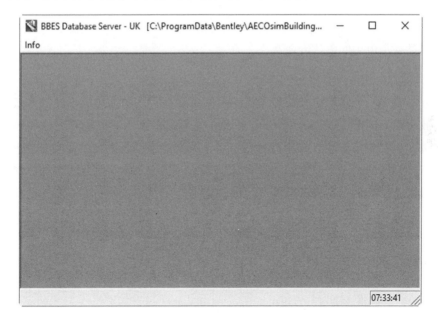

数据库程序

根据前面介绍的三个应用模块，建筑电气模块的不同体现在如下几个方面。

### 5.6.1.1 工作单位设置

建筑电气模块是以米为工作单位的。当单独启动电气模块并创建一个新文件时，系统调用的种子文件为"DesignSeed_Electrical. dgn"，这个文件的工作单位设置为米，而且文件的解析度也不同。

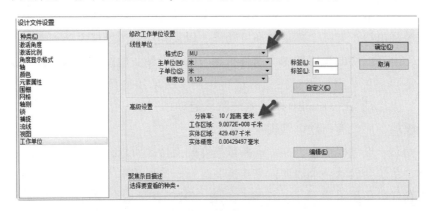

**电气工作单位设置**

因此，如果启动 AECOsimBD 后加载了电气模块，一定要确保打开的是一个可用的电气专业文件。

### 5.6.1.2 工作机制

对于一个建筑电气设计项目，我们也会将不同的楼层、不同的系统放置在不同的 DGN 文件中，但对于电气系统来讲，有很强的"逻辑连接"性，例如一个开关柜放置在一层，但可能会控制整个大楼的电力供应。这样的情况下，如何让这些文件有"关联"呢？系统是通过注册机制来实现的，这样的机制运行过程如下。

当建立一个符合要求的文件时，系统不知道这个文件是干什么的，所以，只是建立了一个符合要求的电气专业 DGN 文件是不够的，所有的操作命令都不可用。

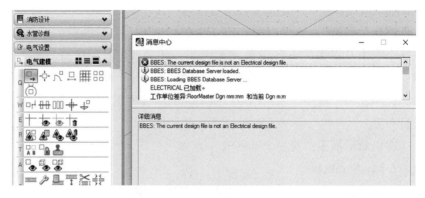

**电气命令不可用**

对于一个项目的第一个文件，需要注册一下，让系统知道这是一个电气专业文件，而且要为电气项目设定一个标准"库"与之对应。

通过如下操作，可以建立一个项目的库来存储相应的工程内容。

**注册当前文件**

在上图中点击"OK"按钮后，出现如下对话框。

**工程设置对话框**

在该对话框中，对当前文件进行设置，使一个系统的标准库与当前文件进行"关联"。上图中的"BS EN60617"就是系统预置的系统库，在这个库中有很多的电气设备库，例如，开关、灯具、探测器等。当然，不同的国家和地区有不同的库与之对应，用户也可以建立自己的库。在布置的过程中，用户也可以从不同的标准库里选择建筑电气对象进行布置。

在该对话框中，有三个选项卡。

**1. My Symbols**

"My Symbols"选项卡用于设置一个默认的电气对象库。

**2. Building Structure**

"Building Structure"选项卡用于设置当前项目的楼层组成，如下图所示。

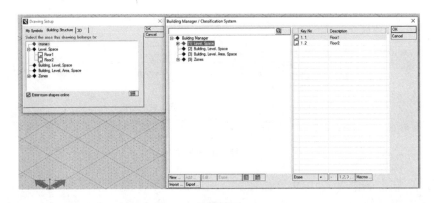

**楼层设置**

楼层区域的设置从逻辑上是将电气设备进行区分，虽然电气设备对象可以放置在不同的标高上，也可以放置在不同的文件里，但仍然需要让系统知道这些电气设备在逻辑上是放置在哪个层上。当然，一个层的电气设备可以放置在不同的 DGN 文件里。换句话说，我们需要让系统知道，每注册一个文件，就要设定这个文件里放置的电气设备是哪个逻辑"层"上的内容，这些设置的信息会被记录在项目的数据库里。

**3. 3D**

"3D"选项卡用于对放置的电气设备的空间信息进行设置。

**"3D"选项卡**

在"Floor Level"里输入的是当前楼层所在的绝对标高，工作单位是米。而"Ceiling Height"是相对于楼层的相对标高，这是一个在后续电气设备布置过程中将被引用的标高。例如，放置一个具体的灯具时，需要确定这个灯具的绝对标高，在放置时，系统就会先读取当前楼层的"Floor Level"设置，然后再去读取设定的"相对标高"，也可以读取"Ceiling Height"这个"相对标高"。

在"2D/3D"里设定的是默认放置电气设备对象的2D图幅还是3D形体，或是两者同时放置。结合标高设置，2D对象将被放置在"Floor Level"设置的高度导航，而3D对象会被放置在绝对的高度上，即 Floor Level + Ceiling Height（如果读取天花板高度）。

通过注册新建立的文件，系统做了如下操作。

在 DGN 文件的同目录下，系统会生成一个"_bbes"的目录，在这个目录里有一系列的数据文件来保存项目的信息。

**项目数据库目录**

> Projects > BuildingExamples > BookSample_ABD > designs > Electrical Sample > _bbes

| Name | Date modified | Type | Size |
|---|---|---|---|
| AOK.DBT | 2016/12/23 21:20 | AutoCAD Db Tem... | 1 KB |
| BBES.INI | 2016/12/23 21:43 | Configuration sett... | 1 KB |
| CMDATA.DBF | 2016/12/23 21:20 | DBF File | 2 KB |
| CMDATA.DBT | 2016/12/23 21:20 | AutoCAD Db Tem... | 1 KB |
| CMLINKS.DBF | 2016/12/23 21:20 | DBF File | 1 KB |
| CMLINKS.DBT | 2016/12/23 21:20 | AutoCAD Db Tem... | 1 KB |
| CMSTRUCT.DBF | 2016/12/23 21:20 | DBF File | 1 KB |
| CMSTRUCT.DBT | 2016/12/23 21:20 | AutoCAD Db Tem... | 1 KB |
| DWGMAN.DBF | 2016/12/23 21:20 | DBF File | 1 KB |
| DWGMAN.DBT | 2016/12/23 21:20 | AutoCAD Db Stati... | 1 KB |
| DWGMANIX1.NTX | 2016/12/23 21:20 | NTX File | 2 KB |
| ECHEIGHT.DBF | 2016/12/23 21:20 | DBF File | 1 KB |
| ECHEIGHT.DBT | 2016/12/23 21:20 | AutoCAD Db Tem... | 1 KB |
| ECOBS.DBF | 2016/12/23 21:34 | DBF File | 1 KB |
| ECOBS.DBT | 2016/12/23 21:20 | AutoCAD Db Tem... | 1 KB |
| ECOBSIX1.NTX | 2016/12/23 21:34 | NTX File | 2 KB |
| ELECTRICAL-FLOOR1.DBT | 2016/12/23 21:20 | AutoCAD Db Tem... | 1 KB |
| ELECTRICAL-FLOOR1.EDB | 2016/12/23 21:20 | EDB File | 1 KB |
| ELECTRICAL-FLOOR1.EX1 | 2016/12/23 21:20 | EX1 File | 2 KB |
| EQFLINK.DBF | 2016/12/23 21:20 | DBF File | 1 KB |
| KABLINK.DBF | 2016/12/23 21:20 | DBF File | 1 KB |
| PLAN_LIS.CAD | 2016/12/23 21:20 | CAD File | 1 KB |
| PLAN_LIS.DBF | 2016/12/23 21:20 | DBF File | 2 KB |

**项目数据库支持文件**

所有项目的数据信息都会被记录到这个目录的相应数据文件里，加入一个新的电气文件，也是通过注册的方式加入这个项目的数据库里。所以，当再建立一个新的电气 DGN 文件时，只需注册即可，系统就会将其加入目录"_bbes"的相应数据文件里。

| Name | Date modified | Type | Size |
|---|---|---|---|
| _bbes | 2016/12/23 21:46 | File folder | |
| Electrical-Floor1.dgn | 2016/12/23 21:45 | Bentley MicroStati... | 242 KB |
| Electrical-Floor2.dgn | 2016/12/23 21:46 | Bentley MicroStati... | 242 KB |

**两层的电气文件**

### 5.6.1.3　房间的概念

在建筑系列里有房间对象（Space）的概念，同样，在建筑电气模块里也有这样的概念，因为对于一些电气设备来讲，都是以"房间"（Space）为基本设计对象的。例如，做光照计算，需要考虑一个房间对象四壁的属性以及空间的大小。这和负荷计算有点类似，对于烟感、温感等探测器更是如此。而且，在电气模块里，在布置电气对象时，也有很多基于房间对象来布置的命令。

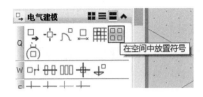

**以房间对象为基础进行布置**

在电气设备模块中，楼层的设定从逻辑关系上应该是"Building→Floor→Space"。所以，当选择一个楼层（Floor）时，系统也会让我们建立一个逻辑的"Space"。

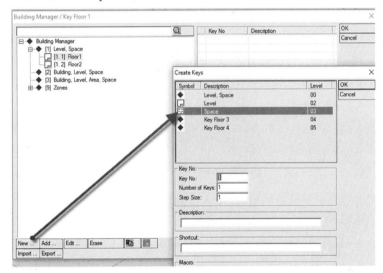

**房间对象的建立**

这些房间对象既可以在电气模块里建立，也可以从建筑模块或者第三方软件中导入，例如 Revit，所以系统提供了导入建筑模块或者第三方软件房间对象的功能。

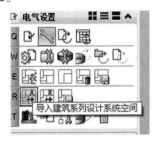

**导入房间对象**

导入建筑模块的房间对象的步骤如下：

（1）参考具有房间对象的建筑 DGN 文件。

（2）选择房间对象，然后选择导入房间对象。

（3）选择导入的房间对象，然后点保存。

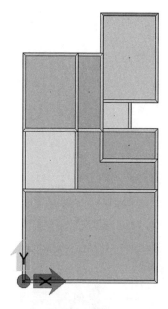

参考建筑模块的房间对象

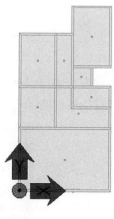

选择房间后，点击导入命令

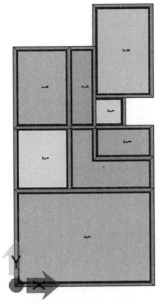

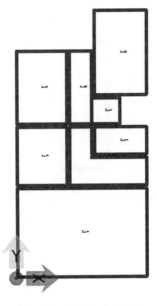

形成电气的房间对象　　　　　关掉参考后的电气房间对象

接下来的操作，需要将这些电气的"房间对象"放置在某个楼层（Floor）上，所以，选择这些电气的房间对象后，用保存的命令来将这些房间对象保存到某个电气逻辑的"楼层"上。

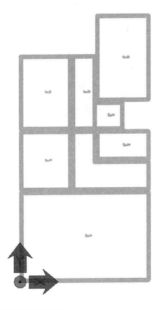

选中电气房间对象，保存到当前楼层

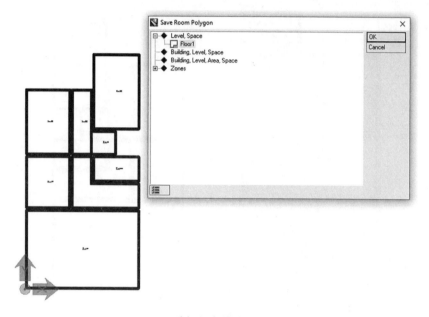

选择保存的楼层

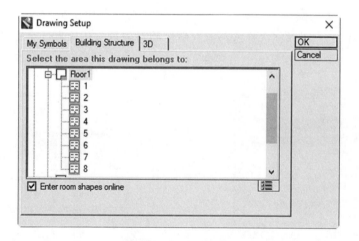

保存的电气房间对象

## 5.6.2 电气模块工作过程

了解了系统架构，对于电气模块来讲，将采用如下工作流程。

（1）建立一个或者多个符合电气模块的工作文件 DGN。

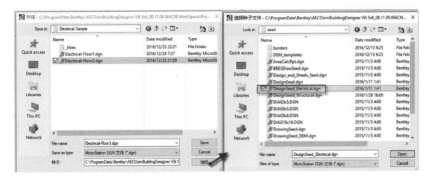

**建立电气工作文件**

（2）注册 DGN 文件为电气模块工作文件。

**注册当前文件**

（3）设定系统工作的库和标高楼层设置。

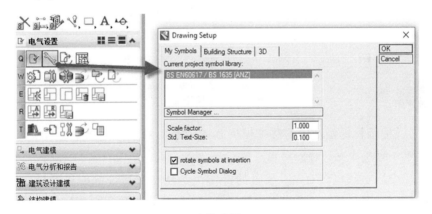

**文件设置**

除了这些设置，系统还提供了一系列命令编辑和调整这个项目所用到的库、文件的设置信息。

设置命令

（4）导入或者新建房间对象。

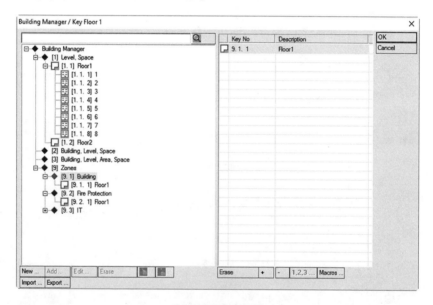

建筑房间楼层设置

【提示】这些房间是电气模块自己的房间对象，更注重逻辑关系，这也是电气专业的特点所在。

（5）放置电气对象。放置的操作也是从一个系统的库里选择，然后设定高度等参数。系统提供了许多类型的电气对象，主要包含照明动力系统、火灾报警系统、电缆桥架系统及相应的支吊架、辅助线等附属设施。

电气对象放置

在放置电气对象的对话框里，当选择一个对象时，系统默认这个对象具有一个电气类型属性，说明这个对象是一个灯具、一个开关或是一个集线器，因为不同类型的电气设备具有不同的系统属性。例如，在进行照度计算时，一个火灾报警的探测器是无法被识别的，因为它不是一个灯具（Lighting）。

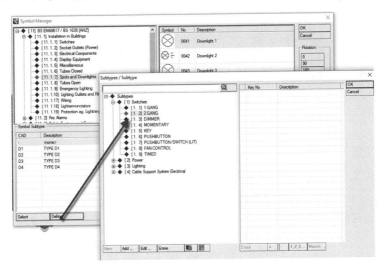

电气对象类型

（6）生成统计报表及出图。无论是电气对象还是电缆布置，都是被存储在项目的数据库里，而生成统计报表的过程就是从项目的数据里输出数据。

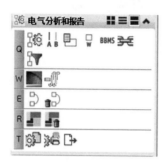

分析统计功能

数据统计

注册过程就是为文件建立相应的数据库，统计的时候，只需加入这些数据文件就可以统计相应的材料信息。

明白了上述的工作流程，剩下的工作就是具体的操作了。具体的参数说明可以参阅帮助文件。

### 5.6.3 电气对象放置

电气对象放置过程，其实就是从已设置的标准库里，拿出一个对象，然后根据标高的设定、2D/3D 的设置来放置电气对象，如下图所示。

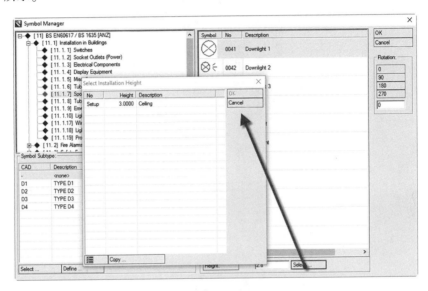

**对象布置对话框**

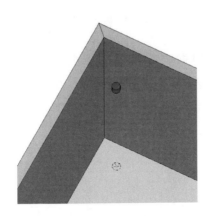

**二维对象和三维对象的不同高度设置**

在电气设备的库中，每个对象包含了二维图幅和三维形体。在后面的定义过程中也是按照这个模式来进行的。

按照上面叙述的布置原则，照明、动力系统和火灾报警系统都是采用相同的方式。电缆桥架由于是线性的对象，布置界面有点差异，但大体原则类似。同时，配合相应的修改、编辑命令，所用到的命令如下。

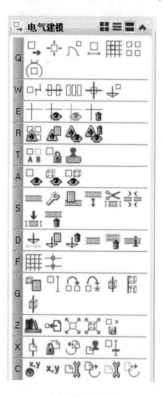

电气建模工具

### 5.6.3.1 照明动力探测器布置

这些对象的布置方式比较简单，涉及的命令如下。

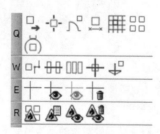

放置电力对象

不同命令的差别在于布置的方式不同，如可以根据房间布置或根据路径布置等。这就是前面讲到的房间对象应用。在选择房间时，需要注意，第一点用左键，第二点用右键。

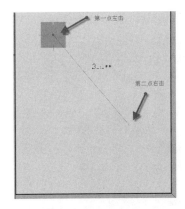

选择房间对象

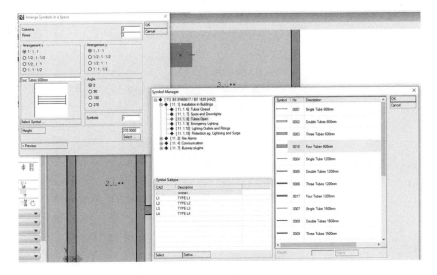

选择电力对象和布置参数

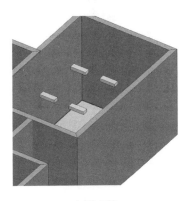

布置完毕

我们也可以为这些电力对象布置吊架。

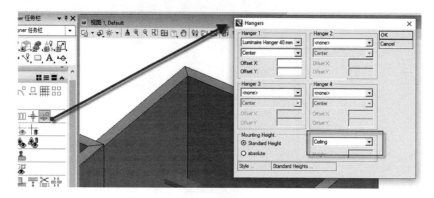

吊架设置

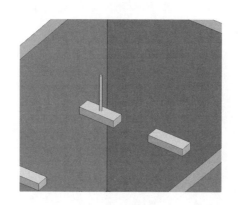

生成的吊架

对于烟感和温感等探测器来讲，肯定是以房间对象为放置基础的。所以，选择房间后，系统会弹出如下界面，设置好参数后，放置相应对象就可以了。

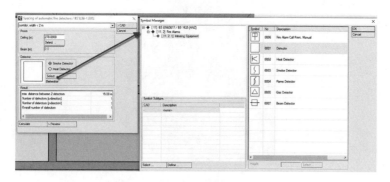

放置烟感、温感

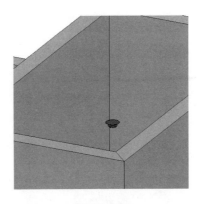

**放置的烟感**

用户可以通过如下命令修改、删除火灾报警对象，以及显示它的探测范围。

R

**火灾报警对象相关命令**

除了这些常规的放置方式外，系统还提供了沿线布置、居中布置等布置方式，在此就不一一介绍了。

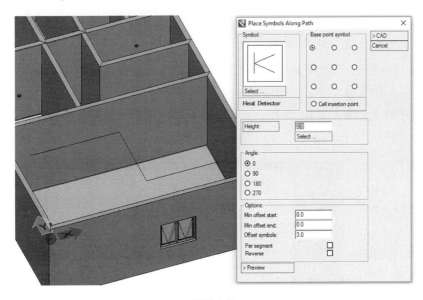

**沿线布置**

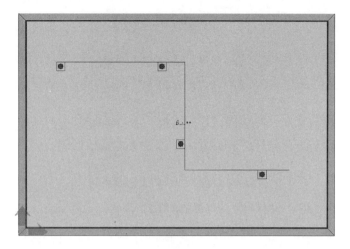

**沿线布置结果**

对于已经放置好的对象而言，系统其实是放置了一个 2D 图幅 + 一个 3D 形体。在设计过程中，用户可以通过如下命令来控制系统只显示二维图幅还是只显示三维形体，或者两者都显示。

**图幅显示控制**

### 5.6.3.2 电气对象更改

电气设备布置完毕后，系统同样可以对电气设备进行更改，如果是位置的更改，直接采用 MicroStation 的操作就可以了。但是，由于电气设备有 2D 图幅和 3D 模型，一些特殊的操作还是要通过特殊的命令才能实现。

**修改对象的电气类型**

**修改电气对象高度等信息**

### 5.6.3.3　照度计算与灯具布置

为了让布置的灯具满足光照强度的要求，需要进行光照计算，或者通过光照计算的结果来布置灯具。

在电气模块里，提供了第三方照度计算的接口，现在以 Relux 为例，说明这个过程。

**照度计算程序**

照度对象是以房间对象为计算基础的，其工作过程如下：

（1）将房间对象输出到 Relux 程序。

（2）在 Relux 里识别房间对象，然后放置灯具。

（3）进行照度计算，然后调整灯具布置。

（4）保存计算结果。

（5）导入到电气模块。

（6）根据计算结果，在电气模块里选择灯具进行布置。

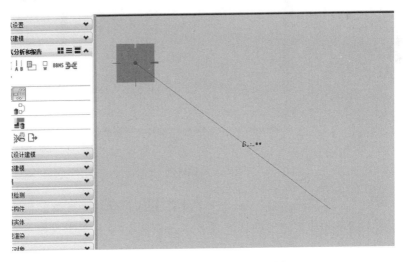

**左键点击＋右键点击选择房间对象**

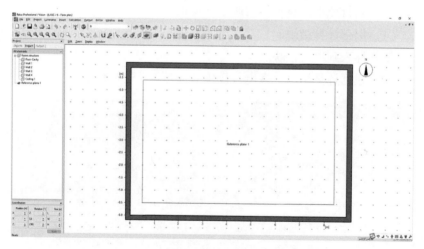

**准备输出 Relux 光照计算程序**

上图中的"Setup Analysis"按钮用于选择 Relux 的安装目录，因为导出后，系统要启动 Relux 进行照度计算。设置完毕后，点击"BBES→RELUX"按钮，系统就会自动将房间对象输出到 Relux 里进行照度计算。

**Relux 操作界面**

在 Relux 界面的左边，有对这个计算项目的设置、具体的操作信息，可以参阅 Relux 的帮助文件或者学习资料，本书在此只简单介绍流程。

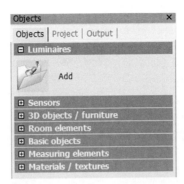

**Object** 用来为计算添加灯具或者其他设施

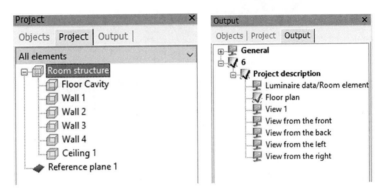

**Project** 是设置房间的信息　　　　　**Output** 是结果的输出

以下就是添加灯具的过程。

点击 "Add" 按钮

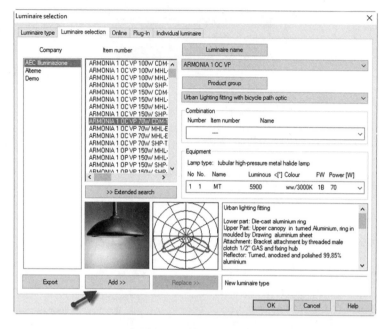

添加可以使用的灯具

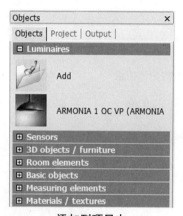

添加到项目中

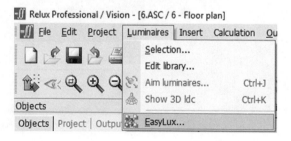

用 "EasyLux..." 进行照度计算

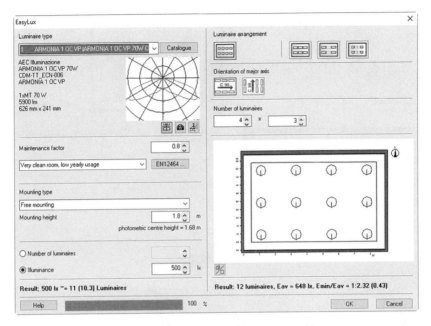

系统自动根据灯的选择进行布置并计算

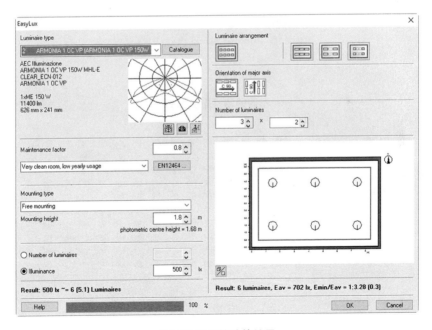

不同类型灯的计算结果

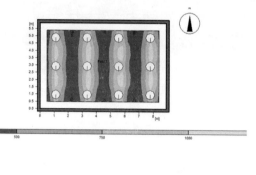

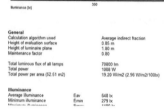

**计算的结果**

在菜单"Output"中提供了多种结果查看形式。

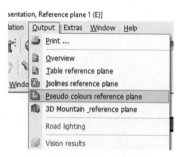

**不同的结果显示形式**

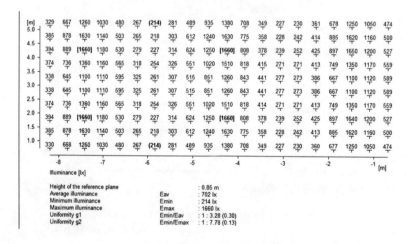

| Height of the reference plane | | : 0.85 m |
| Average illuminance | Eav | : 702 lx |
| Minimum illuminance | Emin | : 214 lx |
| Maximum illuminance | Emax | : 1660 lx |
| Uniformity g1 | Emin/Eav | : 1 : 3.28 (0.30) |
| Uniformity g2 | Emin/Emax | : 1 : 7.78 (0.13) |

**最大的照度值和最小的照度值**

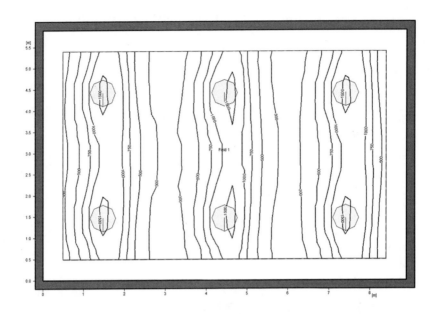

等照度线

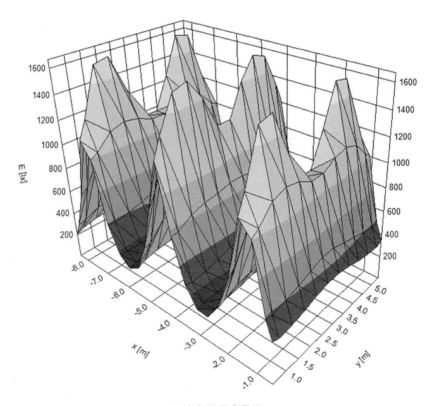

三维空间照度显示

计算完毕后，请点击"保存"按钮。在电气模块的 Relux 界面里点击按钮"RELUX→BBES"。

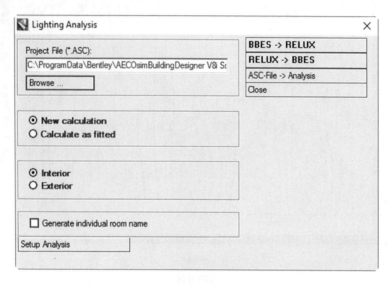

**照度计算结果导入 BBES**

当点击按钮后，系统会弹出如下对话框，用户可选择与照度计算结果匹配的灯具。点击"Sympol"按钮，进入系统库里选择合适的灯具，完成布置工作。

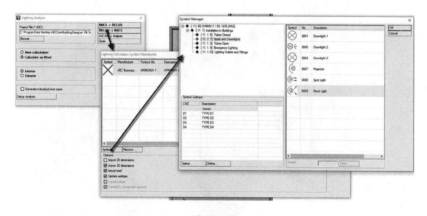

**选择灯具**

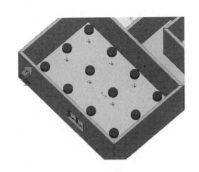

**自动布置好的灯具**

### 5.6.3.4 电缆桥架布置

系统提供了电缆桥架的布置功能。需要说明的是，这里的电缆桥架是指建筑电力的桥架，而对于工业领域的电缆桥架和电缆敷设功能，是由 Bentley 的 Bentley Raceway and Cable Tray （BRCM） 软件提供的。

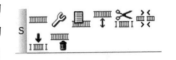

**电缆桥架功能**

在建筑电气模块里，系统提供了一系列的桥架布置功能，如下图所示。

**桥架布置界面**

　　桥架布置界面其实就是从一个系统库里选择不同的桥架对象类型，然后再放置就可以了，如三通、四通等。与风管有点类似，当改变方向时，系统也可以自动生成桥架的弯头。在布置直线的时候，需要选择"variable"选项，这样系统就像绘制直线一样，绘制桥架，否则系统只是按照界面的选择，布置一根 3 米长的桥架。

　　具体的操作过程，可以参看电气模块的教学视频，在此只做简单介绍。

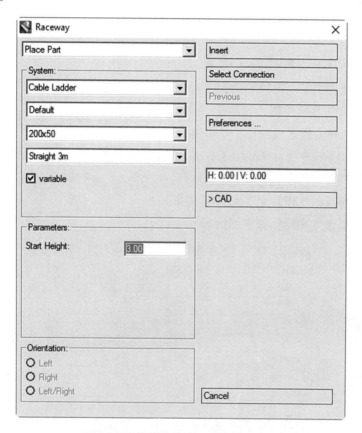

设置完桥架参数和高度，点击"Insert"

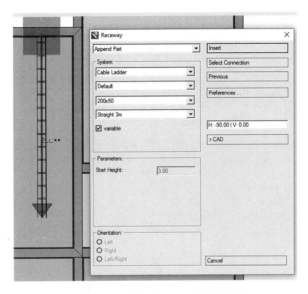

**点击起点和终点后，回到布置界面**

回到布置界面的意思是选择下一步干什么，如果是继续直线布置，就点"Insert"按钮；如果想向上翻转，就要先选择一个弯头。

**选择向上的垂直弯头，点击"Insert"**

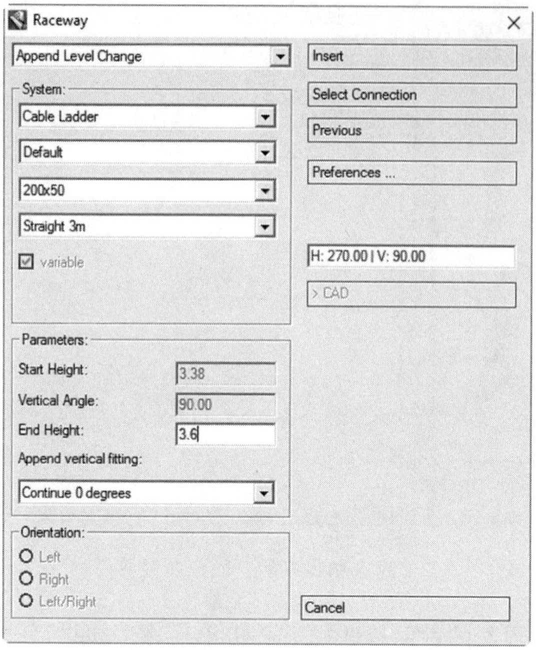

设置需要翻到的高度，然后点击"Insert"

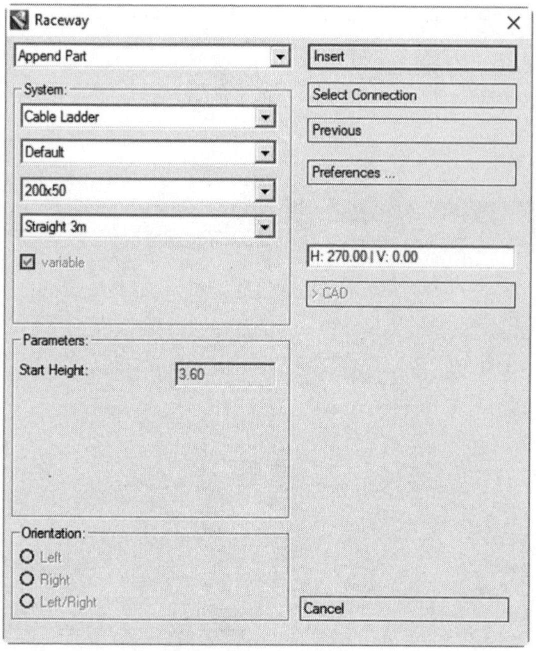

回到直线端布置，点击"Insert"

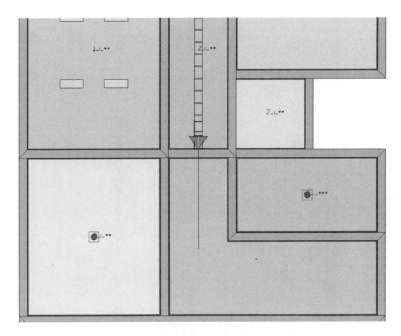

**直线段桥架布置过程**

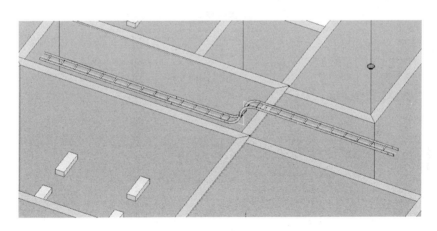

**布置的桥架**

如果想接着已经布置好的桥架继续布置，那么系统有捕捉点的操作，当然这个捕捉不仅仅是 MicroStation 的精确捕捉，而是让系统知道桥架之间的连接关系。

选择连接点

除了创建的命令，系统还提供了一些修改的命令。

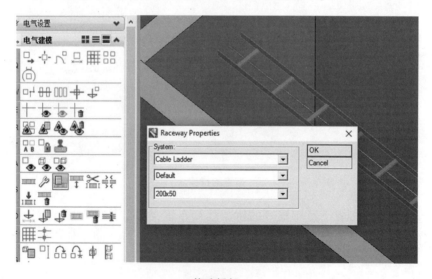

修改桥架

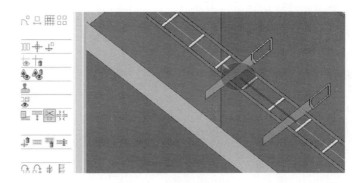

打断桥架

与打断配合，还有右边的连接命令。

用户也可以在已有的桥架上插入一些三通或者四通来形成桥架的分支。

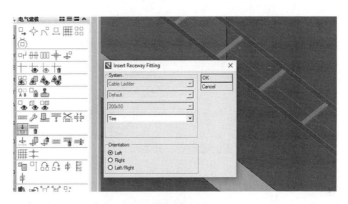

插入 T 形三通

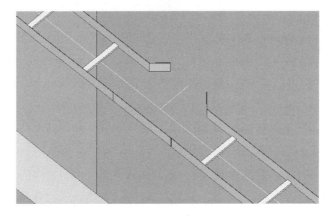

插入的三通

电缆桥架在电气模块里更多的是空间的占位，现在用户还不能通过定制的方式来增加桥架类型，只能由 Bentley 的开发人员进行扩充。

因此，对于一些复杂的桥架类型，建议使用 MicroStation 的功能进行自定义放置，以解决三维空间占位的需求。

### 5.6.3.5 电缆放置

系统提供了电缆放置的功能，但此处的电缆放置功能与后面的电缆统计是两个概念。电缆放置只是在平面图上放置连接的二维线条，表明电气设备之间的连接关系，如下图所示，先创建了一个配电箱，然后连接电气设备。在后面的电缆统计功能里，需要首先创建不同的回路，创建回路时，可以以这里放置的电缆来进行创建，然后再进行统计。

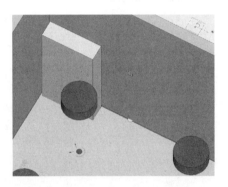

放置的配电柜、开关和灯具

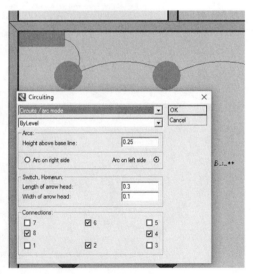

放置二维电缆、回路

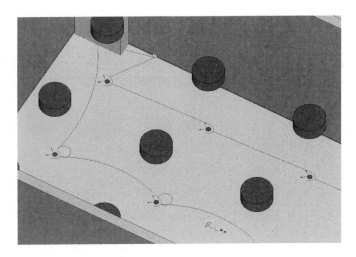

**系统连接的是二维的图幅**

## 5.6.4　电缆统计

与电缆放置不同，电缆统计是根据电气设备放置的位置、连接的回路、设定的电缆参数来进行计算的。

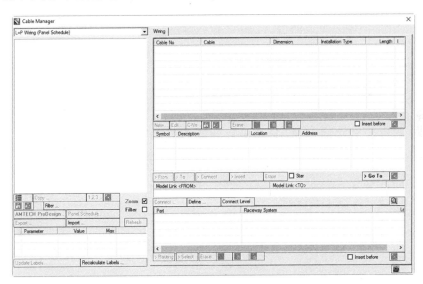

**电缆管理界面**

在电缆管理的界面里，是将逻辑的回路与电气设备连接起来，所以，电缆统计分为如下几个步骤。

（1）选择一个控制箱，让系统知道在三维中有这样一个回路输出的设备。

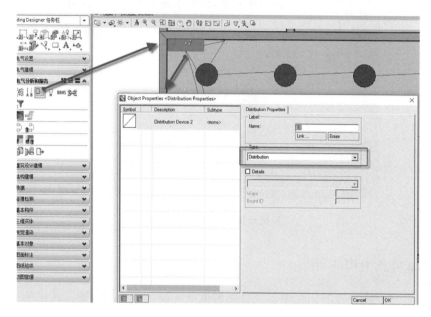

**设定控制箱信息**

在上图中，可以通过"Link"按钮设定与逻辑回路的连接。

（2）定义逻辑回路，并设定每个回路的信息。

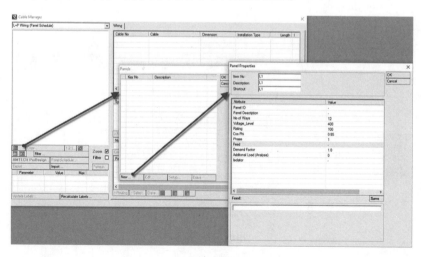

**定义回路**

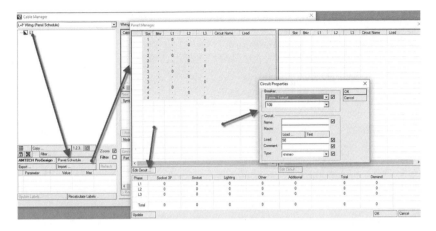

定义回路的荷载信息等

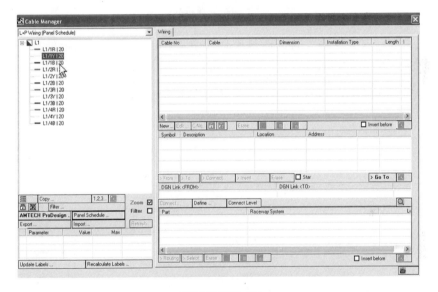

设置完毕的回路

（3）定义回路的电缆参数。

通过上图的"New"按钮，可以给每个回路设置电缆参数。

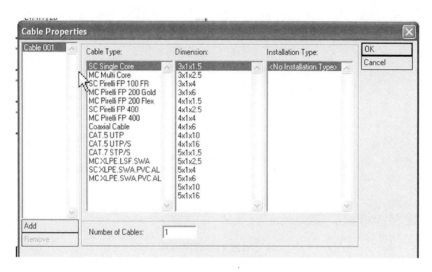

设置回路电缆参数

（4）连接物理设备。通过上述设置后，已经形成了逻辑的回路，这时只需要连接物理的电气设备就可以了。

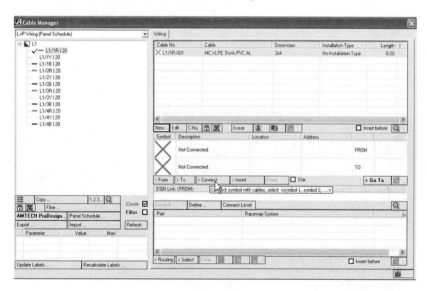

连接物理设备按钮

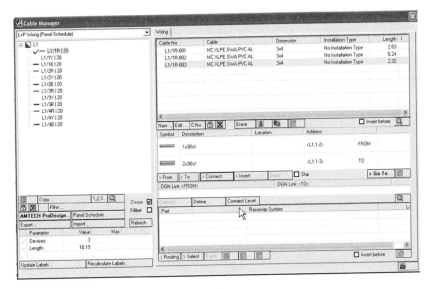

**物理设备连接完毕**

对于跨楼层的回路，需要在楼层里放置一个特殊的电气对象，然后用它连接跨楼层的电气设备。

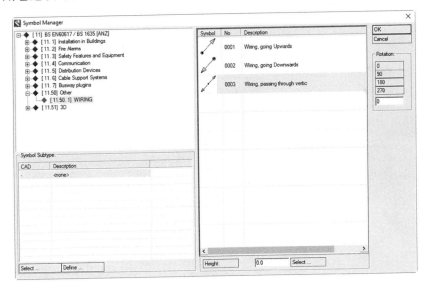

**放置跨楼层对象**

根据设置的楼层高度，系统会自动统计电缆。

（5）统计电缆。

通过上面的定义、连接操作，系统已经将逻辑回路和物理的电气设备连接起来了，而且定义了每条回路的电缆参数，接下来就可以进行统计了。

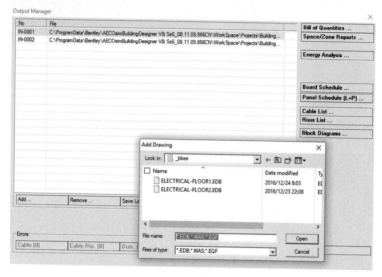

统计界面

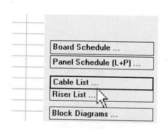

点击"Cable List"按钮

统计的电缆

## 5.6.5 图纸输出

电气模块的图纸输出是采用 MicroStation 的底层动态视图输出技术，在本书后续章节将会专门进行讲解，在此不再赘述。

### 5.6.6　电气对象库的定义

在电气模块里，系统提供了一个标准库供用户使用，库里定义了很多电气对象，当放置电气设备时，也需要先设定一个标准库，然后才能选择电气对象放置。当系统提供了多个电气标准库时，就可以选择需要的那一个。

**电气标准库的选择**

用户可以自己定义自己的电气标准库，也可以修改已有的电气标准库。对于电气标准库的结构和运行机制，我们需要知道如下原则。

库的组织层次按照如下的层次结构进行组织，当我们建立一个库的时候，也需要按照如下的层次结构进行定义：

库（Lib）→组（Group）→分组（SubGroup）→对象（Symbol）

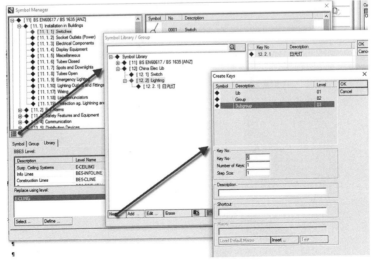

**电气标准库结构**

对于每个电气对象（Symbol）来讲，我们首先建立一个逻辑的电气对象，然后再和一个 2D 的图幅以及 3D 的模型来挂接就可以了。同时，设定这个电气对象的类型和图层。

无论是 2D 的图幅还是 3D 的模型，都是通过 MicroStation 的单元来表达的。所以，首先应创建好 2D 图幅和 3D 模型的单元，然后再放到电气标准库里就可以了。

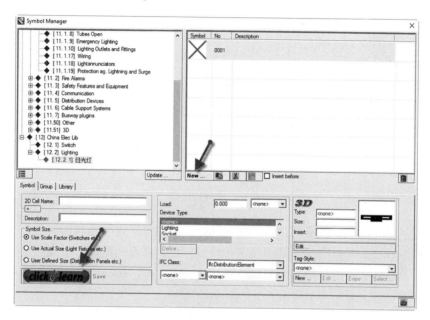

定义一个电气对象

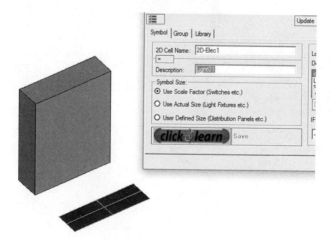

识别放置的 2D 图幅

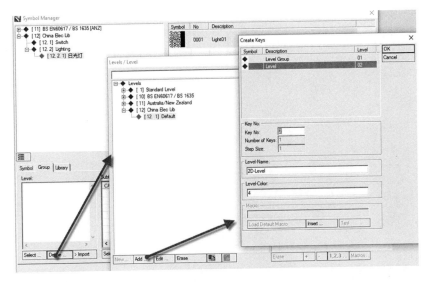

设置对象所在的图层

通过选择按钮，选择不同的设定

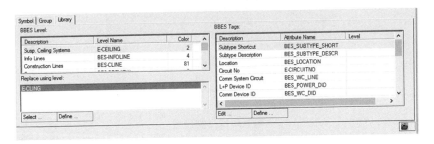

对象的描述信息

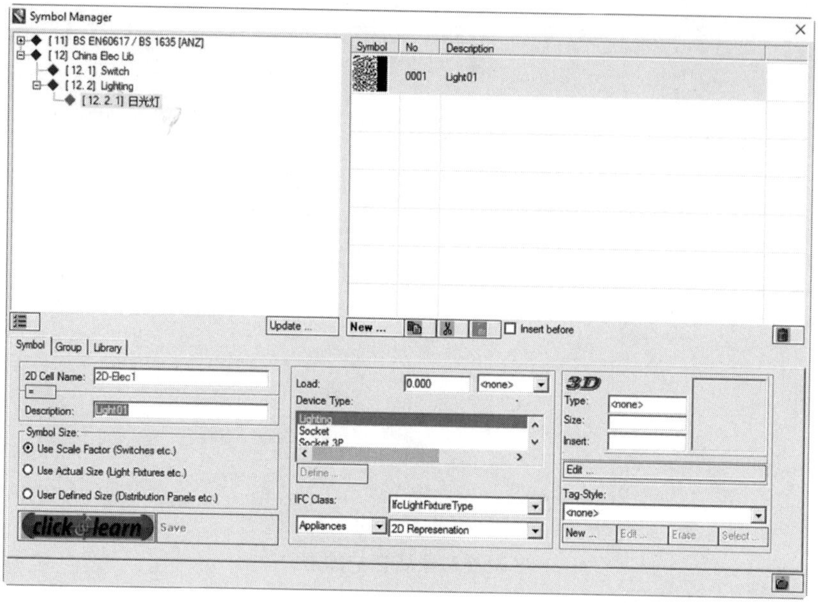

**设置完毕的属性**

对于一个 2D 的电气对象，如果要将其设置为三维显示，是按照如下方法来设置的。

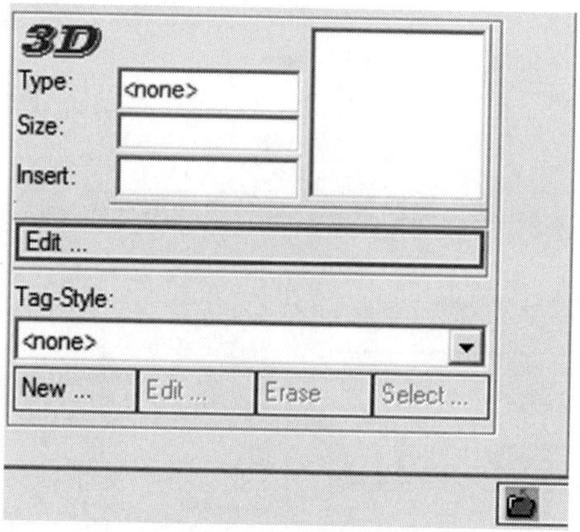

**电气对象三维设置**

在上图中，点击"Edit"按钮，可以为这个电气对象选择不同的三维类型，可以是一个常规的正方体、圆柱体，也可以是一个导入到库里的对象。

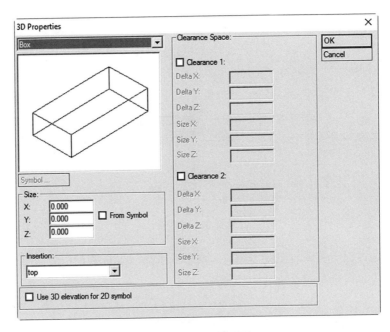

**为对象设置三维显示**

如果选择一个 BBES 的对象作为三维显示，那么，需要提前将一个三维的单元放置到库中作为一个三维的对象。一般情况下，会单独建立一个目录放置这些三维的对象。

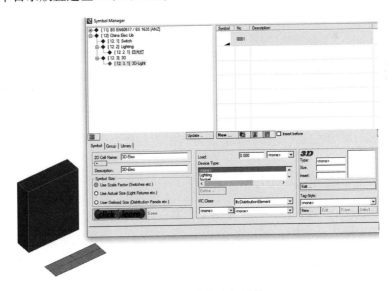

**定义一个三维的电气对象**

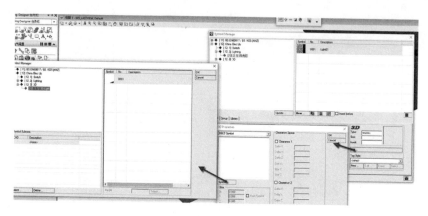

选择 **3D** 的对象

通过以上方式，就定义了一个电气对象，在布置时，在文件设置里，应该先选择这个库才可以使用。

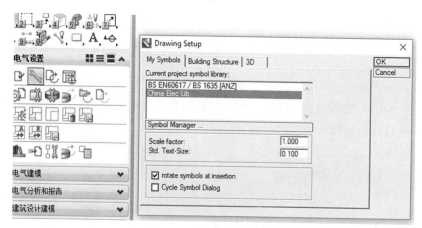

选择电气的库

更加详细的定义步骤，请查看电气模块的教学视频。

## 5.7 优选项及环境设置

在 AECOsimBD 中，系统提供了很多优选项，用来设置 AECOsimBD 的使用环境，这些优选项被集成到 MicroStation 里的优选项部分，用户可以通过菜单"实用工具→优选项"工具来启动，如下图所示。

优选项 [BuildingDesigner]

类别
Building Designer
标签
参考
操作
定位映射
光栅管理器
建筑结构对象
建筑设备设计
建筑设计
结构对象分析
拼写
任务导航
视图选项
输入
鼠标滚轮
数据库
外观和感觉
危险警告显示
文本

优选项名称　缺省优选项

设置 Building Mechanical Systems 优选项。

☑ 显示精确捕捉提示
☑ 显示提示标签

提示
☑ 类别名称　　　　☐ 系统 ID
☑ 样式　　　　　　☐ 气流
☑ 尺寸标注　　　　☐ 压力等级
☐ 净孔　　　　　　☐ 放置点
☐ 多边形　　　　　☐ 导管/管道顶部
☐ 保温　　　　　　☐ 导管/管道底部
☐ 内衬　　　　　　☐ 坡度值
☐ 材料　　　　　　☐ 反转标高
☐ 状态　　　　　　☐ 导管尺寸调整注释
☐ 对象类型
☐ 对象型号

选项
☐ 在执行命令期间确认规格更改
　　视图中的危险警告显示　8 ▾

聚焦条目描述

确定(O)

取消

缺省

**优选项设置**

系统针对不同的应用模块有特定的设置，有些是针对所有模块的，用户可以在不同的选项卡里找到相应的设置。

在建筑设备的优选项里，"提示"部分是指当鼠标放置在设备对象上时系统提示的信息，如下图所示。

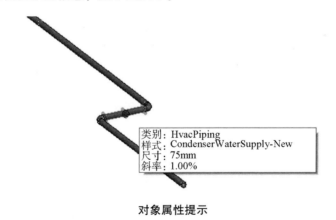

类别：HvacPiping
样式：CondenserWaterSupply-New
尺寸：75mm
斜率：1.00%

**对象属性提示**

与之类似的是结构对象的属性提示设置。

结构对象属性提示

建筑模块对象的属性提示不是通过优选项来设置的，而是通过下面的操作来进行设置。

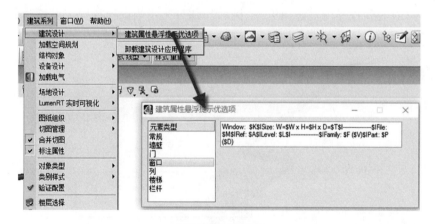

建筑属性提示设置

这些"＄"后面就是引用的系统的变量参数，用户可以在帮助文件中找到如下解释，也可以根据自己的需要进行设置。

＄J　Catalog Type – The element's DataGroup System catalog type displays in the fly-over.

＄K　Catalog Name – The element's DataGroup System catalog name displays in the flyover.

$ X　Stair Type – The name of the static parametric stair type shape（straight run for example）displays in the flyover.

$ F　Family – The name of the family assigned to the element displays in the flyover.

$ V　Family Description – The description of the family assigned to the element displays in the flyover.

$ P　Part – The name of the part assigned to the element displays in the flyover.

$ D　Part Description – The description of the part assigned to the element displays in the flyover.

$ E　Element Type – The type of the element displays in the flyover.

$ N　Cell Name – The name of the cell displays in the flyover.

$ C　Cell Description – The description of the cell displays in the flyover.

$ H　Height – The height of the element displays in the flyover.

$ W　Width – The width of the element displays in the flyover.

$ T　Depth – The depth of the element displays in the flyover.

$ T　Thickness – The thickness of the element displays in the flyover.

$ S　Structural Name – The name of the structural element displays in the flyover.

$ Y Structural Type – The type of structural element displays in the flyover.

$ Q　Placement Point – The placement point used to place the structural element displays in the flyover.

$ L　Level – The name of the level（that the element is on）displays in the flyover.

$ A　References – The name of the reference（that the element is in）displays in the flyover.

$ M　Model Name – The name of the model（that the element is in）displays in the flyover.

$ R　Rendering Material – The name of the rendering material assigned to the element part displays in the flyover.

$ G　Named Group – The named group（that the element is in）displays in the flyover.

$ I　New Line – This variable serves as a carriage return。When placed between information items in the editor window，the items are listed on separate lines in the flyover.

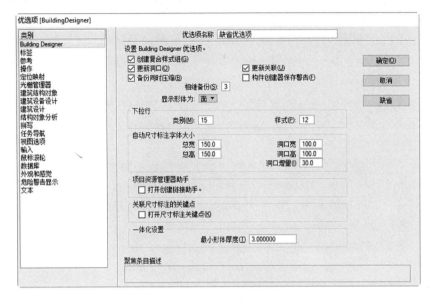

**AECOsimBD 整体优选项设置**

**建筑设计模块优选项**

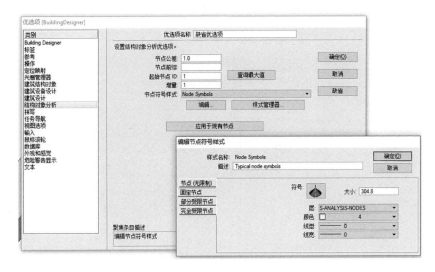

**结构对象分析优选项**

对于 AECOsimBD 来讲，MicroStation 的优选项对它也是适用的，或者就可以看作 AECOsimBD 的优选项。如下优选项的设置，可以提高你的工作效率。当然，使用习惯因人而异，这里的设置只作为参考，具体优选项的含义，看设置的内容就清楚了，不做详细的解释。

**用主文件色表定义解释参考对象**

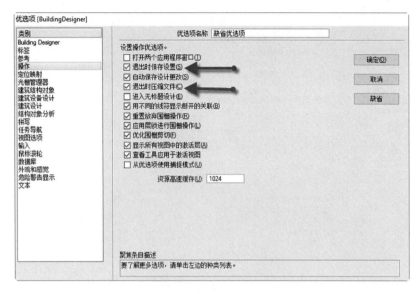

**保存设置、压缩文件优选项**

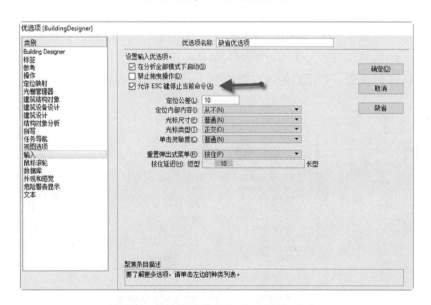

**用 ESC 键结束当前命令，回到选择命令**

## 5.8 异型构件的定义及使用

在建筑设计的过程中，有时需要很多异型构件，在《管理指南》中介绍的自定义对象的方式，也是先定义一个三维形体对象，然后再附加上属性。

在 MicroStation 中，系统提供了一系列三维造型工具，配合精确绘图空间定位技术，用户可以灵活地创建各种类型的异型体。

对于三维对象的类型，在 MicroStation 中提供了 B 样条曲线、曲面（Surface）、体（Solid）、智能实体（SmartSolid）、特征实体（Feature-Solid）、面（Mech）等元素，这些对象都可以作为异形体存在，创建完毕后，作为一个单元，然后赋予它专业属性就可以了。

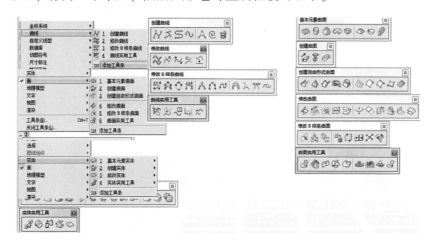

**MicroStation 提供的三维工具**

除了这些 MicroStation 的形体工具外，在 AECOsimBD 中，系统还提供了一种叫作 Form 的对象，这类对象比常规的 Solid 对象具有更多的属性，在前面的章节中已经介绍过，特别是在开洞的操作中。

**Form 对象**

在 AECOsimBD 的中文版中，我们将这类形体翻译成基本实体。Form 实体分为三种类型：

（1）线性实体（Linear）。

（2）板实体（Slab）。

（3）自由实体（Free）。

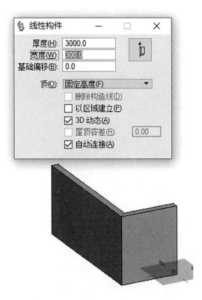

**线性实体的放置**

线性实体与墙体的放置方式类似，在老版本的建筑应用模块里，就是利用这个命令来放置墙体的，然后选择一种样式。

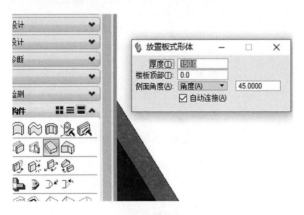

**板实体放置**

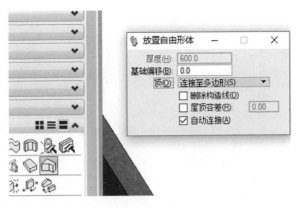

**自由实体放置**

当然，系统还提供了一些根据线、矩形、面形成不同类型形体的命令。

**不同命令生成 Form**

这些 Form 相对于 MicroStation 的 Solid 具有更丰富的属性。这些属性，可以用来进行工程量的统计，因为，这些属性可以被样式的工程量设定提取。

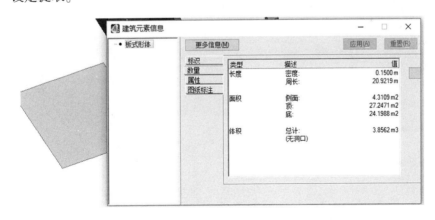

**Form 的属性**

对于 Form 对象来讲，有上、下、左、右的概念，也就对应一些命令来修改、查看它的"方向"。

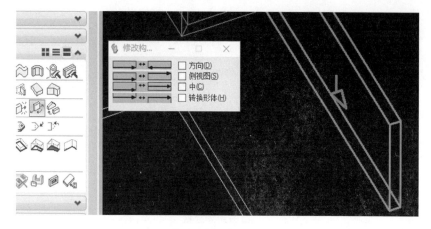

**修改 From 的方向**

此外，系统也提供了一些其他的工具，便于用户对 Form 对象进行操作。

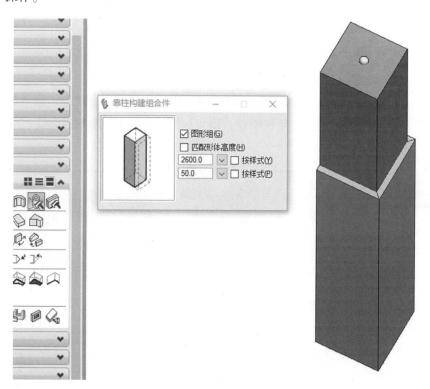

**添加柱套**

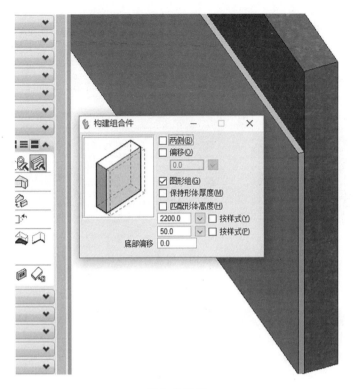

**添加护墙板**

这些工具都是在老版本中出现过的工具，用户可以根据工程需要来使用。

## 5.9  数据管理与报表输出

在讲解批量编辑的时候，我们讲过"前面有模型，后台有数据"的概念，这个数据当然可以用来做数据统计。

数据的统计分为以下两种类型：

（1）以个数、属性为统计基准的 DataGroup 数据统计。

（2）以体积、面积为统计基准的 Part 数据统计。在对象的 Part 属性里，定义了工程量的提取规则。

## 5.9.1 DataGroup 数据统计

**BIM 对象数据存储**

前台的每一个 BIM 对象，在后台都有一个数据项。用户可以根据属性的差异进行过滤，然后进行修改、统计等批量操作；也可以将这些数据输出为报表。

创建统计报表，选择需要统计的对象类型。

**创建新的报表输出**

需要注意，自己创建的报表输出设定是保存在一个 XML 文件里，既可以选择系统已有的文件，也可以新建一个 XML 文件。同时，还要设定这个文件是项目用的，还是整个公司用的。

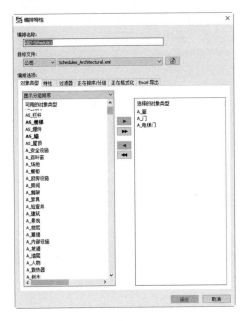

选择需要统计的对象类型

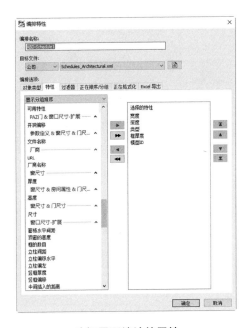

选择需要统计的属性

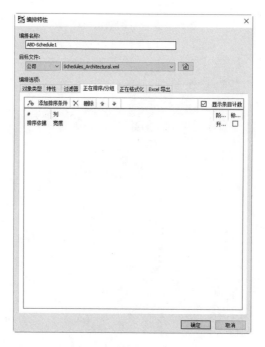

设定统计的过滤条件

设定结果的排序条件

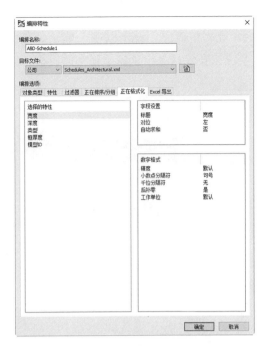

设置统计属性的格式

选择报表的模板

报表的模板是通过一个 Excel 文件来定义的，系统只不过将这些数据输出到 Excel 的单元格里而已，设定以哪个单元格开始。用户可以自定义这个模板。系统在安装目录也预置了很多的模板，以与默认的报表定义配合。

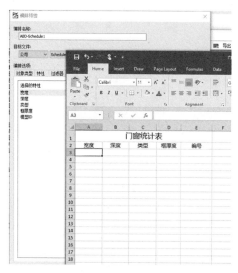

**属性和 Excel 模板的对应关系**

**选择模板并设定起始单元格**

设置完毕后，就可以导出报表了。

其实，先将所有的数据导出，然后通过 Excel 的数据透视表来统计，这会是更不错的方式，毕竟，Excel 具有很强大的数据分析功能。

### 5.9.2　Part 工程量统计

以体积、长度等工程量为基准的统计方式，大多应用在了建筑、结构专业。因为，对于这些专业来讲，说几个"墙"的统计方式是不合适的。

在 AECOsimBD 中，对象的样式是由 Part 来定义的。而工程量的设定就是 Part 定义的一部分。当然，这个设定需要有意义才可以。例如，给一个 Solid 赋予了一种样式，样式的定义需要提取一个面的面积，这肯定是不可以的。

所以，针对这类统计，特别是针对建筑、结构专业的统计，需要首先检查对象的 Part 样式是否有效。

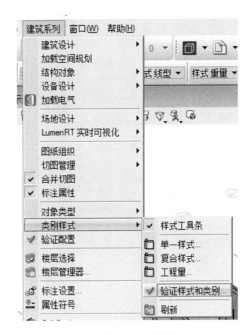

验证样式的有效性

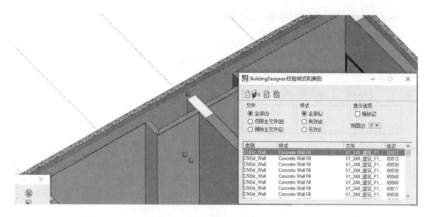

找不到 **Part** 样式对象的定义

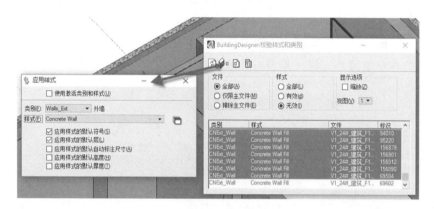

赋予样式定义

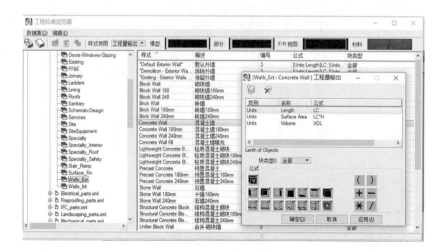

样式中的工程量设定

当 Part 的样式没有问题后，就可以通过工程量统计的命令来进行输出了。

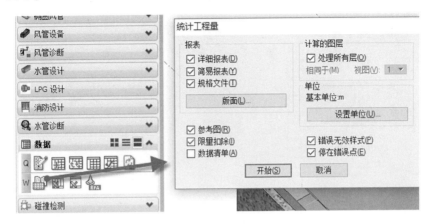

工程量统计

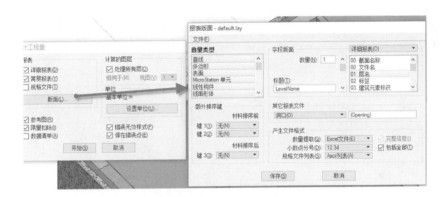

通过版面的设置控制统计的数据项

如果有错误，系统会给出提示。

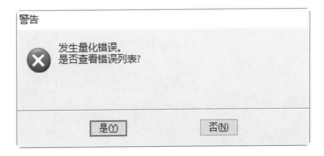

错误提示

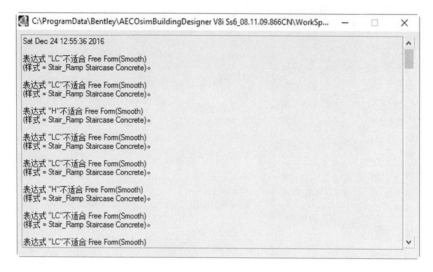

具体的错误信息

每个对象的工程量统计

| | A | B | C | D | E | F | G | H |
|---|---|---|---|---|---|---|---|---|
| 1 | Fam. | Component | Description | Quantity | Unit | Unit Price | Total | |
| 2 | Concrete | 1 | Concrete | 12.672 | m3 | 0 | 0 | |
| 3 | Units | Length | Lenth of Objects | 1013.02 | m3 | 0 | 0 | |
| 4 | Units | Surface Area | Surface Area of Objects | 3536.417 | m3 | 0 | 0 | |
| 5 | Units | Volume | Volume of Objects | 314.632 | m3 | 0 | 0 | |
| 6 | | | | | Grand Total | | 0 | |
| 7 | | | | | | | | |

工程量汇总

# 5.10 图纸输出过程

## 5.10.1 图纸输出原理

当建立了三维信息后，用户可以通过不同的切图模板，输出不同类型的二维切图（Drawing），然后再组合成可供打印的图纸（Sheet）。

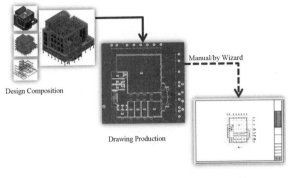

三维设计与二维出图的流程

在 MicroStation 的底层提供了动态视图（Dynamic View）的切图技术，将三维模型输出为二维图纸。而 AECOsimBD 只不过是在这个基础上增加了一些专业的切图规则。例如，给墙体填充图案、管道变成单线等。

从图纸的表现来讲，其实就是确定一个切图的位置和一个切图的深度，将它们合为一个视图（View）作为 Drawing，然后在 Drawing 里进行标注，最后再放到 Sheet 里进行出图。

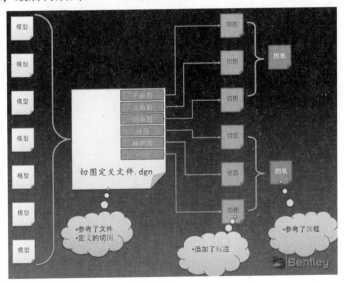

切图流程

### 5.10.2　图纸输出过程

以平面图和剖面图为例来说明图纸输出的过程。假定输出一张平面图、两张剖面图，然后把这三张切图放在同一张 A1 的图纸上。

在二维的设计流程里，我们倾向于将所有的文件都放在同一个文件里，这其实不太规范。基于分布式的文件组织方式，我们将不同的内容放在不同的目录里。

**图纸目录组织**

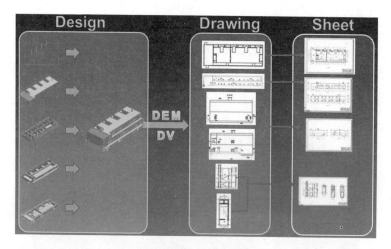

**模型到图纸的输出流程**

三维工作的图纸输出和二维设计的图纸输出的差异在于，在二维设计时，平面图、立面图和剖面图是绘制出来的，而在三维设计中，这些图是通过三维信息模型输出的。

图纸的输出过程分为了如下步骤：

（1）模型组织。

（2）切图定义及输出。

（3）图纸标注及调整。

（4）组图输出。

### 5.10.2.1 模型组织

建立了一个模型后，当然可以在这个文件里定义图纸，然后输出。但我更倾向于建立一个空白的文件，然后把需要切图的模型组织在一起，如下图所示。

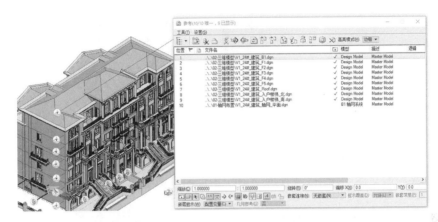

**建立一个空白文件，参考模型**

对于不参与切图的模型，可以通过图层显示的功能，对参考文件里的图层进行关闭。

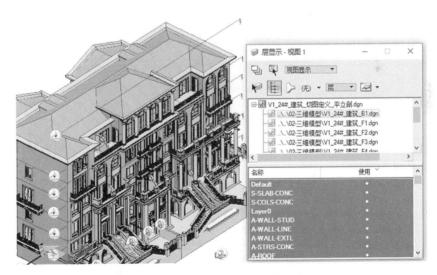

**对参考文件的图层显示进行控制**

### 5.10.2.2 切图定义及输出

当模型组装完毕后，就要来定义切图，定义的过程如下：

（1）选择切图工具。

**选择切图工具**

（2）选择切图模板。

不同的切图工具，对应不同的切图模板，切图模板里设定了一些规则来控制切图的输出。《管理指南》中说明了模板定义的过程。

**选择切图模板**

选择切图模板后，就要在模型中定义切图的位置和切图的深度。但首先要将模型调整到相应的视图上，例如在前视图中定义平面图的切图位置和方向。

对于阶梯剖的情况，需要用"Ctrl + 左键"的形式，确定阶梯剖折点。

**定义剖切面和深度**

确定了切面的位置和深度后，弹出如下对话框。

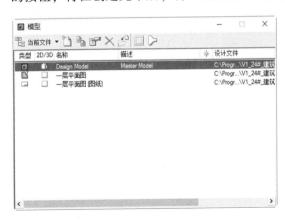

**定义切图输出**

在上图中的"创建绘图模型"就是输出为 Drawing，而"创建图纸模型"就是输出为 Sheet。用户既可以将这些对象都放在当前的 DGN 文件中，也可以放置在不同的 DGN 文件中，我们先放置在当前文件中。

如果选择了"创建图纸模型"，那么创建完毕后，系统就生成了一个平面的切图（Drawing），同时建立了一张图纸来放置这个切图。勾选"打开模型"的按钮，将在创建完毕后，打开最终的图纸文件。

**系统生成不同的 Model 来存储切图和图纸**

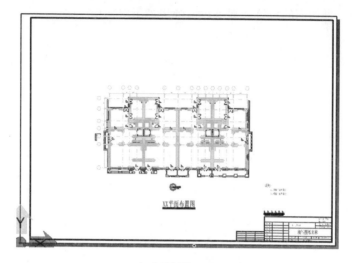

**自动放置的图纸**

　　这个自动放置的图纸是在切图模板里设置好的图幅大小并参考了图框等操作。

　　在这个案例中，我们倾向于将平面图、立面图和剖面图都放置在一张图纸（Sheet）上。所以，在定义好切图的位置和深度后，只生成切图（Drawing），而不生成图纸（Sheet）。

**生成切图**

在上面的对话框里，需要注意注释比例的设置，因为无论是 Drawing 还是 Sheet，肯定存在某个 DGN 的 Model 里，而 Model 有个属性是注释比例来控制注释对象的大小，其实这个比例就是我们常说的出图比例。

按照相同的方式，创建剖面图，完成后，也生成了不同的 Drawing。

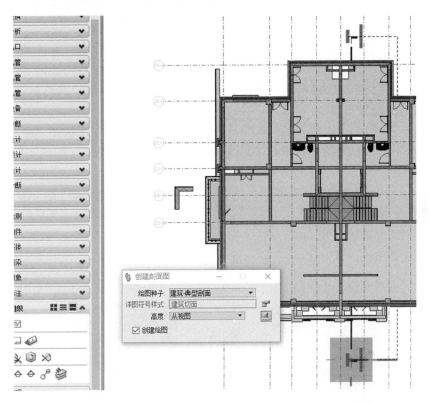

**剖面图的定义**

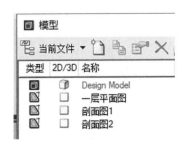

**生成的 Drawing**

这些切图的定义是以 View 的方式保存在定义文件里，这就是

MicroStation 的动态视图的原理。动态视图可以被理解为一种更高级的 View，保存在 DGN 文件中。

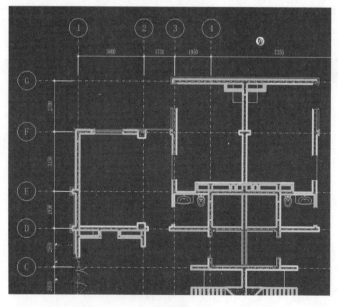

**动态视图的定义**

【提示】动态视图和普通视图都属于不同的 View 类型，可以通过图标看出差异。

### 5.10.2.3　图纸标注及调整

通过前面的过程，可将三维信息模型输出为二维图纸，如下图所示。

**二维切图**

上面的切图是直接从三维模型中切出来的，之所以这样，有两个原因：一是不同三维模型的图纸定义，设定了不同的二维输出；二是切图模板中有不同的规则控制。

因此，可以在视图属性中看到很多的设定参数，如下图所示。

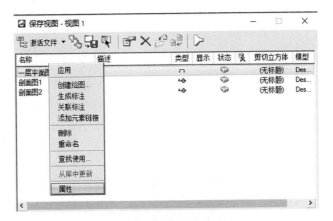

视图属性右键菜单

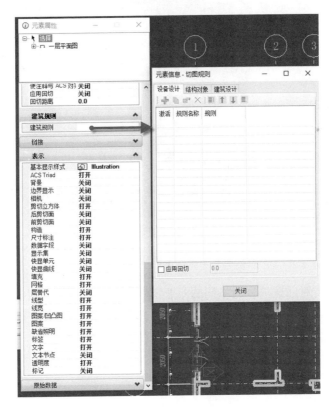

切图定义的属性设定及规则

其实，在切图模板里，就是设定了这些参数。

如果，输出的切图不满足需求怎么办？系统可以让你进行更改和调整。需要注意的是，图纸流程是 Model→View→Drawing。

对 Drawing 的更改不影响 View 的定义，也不会影响标准库里的切图模板。其实，一个 View 定义形成后，可以输出多个 Drawing，这多个 Drawing 可以具有不同的切图参数。当然，同一个 View 生成的多个 Drawing，默认情况下是一样的。此外，也可以用更改的 Drawing 参数来更新 View 定义，当然，这并不影响其他的 Drawing 输出。

打开一个 Drawing 后，可以通过如下命令修改 Drawing 的显示，这其实是 MicroStation 控制参考显示的命令，但它对于一个 Drawing 类型的 Model 有更多的选项。

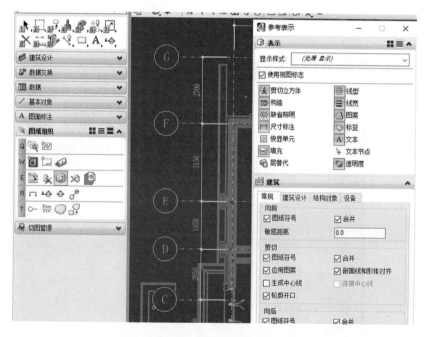

**设置 Drawing 的切图显示**

在这个对话框里，为不同的专业模块设置了不同的规则定义，设定规则后，就会影响当前的 Drawing 输出，例如，不显示填充图案。

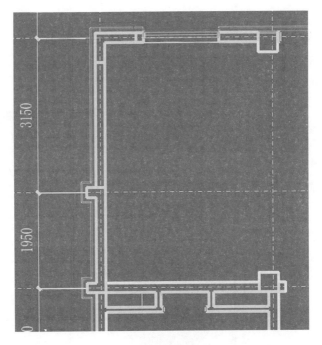

**去除填充图案**

设置完毕后，用户可以选择将这样的设定更新到切图定义中或是从切图定义中恢复默认的参数。

**更新切图定义的操作**

设置完毕后，用户还可以使用一些标注工具来进行必要的标注操作。

【提示】对于轴网的显示，也是一个切图的设定，让系统"读取"轴网的数据，而不需要真的参考一个真实的轴网文件。

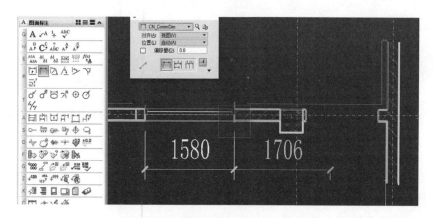

是否显示轴网

图面标注工具

使用一系列的标注工具对切图进行标注后，就形成了一张切图。

【提示】这些注释对象的大小是受注释比例控制的。

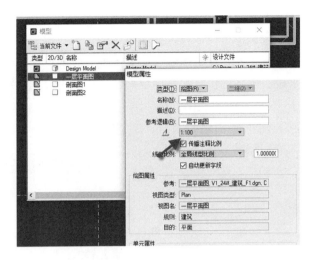

**Drawing 的注释比例**

### 5.10.2.4　组图输出

在自动出图过程中，系统会自动生成一张默认图幅大小的图纸。然后把 Drawing 放置在 Sheet 上。但在工程实际中，我们更倾向于手工布置图纸。也就是手工建立一个 Sheet，然后，把标注好的 Drawing 放置到这个 Sheet 里，这其实是个参考的过程。

**新建图纸**

新建图纸就是类似于 AutoCAD 的新建布局的过程。每个 Sheet 具有固定大小的图幅设定，可以被打印程序所识别，也可以进行批量打印。

在这个图纸里，需要设定图幅、参考图框、标题栏信息。对于一个具体的企业来讲，图框等信息都是固定的，所以，可以创建一个文件作为图纸的种子文件，在创建图纸的时候选择它就可以了。在《管理指南》里有详细的创建模板的过程，可以参考。

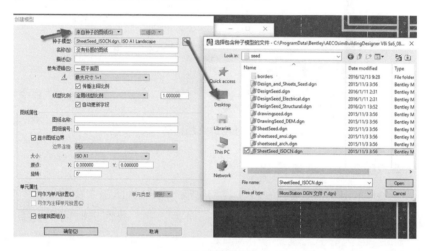

选择模板文件

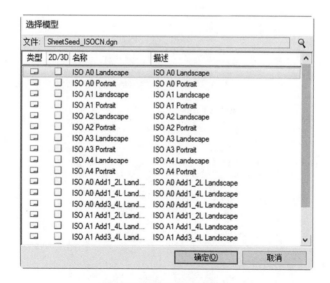

选择不同图幅的图纸模板

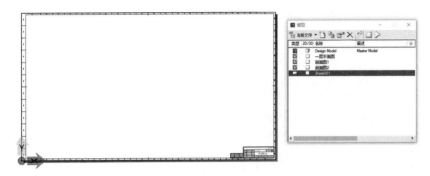

**生成的图纸**

　　接下来，将标注好的 Drawing 参考进来就可以了。用户可以用参考的命令，也可以用快速的方式，在 Model 里拖动，然后放置在 Sheet 里，系统就会弹出如下对话框，选择"推荐"的方式，然后在 Sheet 里确定放置的位置就可以了。

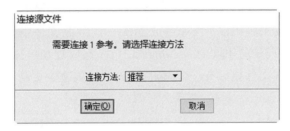

**选择推荐方式**

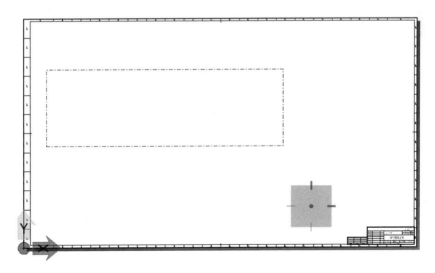

**确定放置位置**

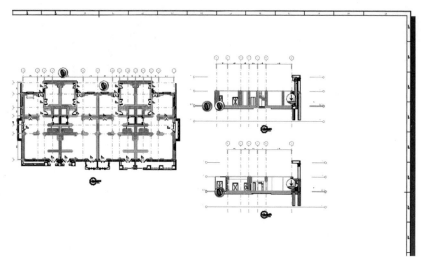

**布置好的图纸**

在上面的 Design→Drawing→Sheet 的图纸输出过程中，我们将组图文件、Drawing 的输出以及图纸都放置在一个 DGN 文件中。当项目规模增大时，我倾向于将不同的 Drawing 和 Sheet 都放置在单独的 DGN 文件里，每个 DGN 文件里只有一个 Model，这样的效率会更高。

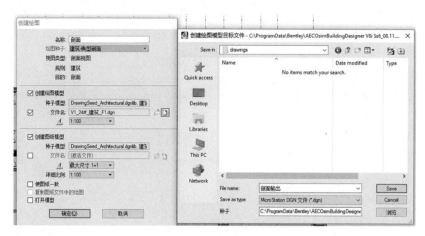

**新建文件来放置 Drawing**

**分文件存储 Drawing**

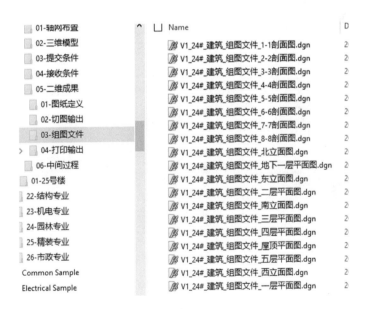

**分文件存储 Sheet**

明白了上述原理后，用户就可以更加灵活地输出切图。切图的定义不一定非要在模型里进行，在已经放置好的 Drawing 和 Sheet 上都可以放置其他的切图输出，因为只是定义位置而已，这和在模型中定义是一样的。

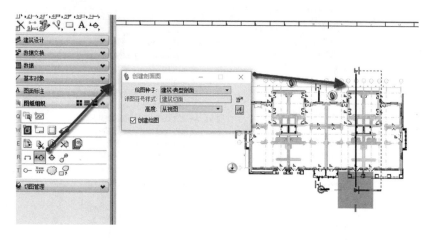

**在 Sheet 里定义切图**

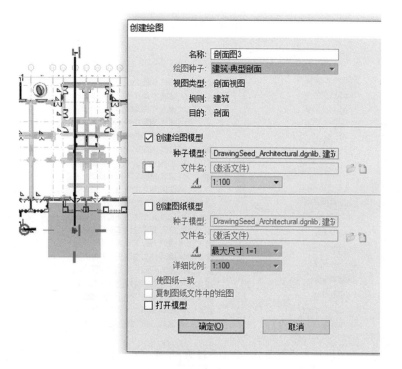

**生成切图**

用户可以采用相同的方式将这个 Drawing 放置在 Sheet 里，当用移动的命令在 Sheet 里移动切图的符号时，Drawing 也会自动更新。

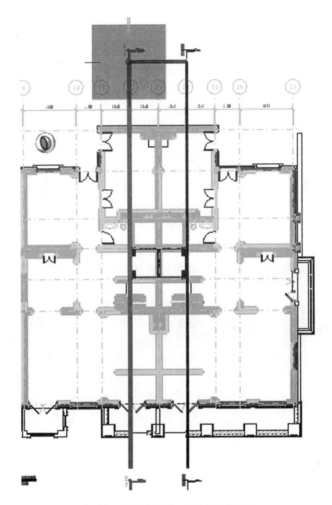

**移动切图符号位置，图纸自动更新**

### 5.10.3 图纸与模型的集成

在后面介绍的 HypterModeling 技术里，我们将会讲到将二维图纸根据切图位置放置到三维模型上的技术，在此简单介绍与图纸相关的内容。

在定义了切图时，无论是在 Design 还是在 Drawing 里，或是在 Sheet 里，在切图的位置都有相应的符号。

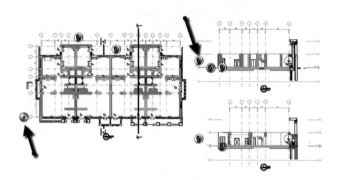

**Sheet** 里的切图符号

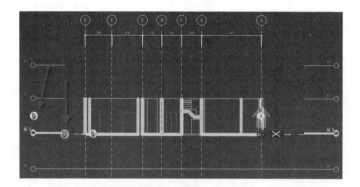

**Drawing** 里的切图符号

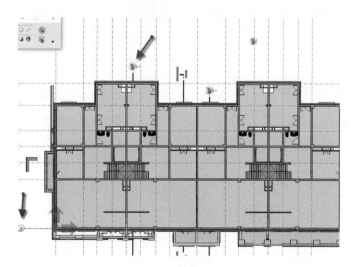

**Design** 里的切图符号

如果这些符号不显示，则可以在视图属性中打开相应的设置。

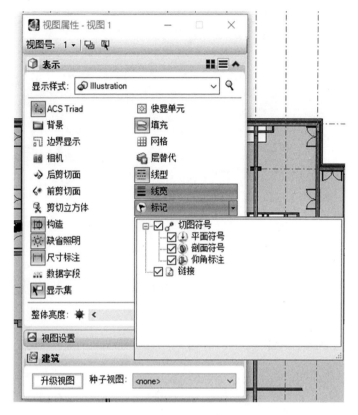

视图属性设置

这些切图标记是做什么用的呢？当把鼠标放置在这些标记上时，可以通过链接，进入相应的模型和图纸，也可以将二维图纸显示在三维模型上。

打开切图或图纸

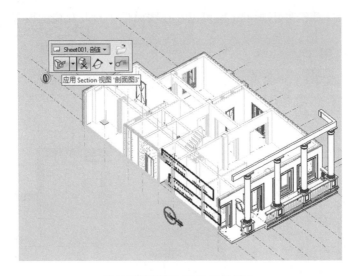

将二维图纸显示在三维模型上

通过这样的方式，可以将模型和图纸链接起来，也可以校核两者的一致性，推敲某些设计细节。

## 5.10.4 图纸输出与工作环境

通过前面的讲解，我们已经清楚了图纸输出的流程和细节控制。在图纸输出时，从工作环境中选取切图模板，然后进行切图输出定义。

结合工作环境的架构和图纸输出的流程，我们总结如下。

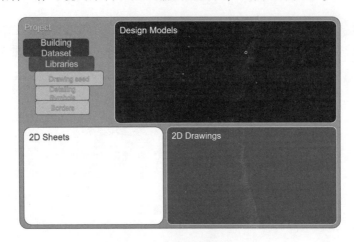

工作环境和工作流程

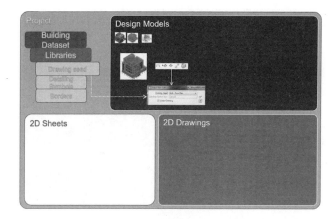

选取切图定义

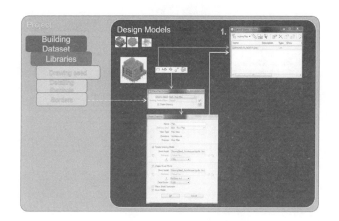

生成切图定义

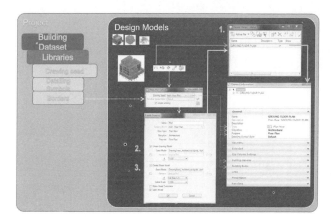

切图定义属性及关系

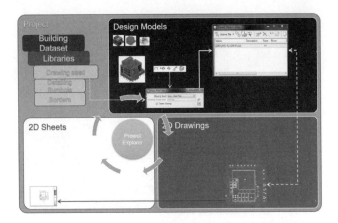

**Drawing** 和 **Sheet** 输出以及项目过程

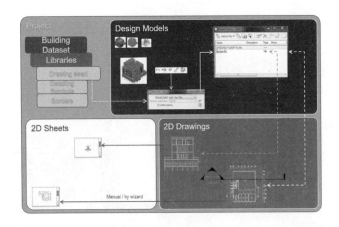

在 **Drawing** 里定义切图

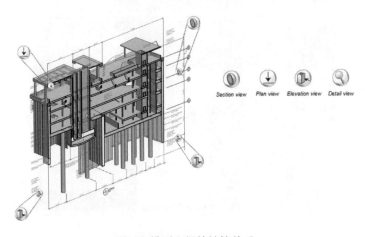

图纸和模型之间的链接关系

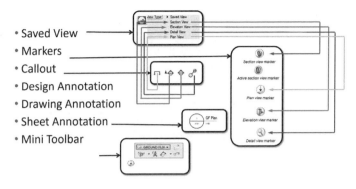

**图纸相关元素之间的联系**

## 5.10.5 切图规则

　　无论是在切图模板的定制过程中，还是在 Drawing 的显示控制中，我们都会用到一些切图的规则控制。对于建筑、结构和设备模块，切图规则的定义也有些区别。建筑的规则控制的是将对象的一些属性自动标注出来，它的规则和对象标注 DataGroup Annotation 命令的设定有一定的联系。而暖通和结构的对象更像是一种"线性对象"，切图规则是控制它们单双线的设置，以及一些属性的显示。

　　在切图模板或者更改切图时，都可以进入切图规则的应用界面。

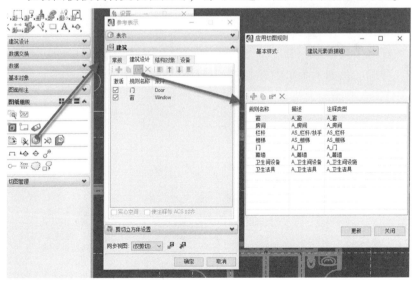

**切图规则的应用**

需要注意的是，在上图的右侧界面是应用规则的界面，而不是定义的界面。在这个界面里，上面是过滤条件，下面是规则的名称。不同的模块，过滤条件也不同。

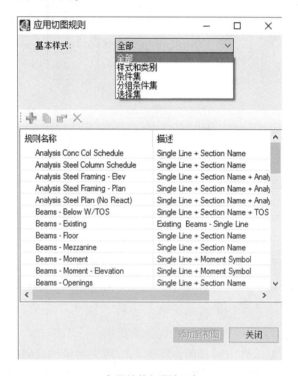

**应用结构切图规则**

在这个界面里，也可以进入定义切图规则的界面。通用的切图规则定义界面，从如下菜单中进入。

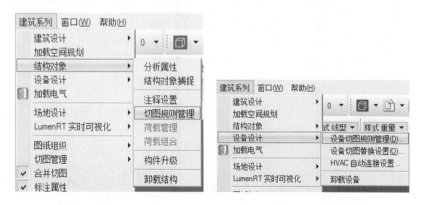

　　　　**结构切图规则管理**　　　　　　　**设备切图规则管理**

对于不同模块的切图规则定义有不同的含义。

### 1. 建筑切图规则

建筑切图规则主要是根据对象类型来自动放置对象属性。对象的属性定义是受对象标注的工具定义，这在《管理指南》里有详细的描述。

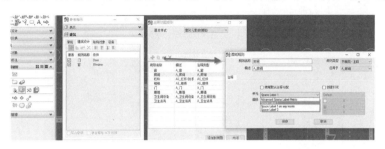

**建筑的切图规则**

因此，在它的切图规则定义里，只是定义选取哪个注释单元来标注属性而已。

### 2. 结构切图规则

结构切图规则设置界面如下图所示。不仅设定了单线、双线及自动标注的标签，而且也设定了规则应用的切图类型，因为有时对于剖面图来讲，需要特定的规则参数。

**结构切图规则设定**

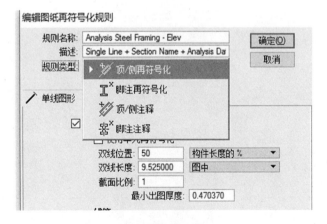

切图时显示截面名称

规则的应用类型

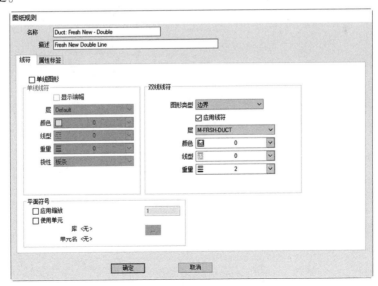

使用一个单元代替截面

### 3. 设备切图规则

建筑设备的切图规则设置与结构的类似，也是单双线设置及标签的设定。

设备的切图规则

在上面截面中同样可以看到对于平面和剖面的规则设定。其实这里的平面和剖面更多的是指与"线性对象"的相对位置关系。

这些切图规则，可以被内置在切图模板里，也可以在控制切图显示时进行调整和编辑，以控制最终的图纸输出，所以，切图规则就是三维模型和二维图纸之间的翻译器，通过定义翻译器，将三维模型表达为不同要求的二维图纸。

# 6 ProStructural 加工级结构详细模型设计

## 6.1 ProStructural 和 Bentley 结构解决方案

前面讲过，Bentley 的解决方案定位在基础设施行业，从大的方面分为工厂、建筑、市政和地理信息四个方向，涉及的基础设施项目都是由这四个相关的专业组成的。例如，一个轨道交通项目分为站点和区间，区间会涉及市政（Civil）和地理信息（GIS），市政又分为地形、地质、道路、隧道、桥梁等专业。而对于站点的应用，除了常规的建筑、结构、水暖电，还包括轨道交通的信号系统、通风系统等。从全生命周期的角度，又可以划分为设计环节、施工环节和运维环节。所以，对于一个基础设施项目来讲，是个多专业配合、全生命周期的协同过程。

其实，现阶段 Bentley 所有的产品已经不再从"行业"的角度划分，而是从全生命周期的角度分类，因为几乎所有的基础设施项目都是多专业综合的过程。从全生命周期的角度，Bentley 所有的产品可分为四类：设计类（Design Modeling）、分析类（Analytical Modeling）、项目移交类（Project Delivery）、资产管理类（Asset Performance）。

在所有的基础设施项目中都会包含结构相关专业，包括结构的设计、分析、详图、施工等，在具体的工作流程中，结构相关专业也会与其他专业进行协同工作和数据交换。

### 6.1.1 Bentley 结构解决方案

Bentley 有一款软件 Structural Dashboard，在这个模块中可以看到结构相关的产品与其他产品的关系。在下面介绍的 ProStructural 软件模块的任务栏里也可以找到启动 Structural Dashboard 的工具。

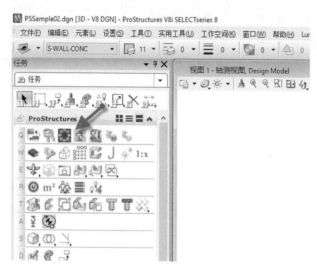

**ProStructural 中的 Structural Dashboard 命令**

需要注意的是，首先要安装 Structural Dashboard，上图中的命令才起作用。Structural Dashboard 主要用来表明一种工作流程。就像 Dashboard 控制板的含义，对整个流程进行管理和控制，也可以对工作内容进行查看。

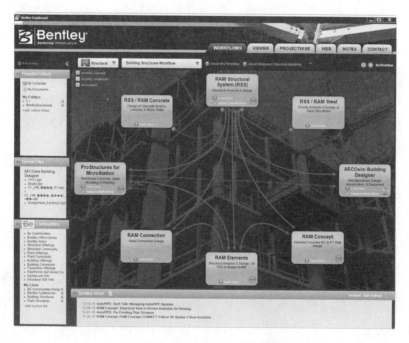

**Structural Dashboard 工作界面**

　　在上图的界面中可以看到，在 Bentley 解决方案的工作体系下有不同的工作流程（Workflow）解决相应的问题，而且在这个工作流程中说明了数据的流向与相应的应用模块。

　　以建筑这个大的分类为例，它有不同的工作流程，如下图所示。

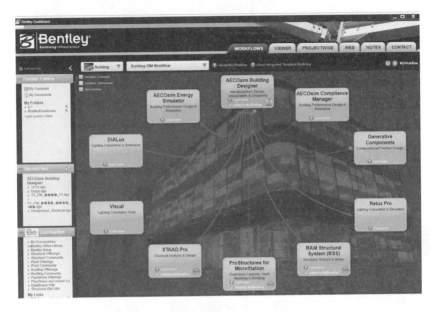

**Building BIM Workflow**

　　从上图中可以看到，对于一个典型建筑的 BIM 工作流程，以 AECOsimBD 为基准应用模块，需要用 Generative Component 解决前期方案设计的问题，需要用 AECOsim Energy Simulator 解决能耗计算的问题，需要用 DIALux 和 Relux Pro 解决照度计算的问题，需要用 STAAD. Pro 和 RAM Structural System 等分析系统解决结构分析的问题，需要用 ProStructural 解决结构详模的问题，以及用 AECOsim Compliance Manager 解决建筑性能的运维过程，这就是一个典型的 BIM 工作流程。为解决基础设施中的各种问题，需要不同的工作流程，也需要不同的应用模块协同工作。

　　从不同的角度入手会有不同的工作流程，也就有不同的数据流向和应用模块。

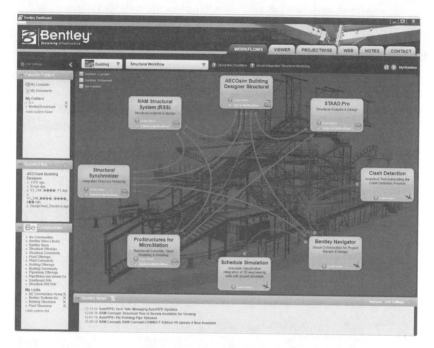

**Structural Workflow**

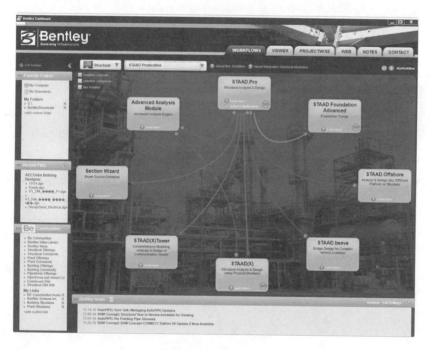

**STAAD Productiline**

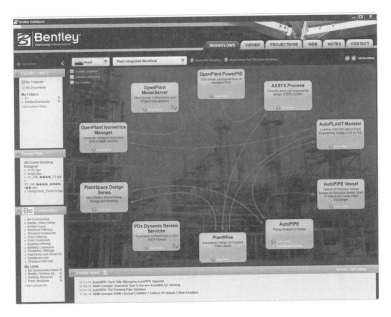

**Plant Workflow**

通过 Structural Dashboard 可以看到，在几乎所有的工作流程中都有结构相关模块的"身影"。当然，通过 Structural Dashboard 还可以直接查看模型，连接到 ProjectWise 协同系统，到 Web 上查找相关的资源和相应的信息。

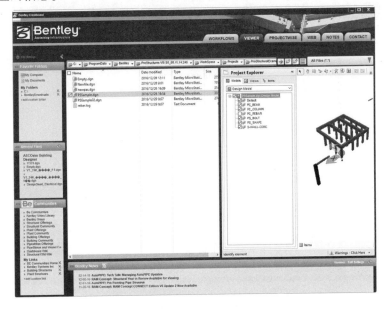

**通过 Structural Dashboard 查看模型**

获取相关的网页信息

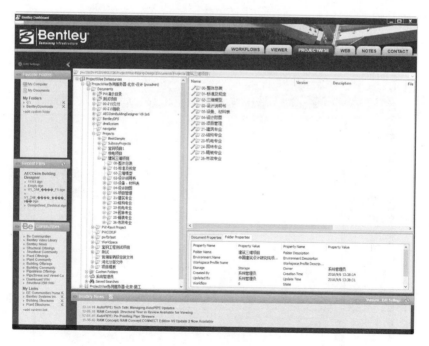

通过 **Structural Dashboard** 连接 **ProjectWise** 服务器

## 6.1.2 Integrated Structural Modeling（ISM）结构数据交换

了解了上面的工作流程后，就可以知道在不同的工作流程里由不同的应用模块承担不同的功能。在一个应用模块里不可能实现所有的功能。如果真有这样一个模块，将是一个"庞大""臃肿""效率低下"的设计。

在 AECOsimBD 中有结构设计模块，主要校核结构的三维形体与其他专业的三维模型配合是否合适，例如结构的柱子和梁与暖通的管道是否有碰撞，是否满足建筑的造型需求。至于柱子的截面是否合适，则需要通过结构计算模块如 STAAD. Pro 校核；钢结构如何连接，混凝土柱的钢筋排布，则需要 ProStructural 进行加工级的详模设计。这些模块之间的数据交换通过 ISM 文件格式进行。相关内容在前述 AECOsimBD 的结构应用模块时已讲，在此不再赘述。

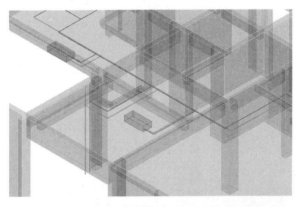

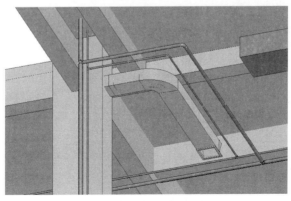

**AECOsimBD 中的结构对象和管线对象**

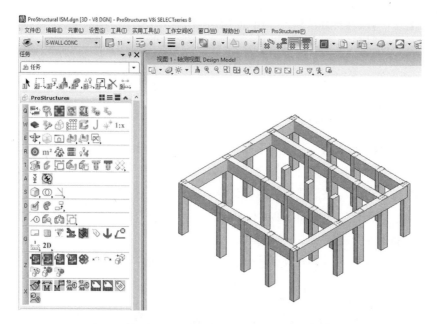

**通过 ISM 从 AECOsimBD 导入 ProStructural 的结构模型**

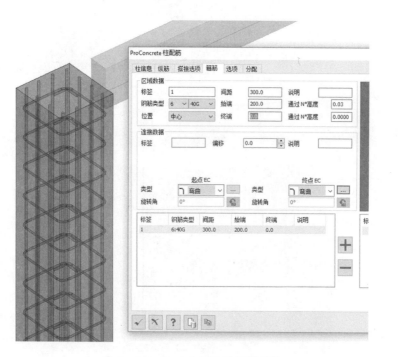

**在 ProStructural 中进行详细的配筋**

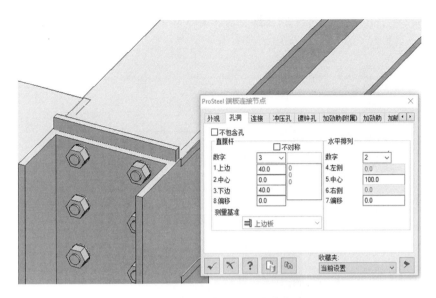

**在 ProStructural 中的钢结构节点连接**

之所以可以进行这样的数据交换，是因为 Bentley 的所有结构模块都支持 ISM 文件格式。在上文讲到的 Structural Dashboard 中可以看到 ISM 的标志。

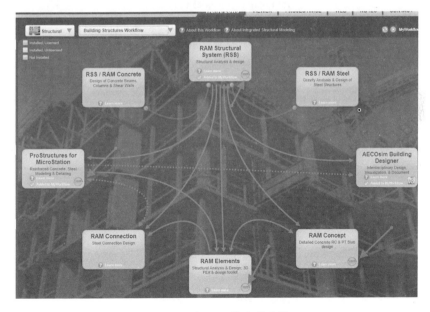

**工作流程中 ISM 的文件支持**

对于第三方结构设计模块的数据兼容，也是通过 ISM 进行的。例如，对于 Revit 和 Tekla 的数据、对于 PKPM 的结构数据，可以通过 i - Model 兼容，基于 ISM 的模型兼容方式正在开发。

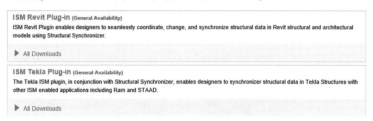

**Revit 和 Tekla 的 ISM 插件**

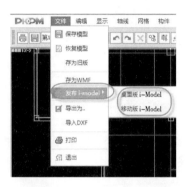

**PKPM 的 i - Model 格式支持**

在 Bentley 的结构模块均有 ISM 的新建、导入、更新的相关命令。

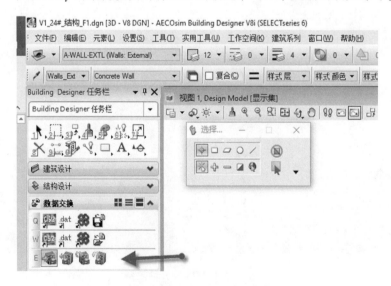

**AECOsimBD 的 ISM 功能支持**

**ProStructural 的 ISM 功能支持**

在不同的结构应用模块间，系统通过 ISM 进行数据交换和更新。这是一个不同应用模块间数据"同步"的过程，需要一个"转换器"或者"同步器"进行控制，即后台运行的 Structural Synchronizer。进行更新时，系统通过 Structural Synchronizer 判断哪些对象做了更新，哪些对象删除了，这就是数据的"同步"。

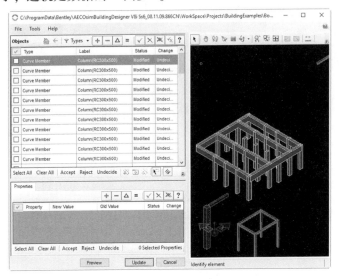

**Structural Synchronizer 同步界面**

对于一个结构的工作流程，Structural Synchronizer 是不可或缺的一环。在 Structural Dashboard 中也可以看到这个模块。

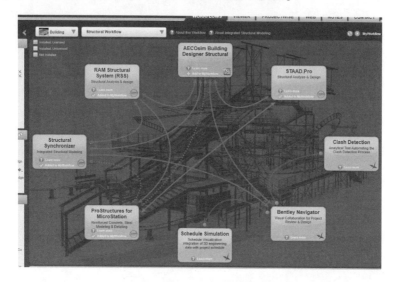

**Structural Synchronizer 在工作流程中的定位**

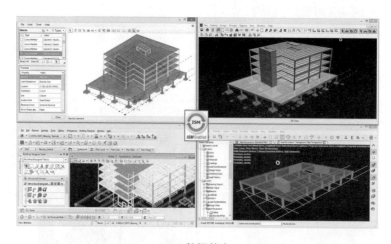

**ISM 数据整合**

# 6.2　ProStructural 概述

ProStructural 是面向加工级别的结构详细模型软件（以下简称详模），它从施工的角度建立模型、统计材料，而不是从设计的角度。设计的模型可以进行概算、预算，但由于设计模型是从设计角度来考量三维信息模型的精细度的，所以它算出的量不符合施工的要求。关于这一点，前文已经对比了 AECOsimBD 和 ProStructural 模型的细度。

ProStructural 建立的结构详细模型是为了满足施工的精细度要求，算出的量是真正在施工过程中提料的量。在一个核电客户的案例应用中，用 ProStructural 算出的钢筋量和实际施工发生的钢筋量只相差 2%，实际的钢筋量和预算的钢筋量却相差了 20% 多，这就是设计角度和施工角度对模型精细度要求不同的结果。

ProStructural 分为钢结构和混凝土结构两个模块，均有相应的材料统计和图纸输出的功能。ProStructural 输出的大部分是用来指导施工和加工过程中所用的节点详图，而不仅仅是在 AECOsimBD 中看到的平、立、剖面图。

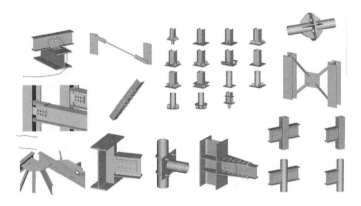

**ProStructural** 中的节点设计

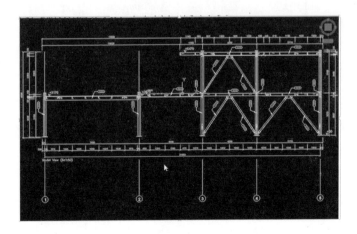

构件加工图

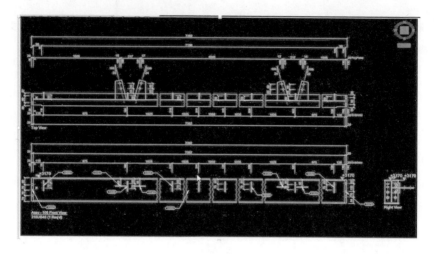

节点详图

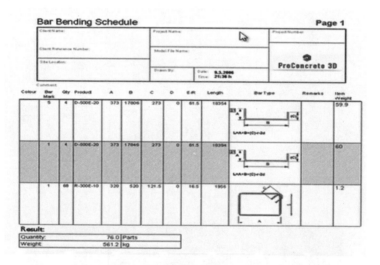

精细的材料统计

ProStructural 是一个具有多年应用历史的结构详模软件，它支持双平台（既有基于 AutoCAD 平台的，又有基于 MicroStation 平台的应用模块），而且两个平台之间可以无损地迁移数据。

ProStructures for AutoCAD (General Availability)
Efficiently create accurate 3D models for structural steel, metal work, and reinforced concrete structures. Create design drawings, fabrication details, and schedules that automatically update wheneve... More »

▶ All Downloads

**ProStructural 的 AutoCAD 版本**

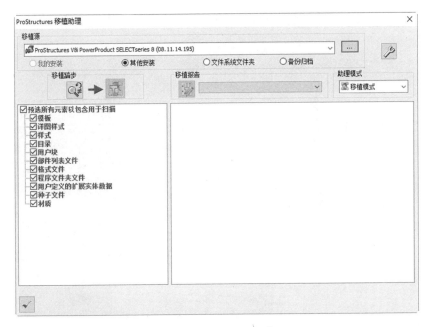

**ProStructural 移植助理**

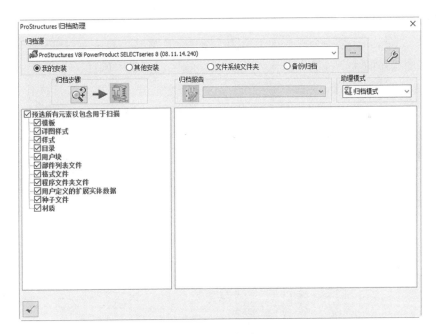

**ProStructural 归档助理**

在后面的具体功能讲解中以 MicroStation 版本为例。和 AECOsimBD

相同，当安装了 ProStructural 时，系统已经将 MicroStation 涵盖其中。

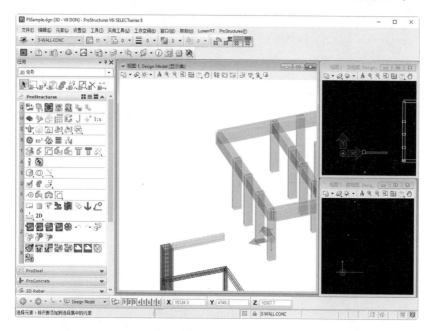

**在 MicroStation 基础上增加结构详模功能的 ProStructural**

AutoCAD 是一个以二维为主的绘图平台，虽然也有一些三维建模和视图操作的命令，但用起来不太方便，效率也很低。因此，对于 Auto-CAD 版本的 ProStructural，为了解决这一问题，开发了很多三维操作工具，包括视图的操作、坐标的定位等。这些命令在移植到 MicroStation 平台上时也被移植过来。从操作便利性的角度，可以直接利用 MicroStation 的三维操作及定位技术，而不必使用这些命令。这些命令是为由 AutoCAD 版本过渡到 MicroStation 的用户设计，以便于他们逐渐使用 MicroStation 的操作体系。

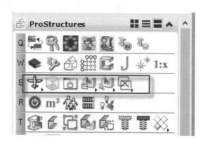

**ProStructural 的视图操作命令**

但是也有一些特殊性：ProStructural 有自己的视图定义，这个视图在建模的过程中和 MicroStation 底层的视图命令没有区别，但是当 ProStructural 进行详图输出时，会提取这些视图作为出图的位置，这一点在具体讲解工作流程时会提到。

例如，创建了一个三维轴网的同时创建了相应的视图，这些视图一方面设定了查看模型的不同角度，另一方面给切图的定义设定了位置。

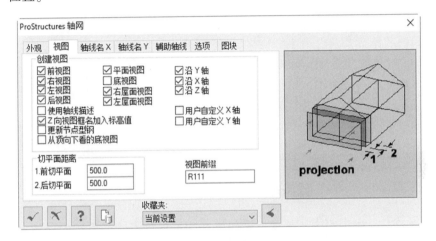

**创建三维轴网时的视图设定**

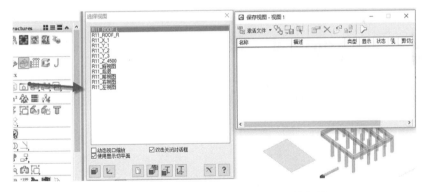

**ProStructural** 的视图和 **MicroStation** 的视图

**出图时调用 ProStructural 保存的视图**

在后续的内容中，重点将放在 MicroStation 版本的"工作流程"上，不会对特定的命令深入讲解。对于一些在 MicroStation 上没有太多用处的视图、定位操作命令，将讲解如何使用 MicroStation 的定位原则快速定位。

## 6.3 ProStructural 工作流程

下面通过一个工作流程讲解 ProStructural 的工作机制和使用要点，详细的命令操作将讲解核心的控制点，每个参数的含义请参阅帮助文件。

### 6.3.1 新建项目

在 MicroStation 体系下有项目管理的概念，即 WorkSpace 的工作机制，而 ProStructural 由于历史原因，支持 AutoCAD 和 MicroStation 双平台，为了在 AutoCAD 平台上实现项目级管理，也建立了一套项目管理的机制。当这套机制运行在 MicroStation 平台上时，就与 MicroStation 的 Work-Space 管理的机制有些冲突，或者说重复。

现阶段的 ProStructural 版本，在 MicroStation 的底层没有特定的工作环境（User、Project）供 ProStructural 使用，这在很大程度上没有很好地发挥 MicroStation 的性能。所以，笔者试图建立一个与 ProStructural 融合的工作环境。后面专门作为一个章节来叙述这个过程，供读者参考。后期这个工作环境将打包到 ProStructural 的安装程序中。

在 MicroStation 的核心理念部分介绍过用项目管理的概念控制不同的项目，每个项目有不同的设置。如果在工程实际中所用的工作标准相同，也可以不区分项目，而只使用默认的项目模板 ProStrTemplate_CN，这个项目模板是在后面的定制过程中建立的。

当然，启动的时候也可以选择 Untitled 用户和项目，新建文件时选择系统默认的种子文件即可。

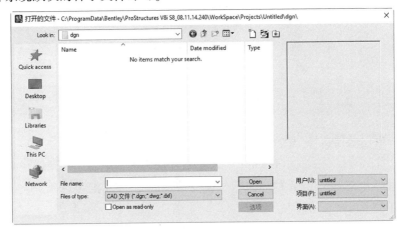

**默认的工作环境**

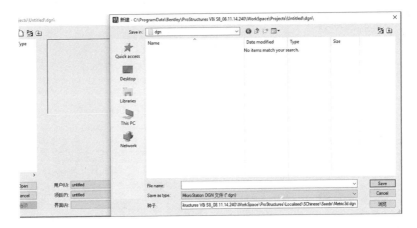

**默认的种子文件**

下面还是以 MicroStation 的一个项目环境为例叙述这个过程。

新建项目，只需复制"ProStrTemplate_CN"的项目目录和配置文件，然后改名字即可，注意保存目录名称和配置文件名称一致。

| › ProgramData › Bentley › ProStructures V8i S8_08.11.14.240 › WorkSpace › Projects › ProStructuralExamples | | | |
|---|---|---|---|
| ☐ Name ^ | Date modified | Type | Size |
| 📁 24#楼结构详细设计 | 2016/12/29 13:34 | File folder | |
| 📁 ProStrTemplate_CN | 2016/12/29 13:14 | File folder | |
| 📄 24#楼结构详细设计.pcf | 2016/12/28 12:56 | MicroStation Proj... | 5 KB |
| 📄 ProStrTemplate_CN.pcf | 2016/12/28 12:56 | MicroStation Proj... | 5 KB |

新建项目

选择新建的项目

可以选择新建一个文件启动 ProStructural。

此时可以直接使用 ProStructural 的各项功能，但笔者还是建议在此基础上建立 ProStructural 的项目，这就是使 MicroStation 的项目和 ProStructural 的项目融合的过程。

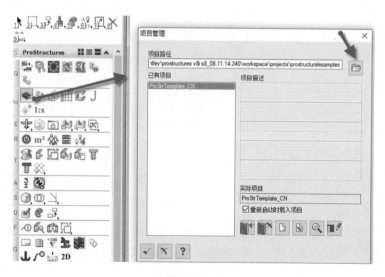

选择项目路径

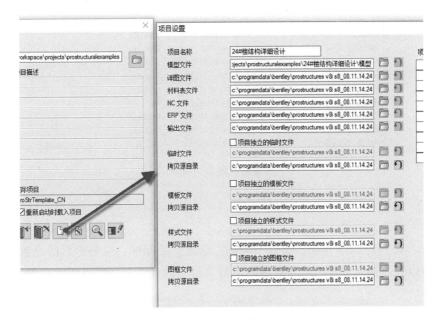

**建立同名项目**

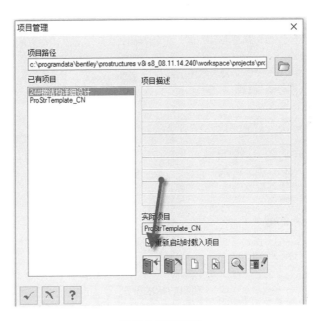

**设置为当前项目**

| Name | Date modified | Type | Size |
|------|---------------|------|------|
| designs | 2016/12/29 13:39 | File folder | |
| ERP | 2016/12/29 13:41 | File folder | |
| NC | 2016/12/29 13:41 | File folder | |
| support | 2016/12/29 13:34 | File folder | |
| 材料表 | 2016/12/29 13:41 | File folder | |
| 模型 | 2016/12/29 13:41 | File folder | |
| 输出 | 2016/12/29 13:41 | File folder | |
| 详图 | 2016/12/29 13:41 | File folder | |
| PsProjectData.sve | 2016/12/29 13:41 | SVE File | 4 KB |

**系统自动建立的目录**

通过上面的过程就建立了一组目录，让系统将不同项目的内容放置在不同的目录里。

对于 ProStructural，支持不同国家和地区的标准，也是项目的设置。所以，当建立了一个项目环境后，需要检查或者设定项目的区域设置。

**项目的标准设置**

这些标准就是 WorkSpace 目录中 Localised 下的相应设置。复制后，系统会识别为不同的工作标准，这和 AECOsimBD 中的设置是类似的。

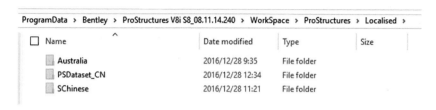

不同的标注设置

**ProStructural** 的选项设置

ProStructural 分为钢结构和混凝土结构两个模块，所以其任务条分为如下命令。

**ProStructural** 的任务条

在 ProStructural 的任务条中是钢结构和混凝土结构都使用的功能，包括项目环境设置、模型分组查看、数据的输入输出、编辑修改等操作。

项目的标准设置及迁移　　　　项目定位及选项设置

模型分组查看及视图定义

以上内容，更多的是沿袭 AutoCAD 的命令，在 MicroStation 中使用效率并不高。

ProSteel 和 ProConcrete 分别是钢结构和混凝土独有的功能，而 2D Rebar 是二维钢筋的功能。

## 6.3.2　定位基准

在 ProStructural 中，要建立结构详细模型，也会涉及对象定位的问题。在 ProStructural 中也有轴网命令，包括三维轴网和二维轴网。

对于三维轴网，笔者的理解是，在 AutoCAD 模式下，在三维空间内定位很难，所以建立一个三维的空间轴网，通过这个三维轴网定位放置结构详模对象。

在使用三维轴网时，系统要求确定两个点，以确定轴网的原点和方向。如果放置在世界坐标原点，可以使用精确绘图快捷键 P 或者 M。

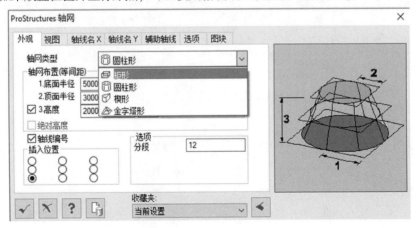

三维轴网 Workframe

在三维轴网系统对话框，通过参数设置控制层高、间距等参数。不同类型的轴网由不同的参数控制，例如最常用的长度、宽度和高度是指三维轴网的总长度、总宽度和总高度，后面为分层。如果去掉前面的复选框，则可以手工设定每个轴网的间距。对话框里还有其他的参数设置，在此不一一叙述。

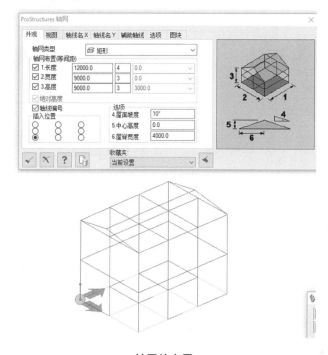

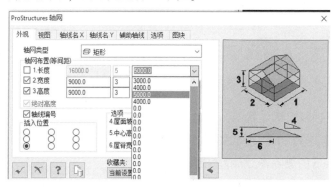

**轴网的布置**

需要特别注意的是，当去掉总长度的复选框后，后面列表的不同行是不同的轴网间距，而不是选择一个值。

**不同的轴间距设置**

设置完毕，点击对话框的"对号"按钮，系统才创建轴网，这个原则对于所有的对话框都是适用的。

**点击"对号"按钮，创建轴网**

在着色模式下可能看不到轴网，可以在选项中设定，着色模式下就可以显示了。

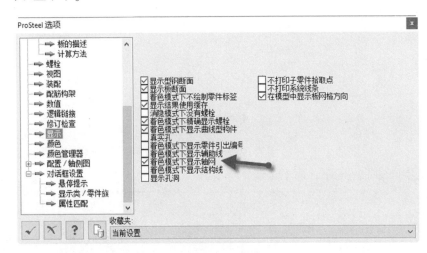

**轴网显示设置**

三维轴网默认放置的图层是 PS_WORKFRAME，在三维轴网的对话框里也有是否锁定这个图层的选项。如果锁定该图层，则不能用 MicroStation 的删除命令删除三维轴网。

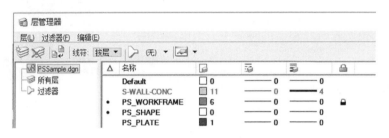

锁定轴网所在图层

锁定三维轴网所在的图层

如果此时想删除三维轴网，只需要在轴网的右键菜单里选择"删除"即可。需要注意的是，在 MicroStation 工作模式下，右键菜单是点住右键不放，如果单击右键则是重置（Reset）的操作。

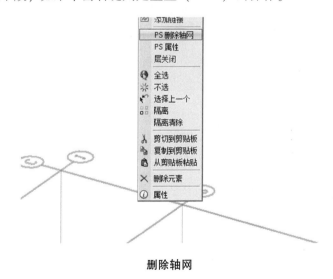

删除轴网

ProStructural 在最新的版本中增加了二维轴网，这和 AECOsimBD 的轴网界面相同。按照规划，后续的轴网也会成为 MicroStation 的底层工具。

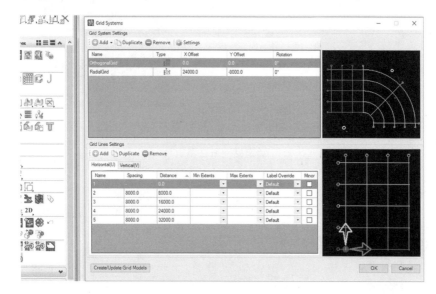

二维轴网

无论二维轴网还是三维轴网，都是为了定位。如果 ProStructural 和 AECOsimBD 协同工作，可以参考 AECOsimBD 定义的轴网系统；也可以结合 MicroStation 的 ACS 定义相应的高度，布置结构详图对象；还可以手工建立一个三维定位轴网布置结构对象。

### 6.3.3 ProStructural 命令模式

在 ProStructural 中有很多命令，不同的命令由不同的参数控制，了解 ProStructural 的命令模式，才能快速掌握其应用。

前文介绍了 MicroStation 命令执行的三个步骤，即选命令、设参数、看提示进行定位。当启动一个 ProStructural 命令时，会弹出 ProStructural 命令对话框，如何在这个命令对话框中设定参数是本节的重点。

**创建型钢界面**

以创建型钢界面为例，说明 ProStructural 的命令模式。

在上面的对话框里有不同的选项卡对构件的不同部分进行参数设置，上图中设定不同的型钢参数，下图中设定纵筋、搭接筋、箍筋的参数。

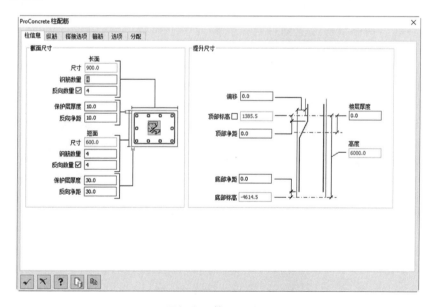

**混凝土配筋设置界面**

对话框下面有类似的工具条，决定所设置的参数是否起作用，也有不同的布置方式可以选择。

**参数设置工具**

在上面的工具条里，对号和叉号代表对所设定参数的确认和放弃。在这些工具中有一个参数模板 Template 的工具，下面加以介绍。

对于结构详细模型设计来说，一个对象由很多参数控制，如果每创建一个对象都设定一遍参数，将大大降低工作效率。可否将这些参数保存起来，下次调用？答案是肯定的，这就是模板的概念。

将一组参数的设置保存起来，称为一个模板。当打开一个对话框时，也可以通过模板调用一组参数。

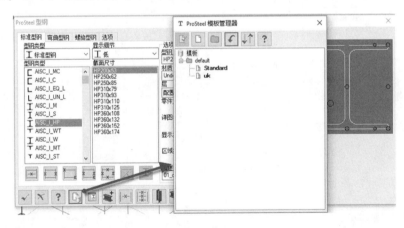

**模板的设置**

通过模板可以快速调用参数定义，也可以将设定的参数设置保存为模板。ProStructural 中几乎所有的对话框都支持模板。这些模板也是保存在系统目录下的 TPL 文件中，点击模板的按钮就会弹出上面的模板管理器。

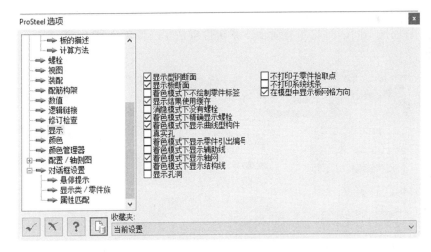

ProStructural 模板存储文件

ProStructural 选项设置模板命令

**对象修改模板**

**楼梯模板**

根据不同的对象布置命令，系统也提供了不同的布置方式。

**型钢的布置方式**

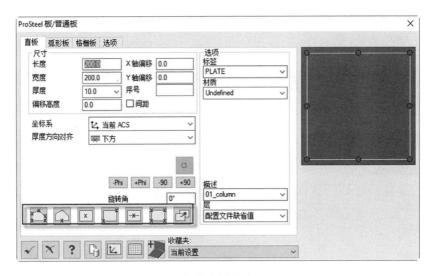

**板的布置方式**

了解了上面的通用原则后，以下讲解一个典型的 ProStructural 命令执行过程。

**1. 选择命令**

选择命令后，系统根据命令类型的不同决定是弹出对话框还是确定对象的基础定位。例如，当执行一个三维轴网时，系统提示通过两点确定轴网的原点和方向，然后弹出对话框。

**创建轴网时的定位提示**

**2. 设置对话框参数**

弹出对话框后，要么从模板中调取参数，要么手动设置参数。如果调动模板中的参数，双击模板即可。如果手动设置了参数，也可以保存为一个模板。

**新建模板**

参数设定完毕，就可以选择一种布置方式，系统返回操作屏幕，同时参数对话框消失；也可以通过选项设置，使参数对话框在布置过程中处于显示状态。此处选取两点方式布置型钢。

**两点方式布置型钢**

### 3. 布置对象

以型钢为例，当选取了两点方式布置后，原有的参数对话框消失，系统提示布置两个点来确定一个型钢对象，这时完全可以采用 MicroStation 精确绘图定位方式。

**精确绘图定位，确定型钢的高度**

当左键确定起点和终点后，系统在命令行中有如下提示。

**命令行提示**

这时点击左键是确认参数，点击右键是旋转型钢对象，然后可以继续点击左键确定新的型钢起点。也就是说，可以连续布置多个型钢对象，每个型钢对象根据所选取的布置方式通过左键确认，然后进行下一次输入。例如，通过两点方式布置一根型钢的操作如下：

（1）点击两次鼠标左键，确认型钢的起点和终点。

（2）空白处点击鼠标左键，确认上面的输入。

（3）继续点击两次左键输入下一个型钢的起点和终点。

如此循环进行。布置完毕，点击右键，参数对话框弹出，确认型钢的参数。

如果以选择直线对象方式布置型钢，则左键选择一条直线后，左键确认，再选择另一条直线，再左键确认，以此类推，最后点击右键，返回参数设置对话框。

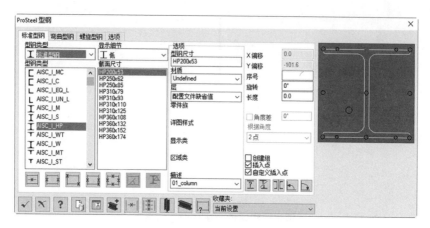

参数对话框弹出

此时可以继续修改参数，视图中的模型也会自动更新。设置完毕，点击对号按钮则确认设定的参数，在视图中创建结构对象；如果点击叉号按钮，系统则删除暂时布置的结构对象。

其他的 ProStructural 对象布置方式与之相同。

### 6.3.4　ProStructural 对象的属性及分类

在 ProStructural 中可以建立不同类型的结构详模对象，这些模型有相应的分类标准。对于一款结构项目软件来讲，它的终点在详细的模型，所以可以发现，在布置型钢部分，系统甚至没有区分柱子和梁。

ProStructural 的对象分类是如何实现的？下面分别讲解，这些对象的划分是后文局部显示的基础，不是批量操作的基础。

#### 6.3.4.1　图层的设定

在 ProStructural 里，用户会从大类上将不同的对象放置在不同的图层。在 ProStructural 里，当布置一个对象时，图层的设定受两个参数控制：一个是在 ProStructural 选项中设定大致的图层分类，另一个是在 ProStructural 对象的描述设定里设定图层。

当两者重复设置时，后者起作用。换句话说，ProStructural 描述的图层设定更加精细，而且这样的设定是一种更加强大的对象分类方式，有点类似于 AECOsimBD 中的 Part 样式，设定了样式，进行了分类，同时也设定了图层。

**1. ProStructural 选项的图层设定**

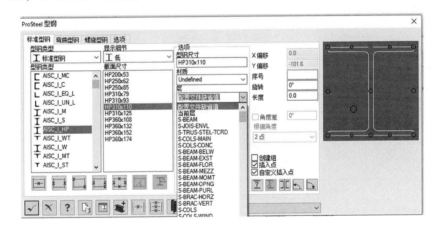

不同对象的图层设置

通过上面的界面，可以设定不同对象放置的图层，以及相应的线型和颜色。

当布置一个对象时，系统可以自动将不同的对象放置在对应的图层，也可以手工设置。

创建对象时的图层设置

**2. ProStructural 对象描述设定**

当创建一个对象时，系统会让用户选择一个描述，这个描述更多的是表明的 ProStructural 对象的具体分类。

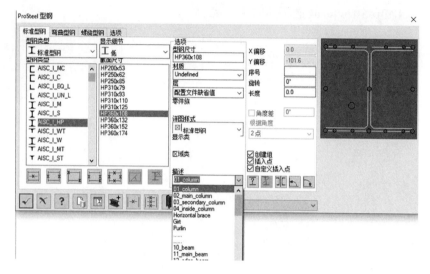

**ProStructural 对象描述属性**

　　这个描述读取的是后台的一个数据库文件，在这个文件中定义了这个描述的编号、名称、图层等设定。当然，不同的对象种类有不同的描述控制文件。

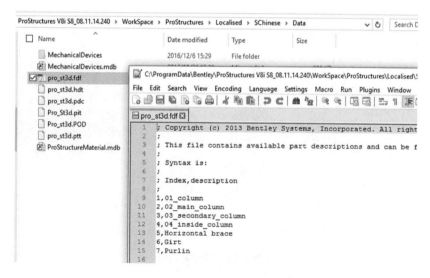

**后台的描述文件**

### 6.3.4.2　ProStructural 对象分类

　　除了通过图层分类的方法外，在 ProStructural 里还有其他的分类方式，通过不同的分类标准，将对象放置在不同的类别。

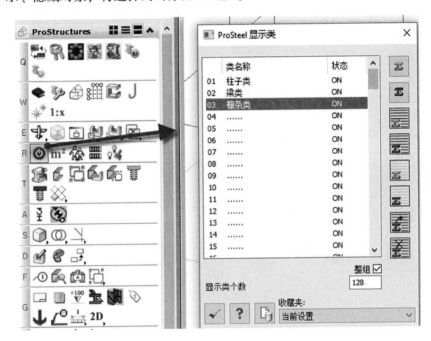

**对象的分类工具**

### 1. 对象类（Class）

在显示类的界面可以设定不同的显示类别，并通过右边的工具显示、隐藏对象，将选择的对象加入此类。

**显示类**

当创建对象时，也可以设定对象所在的类别。

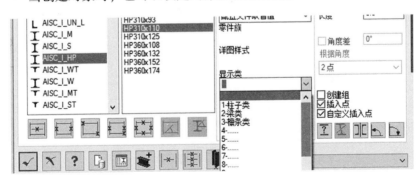

**对象类的设定**

## 2. 区域类 (Area Class)

区域类顾名思义就是从区域的角度将对象分成不同的类别，这和对象类的定义类似。

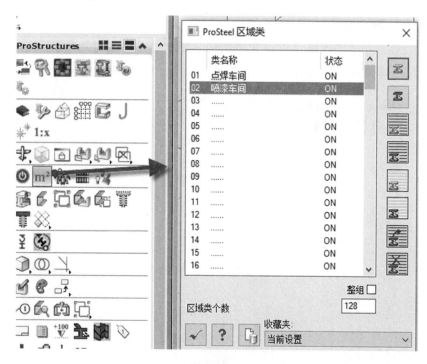

**区域类的划分**

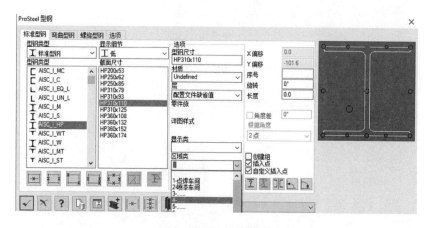

**创建对象时区域的选择**

## 3. 零件族类 (Family)

零件族类是从结构详细模型专业属性上划分的，这个分类保存在当前文件里，它是为更多的结构应用准备的，例如给一个类挂接一个详图样式。

零件族的划分

零件族的属性设定

**4. 描述类**

对于描述类的作用，前文在图层的内容已经讲解过，这里不作特殊的说明，在后续的应用里可以调用描述类的属性。

**5. 加工状态**

加工状态更多是为了后续施工过程的显示控制而设计，便于监控不同的施工状态。

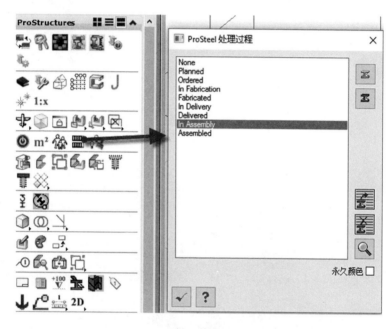

加工状态

一个 ProStructural 对象从上述不同的角度进行了分类，也可以通过显示隐藏的工具进行局部的显示控制。

在修改对象的属性时也有修改这些分类属性的设定。

对象属性的分类设置

**6. 组分类**

在 ProStructural 里，组（Group）的概念更多是从加工制作的角度考虑的。很多结构详图组件需要在工厂里加工好，然后现场组装，如将一个柱子和一个柱脚底板在工厂焊接组装好，在现场组装，这就是一个组的概念。在一个组中有主对象和从属对象。

所以，当创建一个对象时，系统有创建组的概念，添加附属对象时就有加入组的选项。如果先前的主体对象没有选择创建组的选项，在创建从属对象时系统就会自动创建一个组，将主体对象和从属对象组合在一起，形成一个组。

组也有相应的编辑工具，可以将一个对象加入组，或者从组中删除。

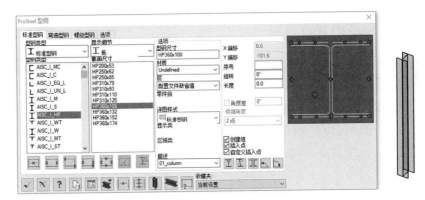

创建组

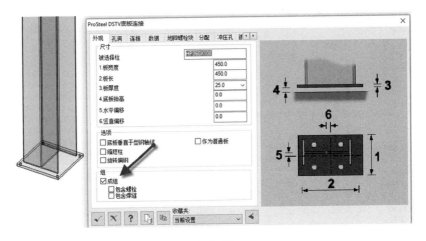

加入组

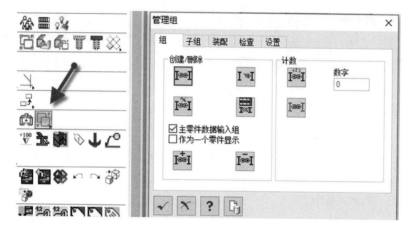

组编辑工具

## 6.3.5　对象的更改过程

在 ProStructural 中，对象的更改分为属性的更改和形体的更改，上文介绍的就是属性的更改过程。

而对于形体的更改则是通过如下命令来实现的，参数的设定作为模板保存起来，以便于将来调用。

对象更改

在对象更改的对话框里，不同的选项卡代表不同的修改类型和参数控制。

## 6.3.6　报表输出流程

在 ProStructural 中，报表的输出过程分为两个步骤，先生成数据库，再输出报表。

**材料统计工具**

创建材料表数据库

| 零件选择集 | 3D 实体 |
| 型钢 | 全部模型 |

选项
- ☑ 仅对有编号零件
- ☐ 仅对成组构件
- ☑ 与组
- ☑ 与集合
- ☐ 仅选中的零件
- ☐ 创建组记录
- ☑ 开始生成材料表
- ☐ 创建附加的 XML 文件
- ☐ 计算数控切割角度
- ☐ 垂直端部在前
- ☐ 包含焊缝
- ☐ 归并焊缝

- ☐ 不要隐藏已处理构件!

- ☐ 计算重心
- ☐ 计算螺栓重心

零件选择集
- ☑ 钢部分
- ☑ 混凝土构件
- ☑ 围护部分

螺栓
- ☐ 包含没有内部编号的螺栓
- ☐ 包含垫圈
- ☐ 包含螺母
- ☐ 包含安全螺母
- ☐ 包含楔形垫圈

- ☑ 不计重量

地脚螺栓
- ☐ 地脚螺栓
- ☐ 地脚螺栓没有内部编号
- ☐ 分隔内部组件

文件名
%PARTLIST_DIR%\Standard%HOUR%_%MINUTE%.mdb

**创建材料的数据库**

创建数据库的过程就是将 ProStructural 建立的模型放到数据库中，进行后续的材料统计。生成的数据库有不同的类型，如是否包含螺栓以及对象的类别等。

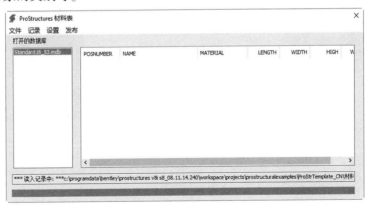

**生成数据库**

对于混凝土，也是采用相同的方式，先生成数据库，再统计。

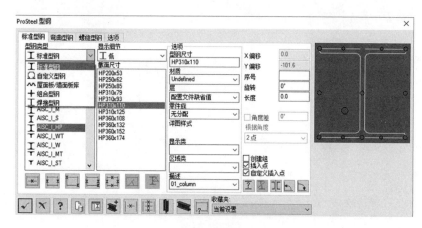

混凝土的数据统计命令

## 6.4 ProStructural 钢结构详模设计

对于钢结构，ProStructural 的功能分为钢结构主体对象创建与更改、节点创建与更改和图纸报表的输出。

对于框架设计，主要先通过型钢、板等对象搭建钢结构的主体框架，然后根据需求设计不同的节点形式，并对细节进行更改，最后根据建立的三维信息模型进行材料统计和详图输出。

对于型钢，截面形状是最重要的，ProStructural 支持标准型钢、自定义型钢、屋面板、组合型钢和焊接型钢五种截面形式，在后面将作为专门的章节讲解。

### 6.4.1 钢结构主体创建与更改

#### 6.4.1.1 型钢对象布置

在 ProStructural 中，钢结构的对象布置是从型钢开始的，不区分柱子和梁，而是根据截面的差异分为标准型钢、自定义型钢、屋面板、组合型钢和焊接型钢。

型钢布置界面

标准型钢即常见的工字钢、角钢、圆管等常见的标准型钢截面，而用户自定义的型钢是根据工程的需求自定义的型钢截面，后文将详细讲解自定义型钢截面的过程。

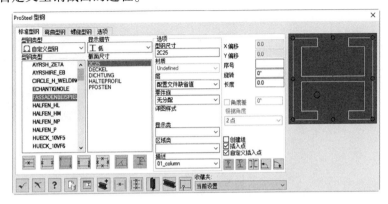

**用户自定义型钢**

**屋面型钢**

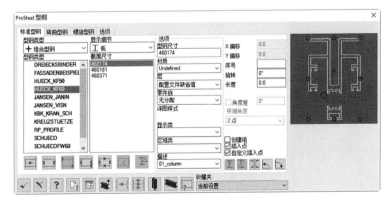

**组合型钢**

　　组合型钢是由单一的标准型钢或者用户自定义型钢组合的一种截面形式，而焊接型钢是由钢条焊接而成的型钢截面。

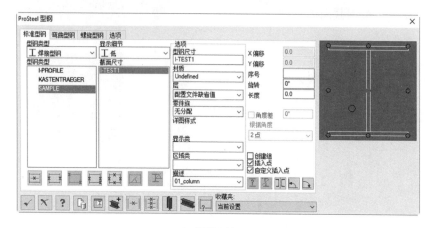

**焊接型钢**

　　上面的型钢布置都是线性的直型钢布置，如果是曲线的型钢，则通过"弯曲型钢"的选项卡布置，有如下图所示不同的布置形式。

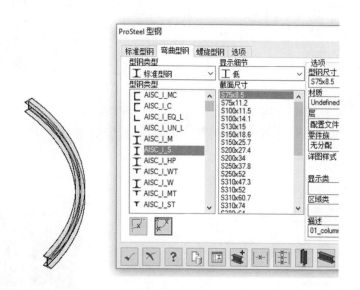

**弯曲型钢布置**

　　无论布置何种类型的型钢，都要先定位，特别是放在某个具体的结构对象上，可以通过 ACS 的设定实现。

　　在预览框里，鼠标点击设定定位基点。

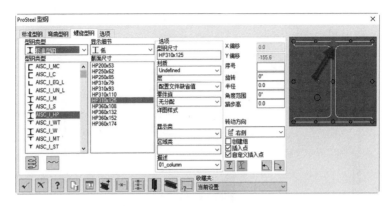

**设定定位基点**

也可以在已有的型钢上布置子对象，例如在主梁上布置次梁。

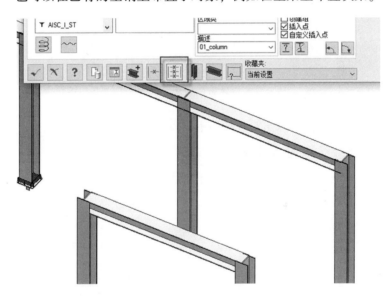

**选择在两个对象上布置多个型钢**

选择第一个对象和第二个对象后，系统会提示输入布置的格式和间距，格式为"个数 * 间距"。

**次梁间距设置**

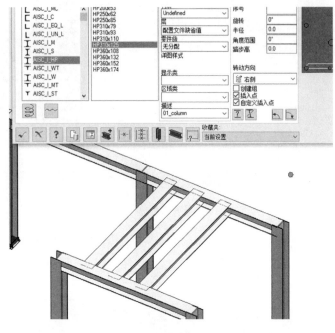

**布置的对象**

通过以上方式可以布置各种型钢对象。

### 6.4.1.2 板对象布置

板对象的布置与 ProStructural 的通用布置方式类似，只是布置方式不同。可以通过一组点闭合一个区域作为板，也可以选择一个已有的面作为板。

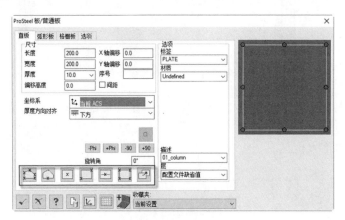

**板对象的布置方式**

不同的布置方式适合不同的布置场合，选择不同的布置方式时，对话框中的参数有时也会无效，例如当选择一个已有的面生成板时，对话框中的长度和宽度也就没有意义了。

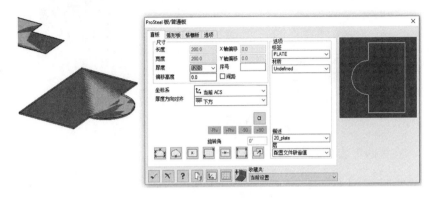

**根据已有的面生成板**

板的类型和型钢类似，分为直板、弧形板和格栅板，分别在不同的选项卡中设置，具有不同的布置方式，也有针对不同板类型的特殊控制方式，例如对格栅板的方向进行调整。

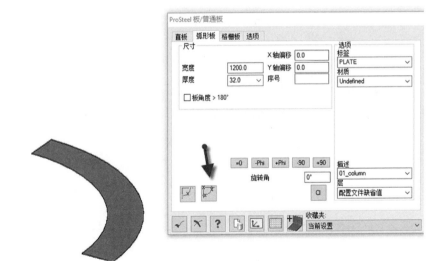

**弧形板的布置**

**格栅板的布置**

在板的参数对话框中还有板边缘的设置选项。

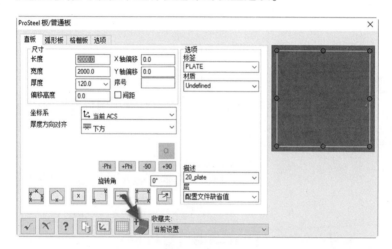

**板边缘设置选项**

**板边缘的设置**

### 6.4.1.3 檩条布置

檩条的布置分为两种方式：一种是选择一个区域布置；另一种是选择两个次梁对象，在上面布置檩条。

执行命令时，系统提示点击两次左键确定一个区域，或者点击右键切换到选择次梁布置檩条的方式。

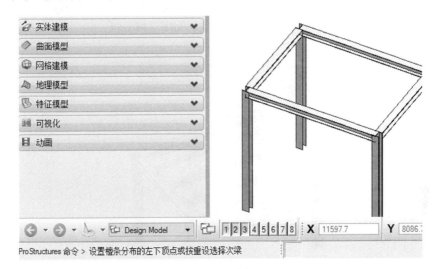

**檩条布置方式选择**

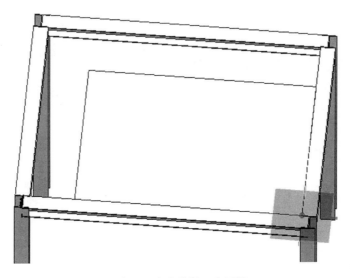

**右下、左上选择一个区域**

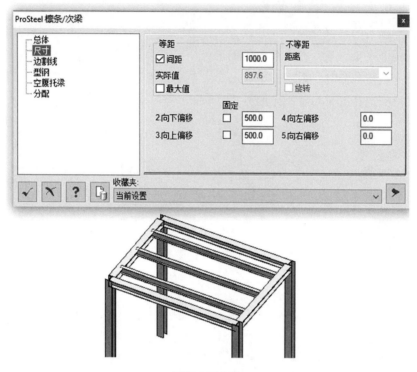

设置布置参数

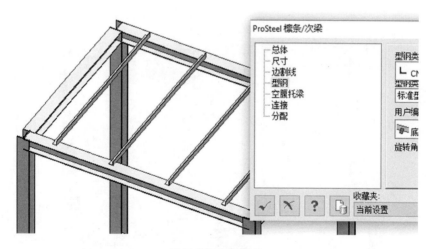

选择次梁布置檩条

#### 6.4.1.4　屋面板布置

屋面板的布置和板类似，先选择一个面，然后根据参数布置屋面板。

屋面板布置

#### 6.4.1.5　栏杆扶手布置

布置扶手栏杆时，先选择一个线段为基础，然后通过各种参数，包括间距、型钢断面、端部形式等控制扶手栏杆的形式。对于每个参数的含义，可以通过设置后观看形体的变化了解。

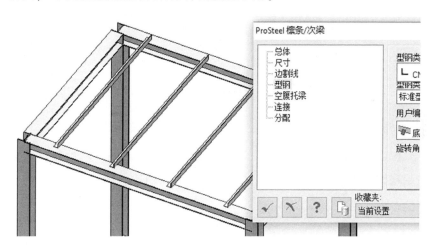

栏杆构件型钢截面设置

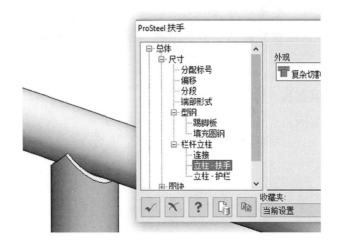

杆件之间切割设置

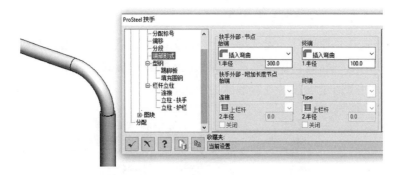

端部形式

### 6.4.1.6 楼梯布置

ProStructural 的楼梯布置，先两点确定起点和方向，然后通过参数设定楼梯的形式。在楼梯的对话框里还可以调用扶手栏杆的设定。

楼梯创建

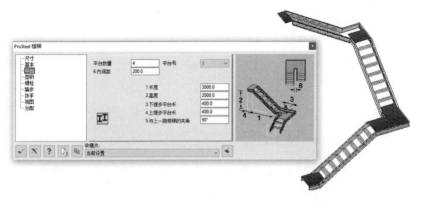

多跑楼梯的布置

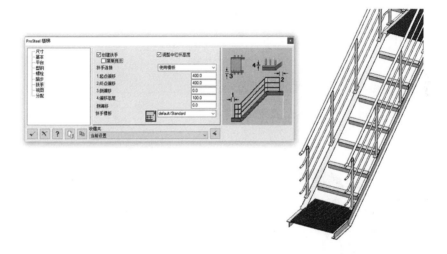

楼梯栏杆的设定

与之相关的命令是延伸楼梯和标准楼梯的布置。

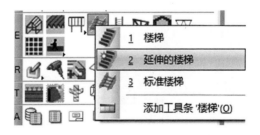

延伸楼梯和标准楼梯

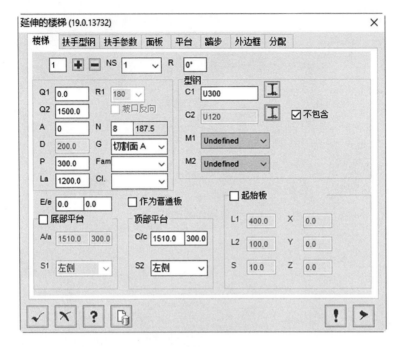

**延伸楼梯**

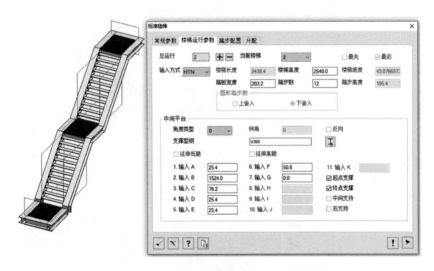

**标准楼梯设置**

### 6.4.1.7 其他构件布置

系统还提供了其他构件的布置方式, 都是参数化形成结构详细模型。

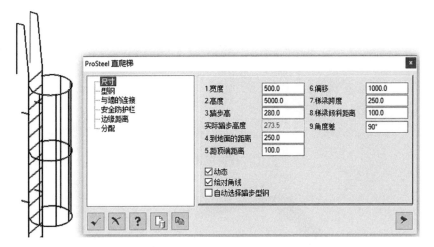

**爬梯布置**

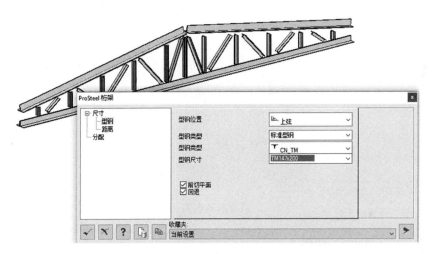

**桁架布置**

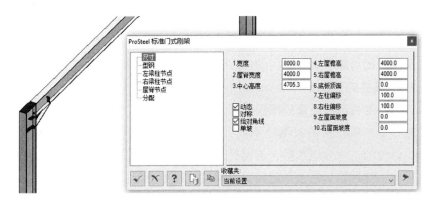

**门式刚架布置**

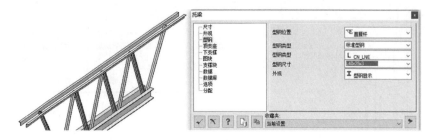

托梁布置

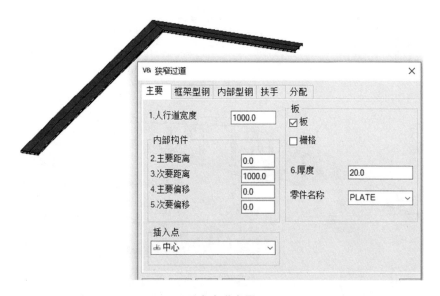

平台走道布置

### 6.4.1.8 对象更改

对象更改的命令总是伴随着创建的命令，操作的过程也是创建后根据设计需求的变化对构件进行更改。

前面介绍 ProStructural 的通用更改时已经介绍了对象更改的命令。对于不同的对象，也有专门的修改命令对其特性进行更改。

#### 1. 属性的更改

属性的更改和前面通用操作模式一样，当选择不同的对象时，属性的对话框中所设定的数据也不同，但大体上分为一般数据、材料表数据、修改和一些分组数据，前面讲过的一些对象的分类属性也可以在这里更改。这些数据将被图纸输出、材料统计等功能调用。

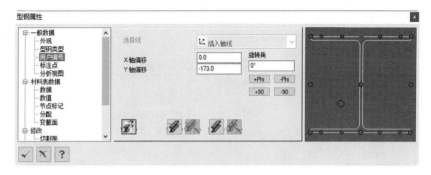

型钢的属性更改

柱脚底板属性更改

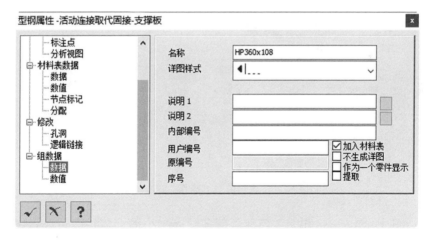

组数据更改

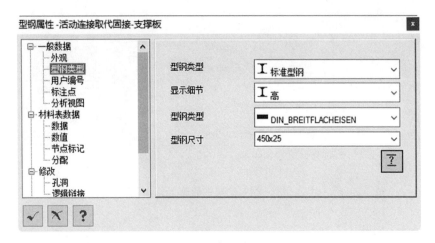

型钢类型更改

## 2. 形体的更改

除了对象本身属性的更改，系统还需要一些工具对对象的形体进行更改。在 ProStructural 的任务条和 ProSteel 的任务条里都有形体修改的命令，点击后弹出如下的操作界面。不同的对象有不同的修改操作，例如延伸、打断、开孔等。

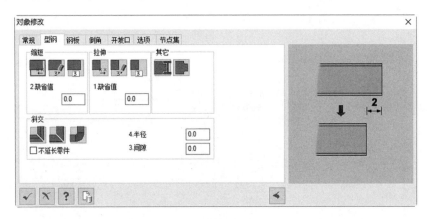

通用的形体操作

在 ProStructural 里，形体修改的命令有个小黑三角，用左键点住，会弹出一组工具，这些工具可以作为一个单独的工具条存在。这些工具相当于将上图中的一部分工具拿出来，并加上一些专门针对钢结构的操作命令。

**修改工具条**

对象修改对话框的"常规"选项卡中是一些常规的操作，如延伸、修剪、打断、连接，与 ProStructural 的通用操作方式类似，有不同的操作方式供使用。

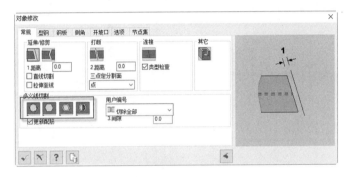

**不同的操作方式**

具体的操作看提示即可。型钢专门的操作命令与之类似。如果使用过 AECOsimBD 会发现，ProStructural 中有些操作不如 AECOsimBD 灵活，这是因为 ProStructural 是详细模型操作。当然，随着软件的发展和更新，其操作将更加便捷。

无论延长或者剪切都需要注意，选择型钢时要选择合适的端点，因为系统需要知道从型钢的哪一头修剪和延伸。

先选择左侧端点，再选择切割线，切割结果如下。

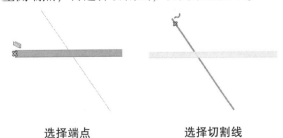

选择端点                选择切割线

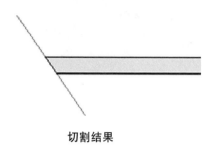

**切割结果**

如果选择另一端，切割的结果则是另外一种情况。

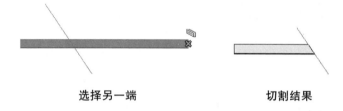

**选择另一端**　　　　　　　　　　　**切割结果**

型钢的其他操作大体类似。在型钢的操作中，缩短和延长是两组命令，并分为定制缩短或延长和动态缩短或延长两种方式。

其他的操作命令不再一一叙述。

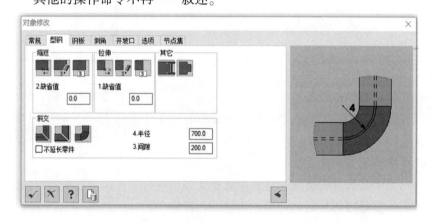

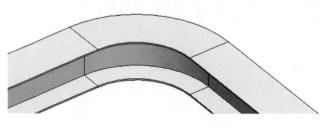

**型钢的连接**

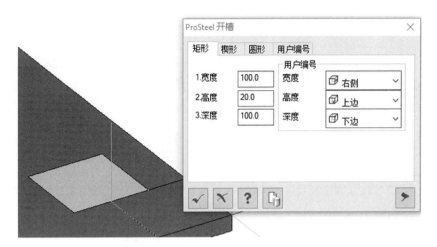

型钢开槽

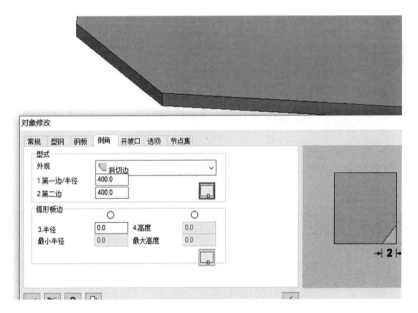

板的倒角

其他相关操作还有打孔、型钢延长及钢板延长等。

修改命令

## 6.4.2　结构截面的扩展和使用

前面讲过，布置一个型钢对象时，有很多截面可以选择，这些截面分为标准截面和自定义截面，无论哪一种截面都可以扩展，而且这些截面有时既可以用于钢结构，也可以用于混凝土结构，在定义截面时会让用户选择。

这些截面的定义是放在系统目录里的一组文件，如下图所示。

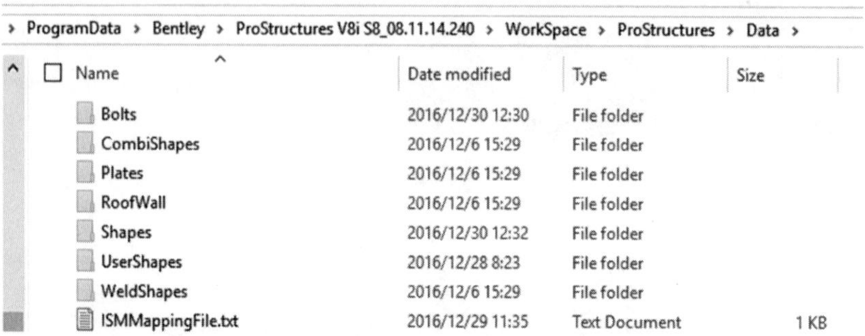

> ProgramData > Bentley > ProStructures V8i S8_08.11.14.240 > WorkSpace > ProStructures > Data >

| Name | Date modified | Type | Size |
|---|---|---|---|
| Bolts | 2016/12/30 12:30 | File folder | |
| CombiShapes | 2016/12/6 15:29 | File folder | |
| Plates | 2016/12/6 15:29 | File folder | |
| RoofWall | 2016/12/6 15:29 | File folder | |
| Shapes | 2016/12/30 12:32 | File folder | |
| UserShapes | 2016/12/28 8:23 | File folder | |
| WeldShapes | 2016/12/6 15:29 | File folder | |
| ISMMappingFile.txt | 2016/12/29 11:35 | Text Document | 1 KB |

**截面库保存文件**

由名称可以看到，在布置型钢时，所选择的五种型钢截面类型分别对应不同的目录。

标准型钢：Shapes。

自定义型钢：UserShapes。

屋面板：RoofWall。

组合型钢：CombiShapes。

焊接型钢：WeldShapes。

下面分别说明五种型钢的定义方式。

### 6.4.2.1　标准截面的定义

在 ProStructural 里标准型钢的定义保存在一个 MDB 文件中，可以通过 Microsoft 的 Access 打开然后定义。

【提示】在 AECOsimBD 的结构模块中也可以选择这个 MDB 文件作为截面库。

Shapes

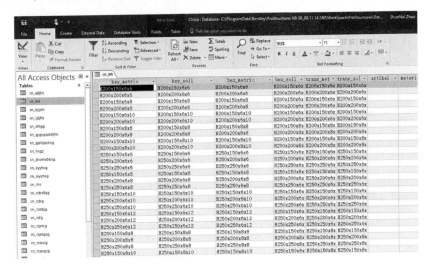

**标准截面库文件**

在 Access 的文件里，每种截面类型作为一个表（Table）存在，打开表，按照格式进行定义，输入合适的参数就可以了。

**标准截面的扩展**

其他四类截面统称为自定义截面，这些截面的定义按如下的方式进行。

### 6.4.2.2 自定义截面

自定义截面命令

自定义截面

四种不同的截面有不同的定义方式，分别存储在不同的目录里。

**1. 自定义型钢**

如果自定义型钢，则手工绘制一个形状，然后设定为自定义型钢断面就可以了。

这里的树状结构便于组织不同的自定义截面，在不同的树状层级上点击右键，也有不同的操作命令。

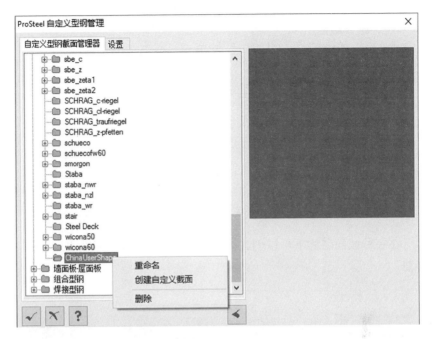

**创建自定义截面**

　　当建立一个截面的名称时，在右键的菜单里就可以选择一个形状。需要注意，在"设置"选项卡里，有一些设定用于控制选择的对象类型，如是选择多段线还是单线，这个截面是用在钢结构、混凝土还是两种都使用。

　　　　**选择模式**　　　　　　　　　　　　**使用场合**

　　对于一个型钢断面，需要绘制外部轮廓和内部轮廓，在定义的过程中，系统也有这样的提示，然后选择定位点，设置完毕后点击左键系统就会弹出属性对话框，保存这个自定义截面即可。

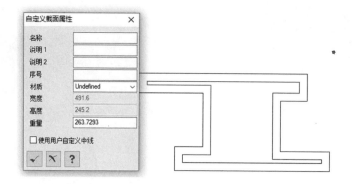

**自定义截面定义**

在一种截面名称下可以创建不同精度的截面，但在实际操作中没有必要。

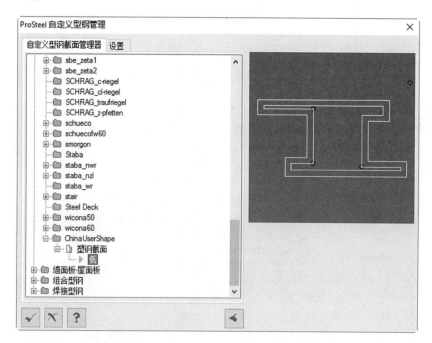

**用户自定义的截面**

当创建了自定义的型钢截面时，在创建截面就可以看到这种自定义的型钢断面。

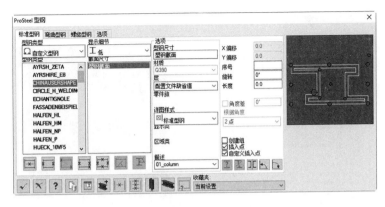

使用型钢截面

后台创建的文件和目录

上面的定义过程中分别定义了外部轮廓和内部轮廓，如果型钢是等厚的，只需要定义一个外部轮廓即可，然后在设置对话框里设定壁厚。

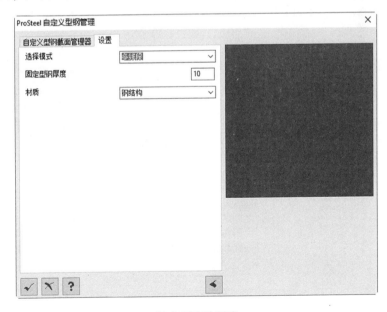

设定固定的厚度

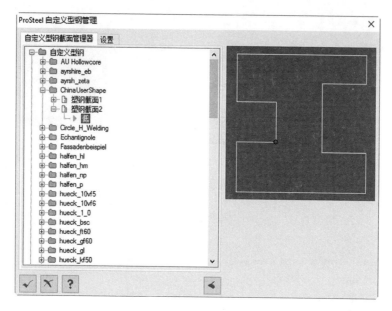

**等厚型钢**

系统提示选择内轮廓时，点击左键即可。

除了自定义型钢的形状外，自定义型钢的类型也有一些常用的规律，可以从系统预置的一些"自定义"的形状中选择，然后参数化地设定即可，而无需自己手工绘制形状。

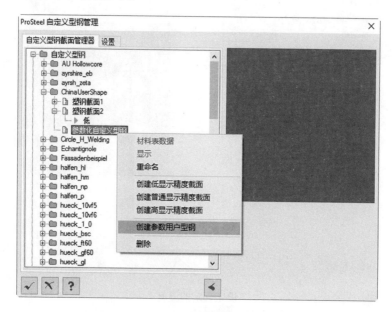

**创建参数化型钢**

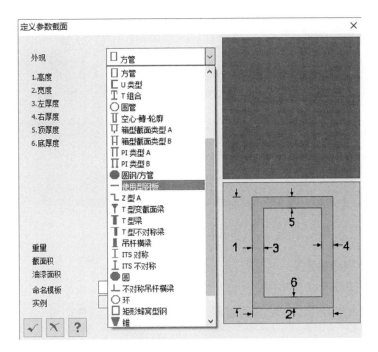

**选择预置的自定义形式**

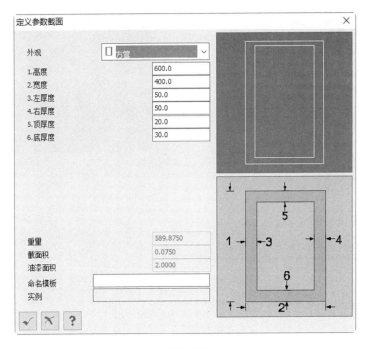

**设定参数**

使用自定义型钢断面

## 2. 屋面板定义

屋面板的定义和自定义截面差不多，只是需要提前绘制屋面板的曲线，并设置厚度，在定义的过程中选择基线，设定属性即可。

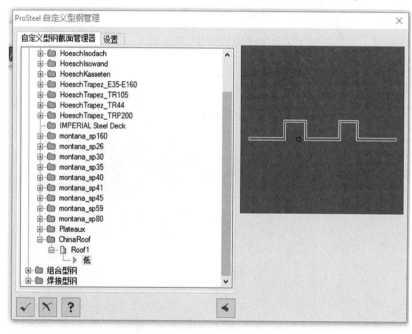

屋面板的定义

### 3. 组合型钢

组合型钢，即组合已有的型钢断面，形成一种新的截面形式。无论是自定义的型钢还是标准型钢，都可以组合成一种新的型钢断面形式。所以，定义的过程中需要先绘制出已有的型钢断面，然后分别选择。系统会提示选择不同的型钢断面，然后选择插入点即可。

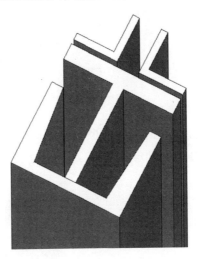

绘制不同的型钢断面

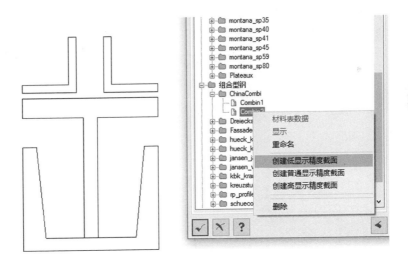

创建组合型钢断面

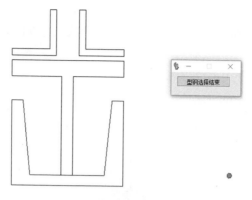

**选择不同的型钢**

选择完毕，点击"型钢选择结束"按钮，设定定位点，点击"插入点定义结束"按钮，回到定义截面，输入属性即可。

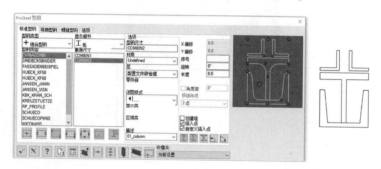

**组合型钢的使用**

### 4. 焊接型钢

焊接型钢截面分为焊接工字钢和焊接型钢。焊接工字钢是一种常用的焊接型钢形式。

**焊接型钢截面选项**

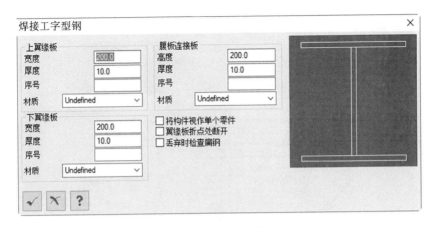

**焊接工字型钢设置截面**

焊接型钢是单独设置每个焊接板的参数和位置，可以添加一个焊接板，然后设置焊接板的位置和参数。

**焊接钢板设置**

### 6.4.2.3  截面的使用

定义了不同的截面后，系统在后台建立不同的文件存储这些数据，而在建立模型时就可以调用这些截面。系统内置了多个国家和地区的截面库，这些截面库还可以扩展，建立模型时可以在系统的截面库里选择使用。

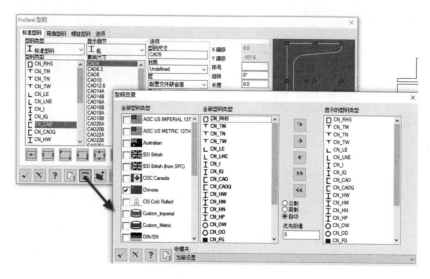

**型钢截面库的使用**

### 6.4.3 节点对象

节点设计是 ProStructural 中重要的结构详细模型设计功能,系统提供了丰富的节点设计功能。

**节点设计命令**

在 ProStructural 中,节点的形式是可以扩展的,如系统专门针对变电架构设置了专业的节点连接形式。

ProStructural 提供的节点连接命令分为两种类型,即可扩展的节点中心和系统原生的固定节点布置方式。

**1. 节点中心**

节点中心内置了不同类型的节点形式,包括变电架构,在使用过程中选择需要的节点连接形式,双击回到视图,选择连接的对象和支撑的对象,系统就会生成相应的节点,并生成相应的节点对象组件。

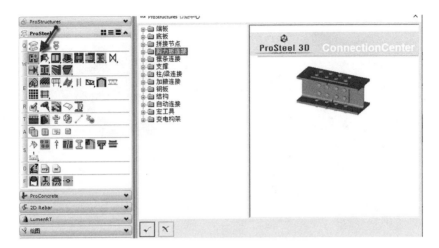

节点中心

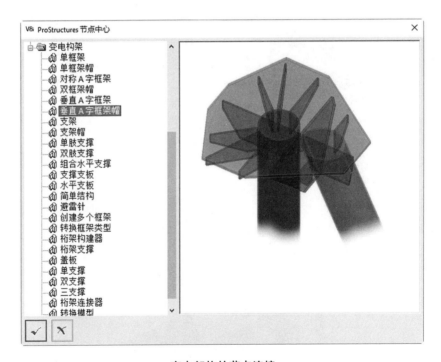

变电架构的节点连接

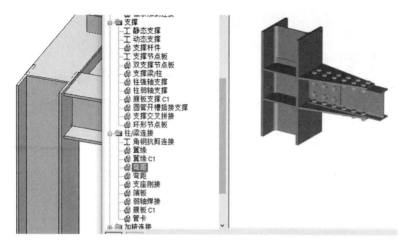

选择连接形式

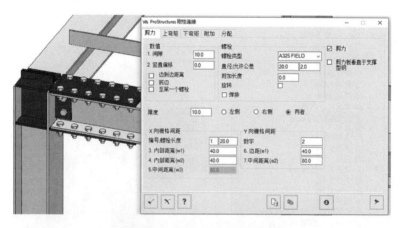

选择连接型钢和支撑型钢，设定参数

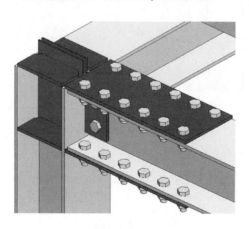

连接结果

需要注意的是，不同的连接形式对两个杆件的位置、类型也有要求，满足要求才能形成正确的节点连接详细模型。

**2. 原生节点**

原生节点是系统默认的常用的连接形式，使用过程和节点中心相同，设置参数即可。

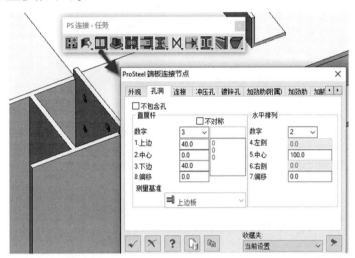

端板连接

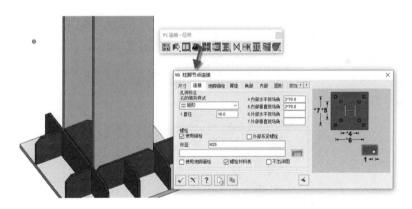

柱脚地板连接

### 6.4.4 焊缝对象

焊缝对象是一类特殊的对象，在结构详图中有时需要统计。在ProStructural 中可以建立焊缝对象，然后统计，如焊缝的长度以及需要多少焊丝。

结合前面的组（Group）概念，建立焊缝时也可以成组，以表明是在工厂内加工的。

焊缝的布置可以根据两个物体生成，也可以手工绘制。

**根据两个物体生成焊缝**

在焊缝的对话框里有很多选项是用在二维图纸中的，如标注焊缝符号等。

## 6.4.5　材料报表及详图

材料报表和详图前面已经讲过，需要先生成数据库，然后再提取材料表和详图。

**材料统计命令**

### 6.4.5.1　数据库的生成

生成数据库是统计的第一步在生成数据库时有许多选项供用户选择，以决定哪些对象进入数据库，如前面所说的焊缝是否进入数据库以进行统计等。

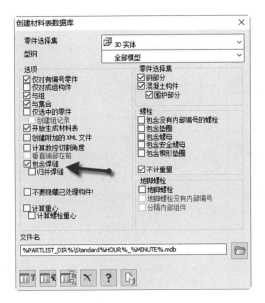

**生成数据的选项设置**

在上图所示界面的下部有一些选项生成不同的数据库。系统最后会生成一个 MDB 数据库文件，材料表和详图信息都是从这个 MDB 数据库输出的。前面设置的所有属性都作为统计的信息被系统识别。

统计完毕，系统自动启动材料统计的界面。

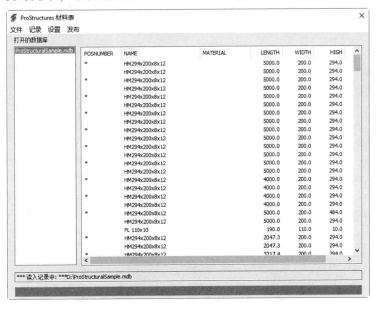

**ProStructural 材料统计**

通过启动单独的材料统计命令，也可以打开生成 MDB 数据库。

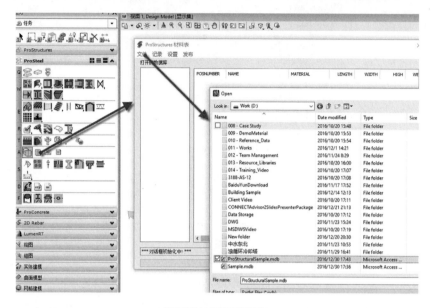

**材料统计打开数据库**

统计完毕，会发现视图中的模型都不见了，这是因为系统将统计的构件都放到了数据库里，将这些放到数据库的构件隐藏，是在生成数据库的选项里设定的。

**隐藏构件的设置**

这种隐藏只是暂时的隐藏，利用扫描命令可以重新显示这些模型，这种隐藏机制其实是一种检查校核机制。

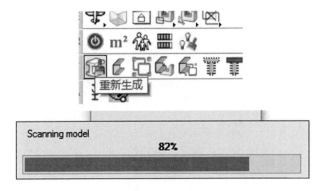

重新生成命令

### 6.4.5.2　材料统计

在材料生成对话框里，首先选择一个模板，然后编辑这个模板，最后生成材料即可。

ProStructural 为不同的对象设置了不同的模板，输出不同类型的对象。

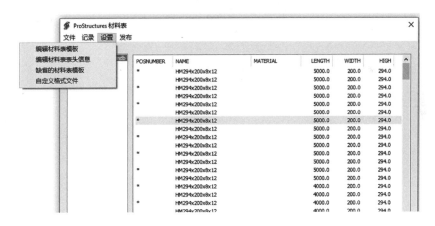

模板编辑

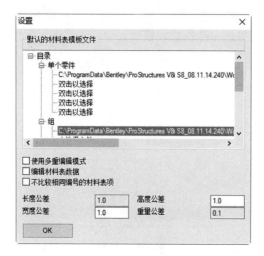

**设置默认模板**

模板是扩展名为"lst"的文件，可以利用编辑表头的命令对模板进行设置。

**编辑模板选项**

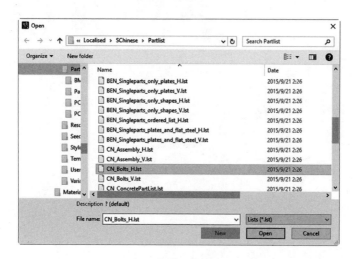

**选择一个模板**

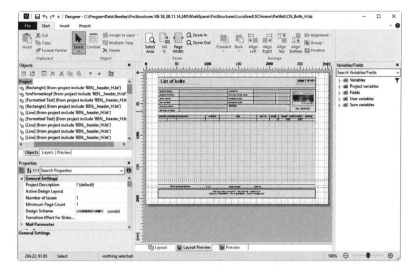

编辑模板

根据选择的模板统计材料

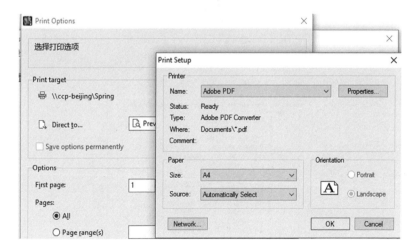

生成 PDF 文件

**List of bolts**                                                                    page 1 of 1

| project name: | | customer: | | |
|---|---|---|---|---|
| project number: | | drawing made by/at: | | |
| order name: | | checked by/at: | | |
| job number: | | released by/at: | | |
| drawing name: | | comment: | | ProStructure V8i |
| drawing number: | | | | date: 2016/12/30 |

| position | quantity | component | material | note | item no | length | weight | total weight | coating |
|---|---|---|---|---|---|---|---|---|---|
| | 6 | CN_Bolt_5873 16x40 | | | | 40 | 0.00 | 0.00 | |
| | 16 | CN_Bolt_5873 16x45 | | | | 45 | 0.00 | 0.00 | |
| | 8 | CN_Bolt_5873 16x50 | | | | 50 | 0.00 | 0.00 | |
| | 6 | CN_Nut_AB 16x40 | | | | 0 | 0.00 | 0.00 | |
| | 16 | CN_Nut_AB 16x45 | | | | 0 | 0.00 | 0.00 | |
| | 8 | CN_Nut_AB 16x50 | | | | 0 | 0.00 | 0.00 | |
| | 6 | CN_Washer_AB 17x40 | | | | 0 | 0.00 | 0.00 | |
| | 16 | CN_Washer_AB 17x45 | | | | 0 | 0.00 | 0.00 | |
| | 8 | CN_Washer_AB 17x50 | | | | 0 | 0.00 | 0.00 | |

生成材料报表

### 6.4.5.3 图纸输出

ProStructural 钢结构的图纸是通过详图中心实现的。出图的过程也是先扫描模型，然后设定图纸样式，最后插入图框。

详图中心命令

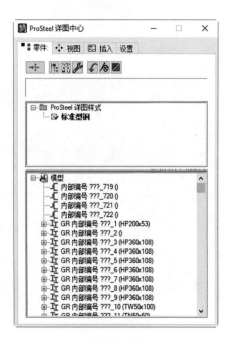

扫描的构件对象

启动详图中心时，系统首先搜索模型中的构件和视图，所以在详图中心有四个选项卡。

（1）零件：搜索系统的组件。

（2）视图：预览图纸。

（3）插入：图框的相关操作。

（4）设置：对选项进行设置。

在详图中心有很多参数需要设置，参数设置也有一个工作流程，建议查看 ProStructural 的培训视频了解。

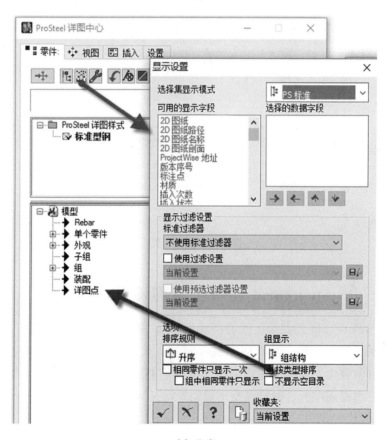

**对象分类**

ProSteel 详图中心选项设置图

详图中心选项设置

## 6.5 ProStructural 混凝土详模设计

ProStructural 的混凝土钢筋模块提供了三维钢筋的布置功能，从施工的精度布置钢筋。由于基于 MicroStation 平台，它对于异形体的支持功能非常强大。在工作模式上，它沿袭了 ProStructural 的通用模式，一些命令也是通用的，如对混凝土对象进行开洞。

混凝土模块

混凝土模块的功能分为三部分。

### 1. 混凝土主体对象布置

混凝土主体对象包括柱子、梁、墙、基础、板等。对于一些自定义的混凝土对象，可以采用 MicroStation 的三维建模功能创建，然后转换为 ProConcrete 的混凝土对象。需要注意的是，这是配筋的基础，钢筋需要依附于一个 ProConcrete 的混凝土对象才能布置。

混凝土对象布置

### 2. 三维钢筋布置

三维钢筋布置的功能是根据设定的参数对混凝土主体对象进行钢筋布置。系统同时提供了自定义异形钢筋的布置，以支持异形混凝土对象。

三维钢筋布置

系统还提供了一系列的命令以对钢筋进行修改。

### 3. 材料统计及图纸

与钢结构类似，当钢筋布置完毕后，首先生成数据库，然后进行材料统计，而图纸的输出功能使用 MicroStation 的动态视图技术，此处不再叙述。

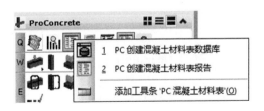

混凝土材料统计

下面介绍混凝土的布置。由于很多内容在前面介绍 ProStructural 的工作流程时已经涉及，在此只讲混凝土独有的部分，重点是工作流程，而非具体的操作。

## 6.5.1　混凝土标准的设定

ProStructural 的混凝土模块（ProConcrete）支持多个国家的标准，使用时应该区分当前使用的和默认的数据库标准，这是两步操作。

混凝土标准

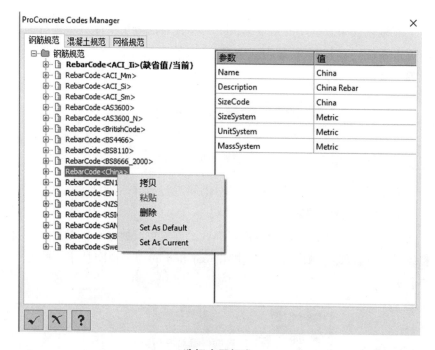

选择中国标准

选中中国标准后，分两次在右键菜单选择设置为当前和默认标准即可。

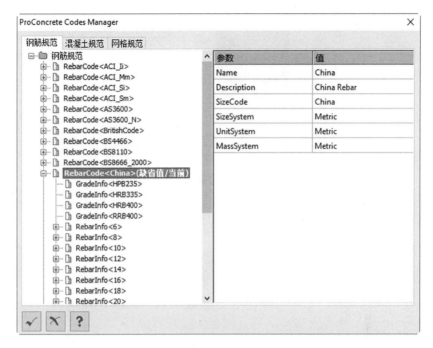

**混凝土中国标准**

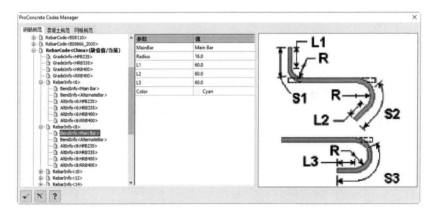

**中国标准的详细设置**

布置钢筋时，就是从这个标准库中选择的。

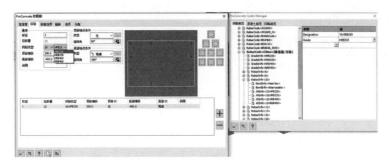

**选择钢筋时，与中国标准的对应**

因此，选择正确的钢筋标准是工作的第一步。

## 6.5.2 混凝土主体的布置

主体对象的布置仍然涉及定位问题，对象的定位和钢结构一样，可以使用轴网系统，也可以使用 ACS 以及 MicroStation 的精确绘图定位机制。

不同的混凝土对象，只是参数和布置方式不同。对主体对象的更改也采取和钢结构相同的修改命令。

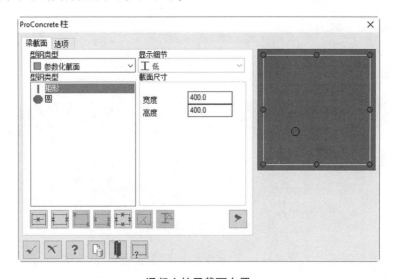

**混凝土柱子截面布置**

上面是一个典型的混凝土柱子截面布置，这个截面和钢结构柱子的布置类似，同样可以使用模板保存、调用设定的参数，也有不同类型的布置方式可以使用，如根据直线生成柱子等。

截面也分为参数化的截面和自定义的截面。前述自定义截面的功能在此也可以使用。

**选项设置**

在"选项"中，不同的对象有不同的选项设置，例如批量放置时的高度、定位偏移等。

下文会大概说明布置的过程，着重介绍需要注意的核心点。这些布置的对象不是简单的 MicroStation 的 Solid 对象，而是可以被系统识别的混凝土对象，后续的配筋过程也需要识别这类对象。

### 6.5.2.1　柱子的布置

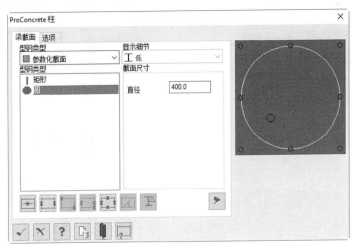

**柱子的布置**

布置柱子时，常规的矩形和圆形可以直接输入参数，也可以使用自定义的截面形状。

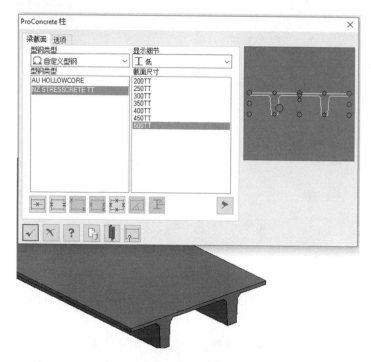

**混凝土自定义截面**

### 6.5.2.2  梁的布置

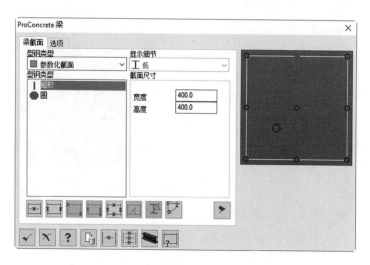

**梁的布置**

梁的布置方式和柱子相同，二者更多的是结构属性的差异，操作完全一样。

### 6.5.2.3 基础的布置

基础的布置分为独立基础和连续基础两种类型。

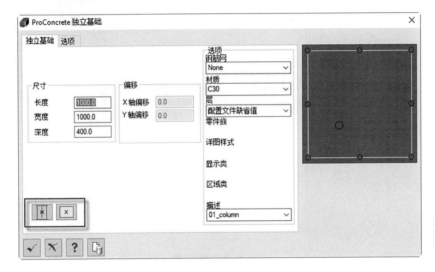

**独立基础**

独立基础的布置分为两种方式：第一种是选择已有的柱子，第二种是点击位置建立独立的基础。

**独立基础生成方式**

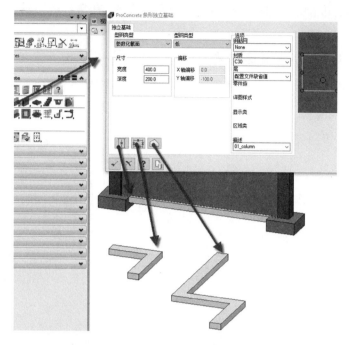

**条形基础生成方式**

条形基础可以在墙的底部生成，也可以通过一个线段或者鼠标点击的方式生成。

### 6.5.2.4 墙体生成

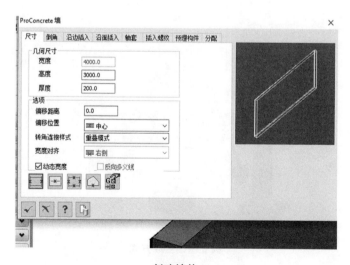

**创建墙体**

墙体的生成对话框中除了常规的高度、厚度外，还可以设置倒角、预埋件。预埋件可以分别设置在不同的侧面上。

### 6.5.2.5 混凝土板的布置

板的布置如下图所示，只需要注意根据不同的场合选择合适的布置方式。

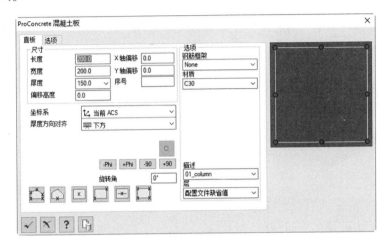

板的布置

### 6.5.2.6 混凝土楼梯

混凝土楼梯的布置和钢梯类似，首先设定基点和方向，然后设置楼梯的参数。

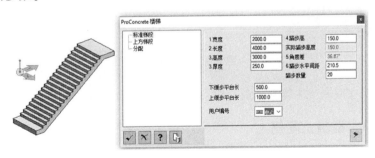

混凝土楼梯的布置

### 6.5.2.7 异形混凝土

对于异形混凝土主体对象，需要先用 MicroStation 的 Solid 建立所需要的形体，然后转换为 ProConcrete 实体，这样才能被后续的混凝土配筋命令所识别。

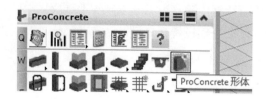

转换命令

转换过程中，首先选中一个实体，然后通过三点确定一个坐标系，以便后续设定布置钢筋的方向最后设定对象的属性。

建立混凝土异形体

建立混凝土主体对象后，就可以进行后期的配筋过程了。

## 6.5.3 混凝土配筋

### 6.5.3.1 配筋的类型

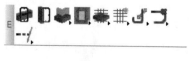

配筋命令

混凝土的配筋分为三种，即常规对象的配筋、面配筋和异形配筋。

常规对象的配筋即对常规的混凝土对象配筋。这些对象有一定的规律，也有特定的对象控制其参数。例如，柱子和梁在配筋的过程中都需要控制纵筋和箍筋的参数，板的配筋则是布置一个"网状"的钢筋。

面配筋是选取一个面作为配筋的基础。需要注意的是，这个面钢筋需要依附于一个混凝土对象，以便后续的材料统计。

异形钢筋则是通过线、面等对象进行布置。与面配筋类似，异形钢筋的布置仍然需要一个混凝土对象作为主体。

### 6.5.3.2　配筋的参数控制

不同的混凝土对象在配筋过程中有不同的参数控制，但无论是何种类型的对象，都有一些通用的控制参数。

**1. 保护层的厚度控制**

钢筋混凝土结构中钢筋是被混凝土包裹的，钢筋的布置位置和外表面有一定的厚度的混凝土作为保护层，当选择一个主体对象时都有这样的参数控制。

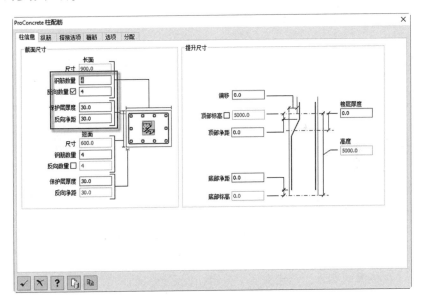

**柱钢筋的保护层厚度**

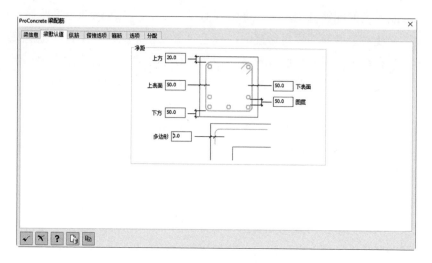

梁钢筋的保护层厚度

板钢筋的保护层厚度

## 2. 分组的布置方式

同一个混凝土主体对象，根据力学计算和布置的方式，在不同的位置会布置不同类型的钢筋，这就会用到钢筋分组的功能。

在布置钢筋时，先建立一个分组，设定分组的参数和位置。

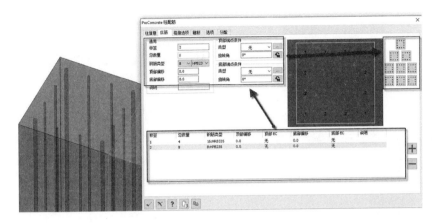

**钢筋分组的设置**

在上图的中间位置，可以用鼠标点击布置的位置，也可以使用右边预设的排布方式。

### 3. 搭接的选项

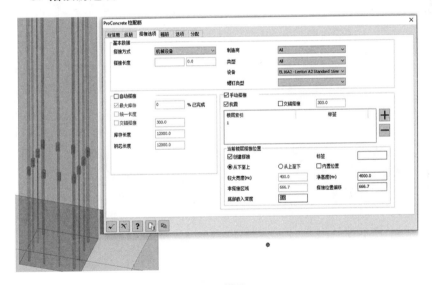

**钢筋的搭接**

钢筋不可能是通长的，需要一定的搭接方式，在布置对话框里有相应的选项设置。

### 4. 端部参数

每组钢筋在端部都需要做一定的设置，如弯钩或弯折等。需要注意的是，端部参数的设置是以分组设定的。

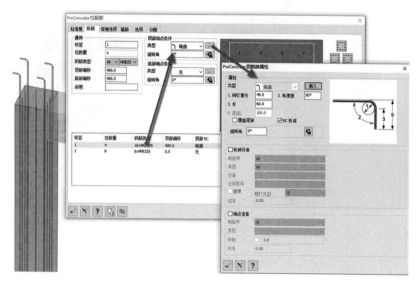

端部设置

### 5. 位置偏移

两个连接的混凝土对象，其钢筋需要搭接布置，这就意味着在配筋时需要基于主体对象进行拉伸、偏移等。

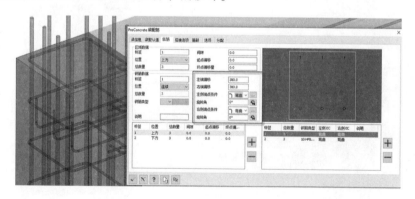

偏移设置

### 6. 混凝土对象选择

选择不同的配置方式时，系统有不同的布置方式，对话框中也有不同的图标提示用户到视图中选择混凝土主体对象。

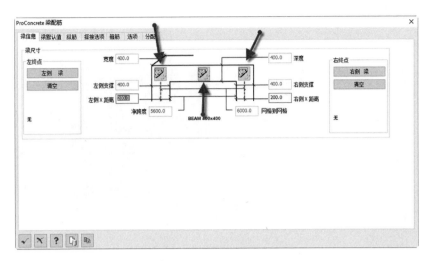

梁配筋：选择梁和连接的柱子

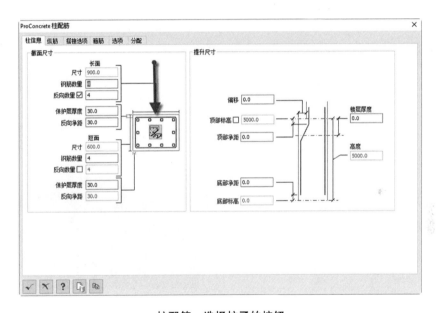

柱配筋：选择柱子的按钮

### 6.5.3.3　常规对象的配筋过程

明确了上述通用配筋设置后，常规对象的配筋就简单易学了。

### 1. 柱配筋

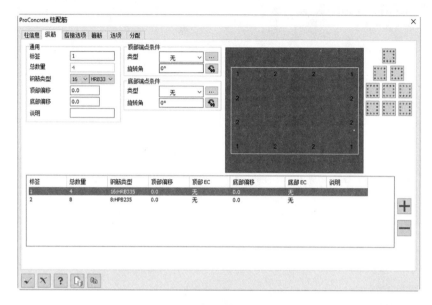

柱配筋

柱子的配筋设置需要注意布置纵筋时，分组后右侧的图示应该有标签的显示，如果没有，需要选择右侧的排布，或者用鼠标点击。

箍筋的布置

　　箍筋的布置需要首先在左下方建立分组，在右下方建立分组的弯钩，在左上角设定参数以及箍筋的位置，然后在右上角用鼠标点击箍筋的路径。视图中的模型也会同步更新。

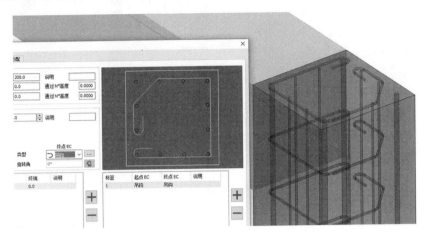

**设定箍筋的路径**

## 2. 梁配筋

**梁配筋**

　　对于梁配筋，设置纵筋时，需要分组设定钢筋所在的面，在右边的视图里点击布置的位置。

　　梁的箍筋需要说明箍筋布置的位置。

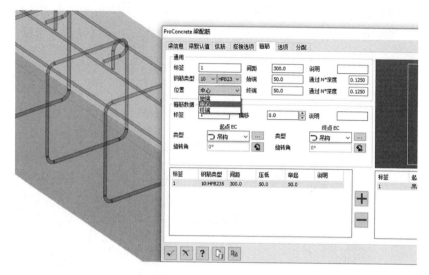

**梁的箍筋**

### 3. 墙、板配筋

墙、板配筋需要注意的是，系统是分面布置的，如果面上有洞，系统会自动识别，然后进行布置。在修改对象命令里，开洞的操作中也有更新钢筋的选项，同时可以对洞口进行特殊的加固钢筋布置。

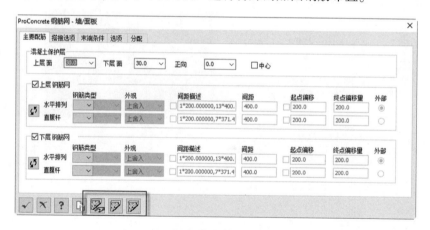

**墙钢筋布置方式**

在布置方式上，既可以对整个墙进行布置，也可以以设定的形状在墙体上布置钢筋。与面配筋不同的是，这里需要选择一个墙对象。

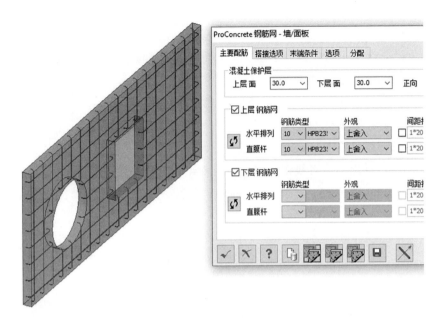

**墙配筋识别洞口**

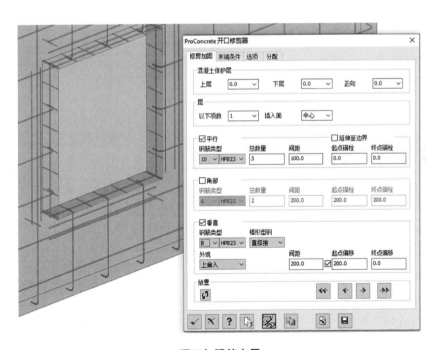

**洞口加强筋布置**

板的配筋与墙相同。

### 6.5.3.4 面配筋过程

面钢筋在工程实际中必然依附于某一混凝土对象，而这个"面"也必然是混凝土对象的一个面。这个面一般是平面，曲面则需要参照后文异形钢筋的布置过程。

对于面钢筋和异形钢筋，配筋步骤如下：

（1）绘制实体对象。

（2）转换为 ProConcrete 对象。

（3）抽出面或者线作为面配筋或者异形钢筋布置的基线。

（4）布置钢筋，选择 ProConcrete 混凝土对象，选择面或线进行布置。

下面以异形体为例说明配筋的过程。

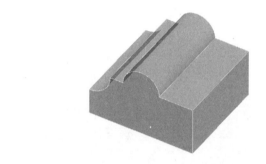

转换为 **ProConcrete** 对象

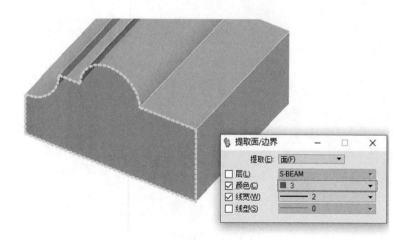

提取侧面

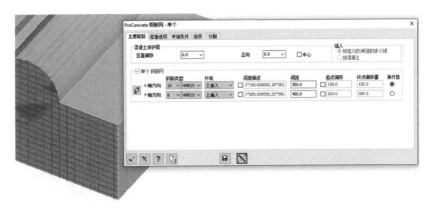

**钢筋网**

在布置过程中，首先选择主体对象，然后选择面，系统根据参数生成钢筋网，也可以通过上图右下角的工具设置钢筋布置的方向。

需要注意的是，可以重复这个过程，通过设置偏移间距布置多层钢筋网。

### 6.5.3.5　异形钢筋布置

异形钢筋的布置分为单根布置和自定义布置两种方式。

**异形钢筋布置**

与布置面钢筋类似，布置过程中也需要选择一个 ProConcrete 的混凝土形体，然后选择一组线，或者选择一条基线和一个路径。

下面以曲面钢筋布置为例说明这两个命令的使用过程。

单根钢筋批量布置相当于先选择一条基线，再选择一个路径，系统生成基线方向的钢筋。

**异形物体**

分别从形体中抽出基线和路径，然后布置钢筋，如下图所示。

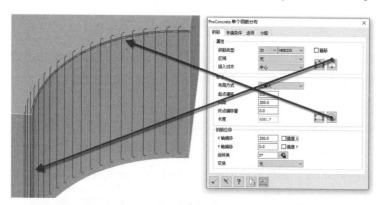

**批量布置**

如果沿曲面布置横向钢筋，则需要采用自定义的方式，从曲面上抽出三条基线，如下图所示。

命令启动后，仍然需要选择一个主体对象。

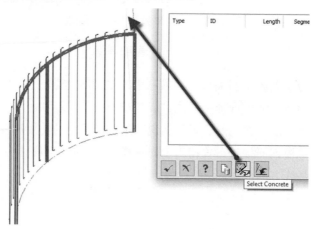

**选择主体对象**

然后，利用选择导向线的功能选择抽出的基线。

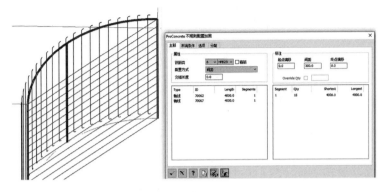

**生成钢筋**

上图中系统只是将首尾基线直接相连，不是曲面，为了形成曲面，采用如下操作。

在曲面上多抽出或者复制一根基线，如下图所示。

**三根基线**

选择了三根基线后效果如下。

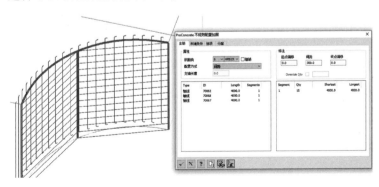

**直接连接基线**

上图中虽然生成了钢筋，但仍然没有沿着曲面布置，这时需要让系统知道三条基线在一条弧线上。

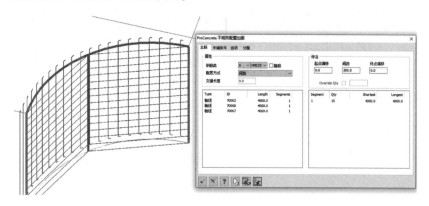

**弧线选项**

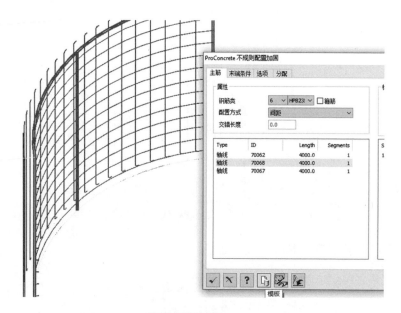

**曲线布置效果**

利用以上方式可以生成任何形式的钢筋。

### 6.5.3.6　钢筋的修改

钢筋的更改采用 ProStructural 默认的属性更改方式。

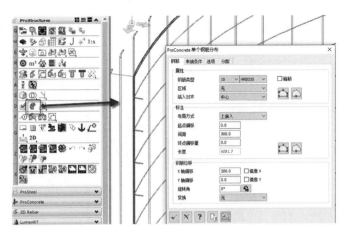

**钢筋修改**

系统还提供了端点等其他方式的修改工具。

**端点修改命令**

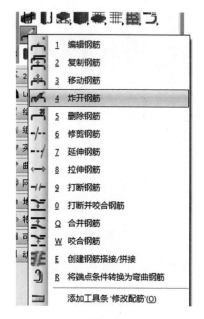

**编辑钢筋**

## 6.5.4　材料统计与图纸输出

ProConcrete 的材料统计功能与 ProSteel 的工作原理相同，首先生成一个数据库，然后进行数据统计。图纸的输出也是利用 MicroStation 的底层动态视图功能，在此不再赘述。

**生成混凝土数据库**

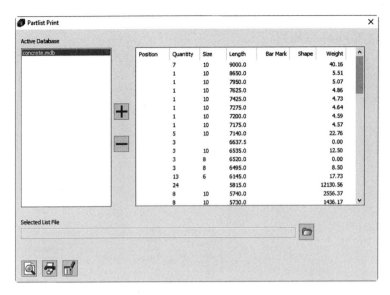

生成的数据库数据

# Concrete shapes report  Page 1

| Order Name: | | Building Owner: | | | | ProConcrete 3D | | |
|---|---|---|---|---|---|---|---|---|
| Project Name: | | Project: | Drawing Name: | | Index: | | | |
| | | Signed by: | Created at: 31.12.2016 | | Time: 19:37 h | | | |

| ObjectType | PosNum | Grade | Name | Qty | S.Area (Sq m) | Volume (m^3) | Weight (Kg) | Height | Width | Length |
|---|---|---|---|---|---|---|---|---|---|---|
| Beam | | C30 | BEAM 400x400 | 2 | 18.6 | 1.79 | 4,301 | 400.0 | 400.0 | 5600.0 |
| Column | | C30 | COLUMN 400x400 | 4 | 33.3 | 3.20 | 7,680 | 400.0 | 400.0 | 5000.0 |
| Generic | | C30 | ConcreteSol | 1 | 220.3 | 201.61 | 483,855 | 4000.0 | 7885.0 | 7885.0 |
| Generic | | C30 | ConcreteSol | 1 | 290.6 | 298.05 | 715,330 | 5572.0 | 9000.0 | 8000.0 |
| Footing | | C30 | PAD 1000x1000x | 4 | 14.4 | 1.60 | 3,840 | 400.0 | 1000.0 | 1000.0 |
| Panel | | C30 | PANEL 5600x3000x | 1 | 37.0 | 3.36 | 8,064 | 3000.0 | 200.0 | 5600.0 |
| Panel | | C30 | PANEL 7000x3000x | 1 | 41.6 | 4.20 | 10,080 | 3000.0 | 200.0 | 7000.0 |
| Slab | | C30 | SLAB 4016x3239x | 1 | 21.3 | 1.61 | 3,875 | 150.0 | 3239.0 | 4016.0 |
| Column | | Undefi | Stresscrete Double Tee 450TT | 1 | 38.6 | 1.63 | 12,804 | 450.0 | 2396.0 | 6064.0 |
| Footing | | C30 | STRIP 200x400 | 1 | 6.9 | 0.45 | 1,075 | 200.0 | 400.0 | 5600.0 |
| Footing | | C30 | STRIP 400x1000 | 1 | 33.6 | 4.69 | 11,250 | 400.0 | 1000.0 | 11719.0 |
| **Page totals:** | | | | | | | | | | |
| Quantity | | | | 18 | | | | | | |
| Volume | | | | | | 522.19 | m^3 | | | |
| Weight | | | | | | | 1,262,154 | Kg | | |

生成的材料表

可以选择不同的模板文件输出不同的数据，而且模板是可以被定义的，这与 ProSteel 相同。

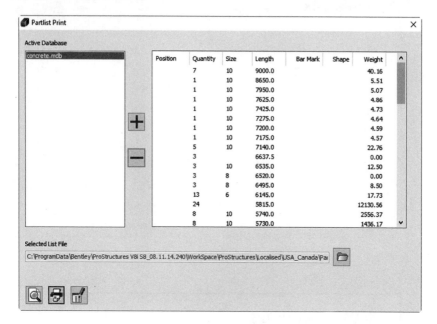

材料的打印与模板选择

## 6.6　ProStructural 工作环境

在 AutoCAD 的基础上没有前面所讲的项目环境 WorkSpace 的概念，为了管理 ProStructural 的项目，它有一套自己项目管理的机制。这套机制在 MicroStation 的 ProStructural 中仍然存在，后文中笔者将试图把 ProStructural 的项目管理和 MicroStation 的项目管理融合在一起。

需要注意的是，现阶段的 ProStructural 还没有自己特定的工作环境（WorkSpace），后文笔者使用了一个自定义的工作环境，也会加入到后续 ProStructural 的默认安装包里，如果读者没有这个环境，也可以使用 AECOsimBD 默认的工作环境更改。

### 6.6.1　ProStructural 中的 WorkSpace

下面的过程是基于 MicroStation 的 WorkSpace 架构定义的，在这里笔者也自定义了一些变量，这部分内容供读者参考，可以结合《管理指南》的细节理解。使用者可以直接跳过这部分内容，直接翻看后面的工作流程和功能讲解。

　　当安装了 MicroStation 版本的 ProStructural 时，系统也会建立相应的 ProStructural 的 WorkSpace 目录。

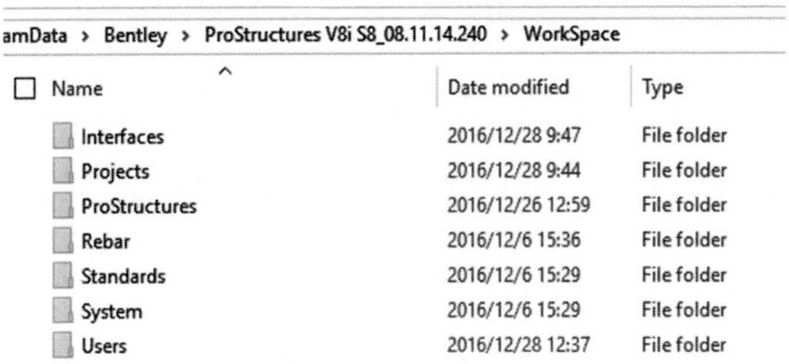

**ProStructural 的工作目录架构**

　　上面的目录其实是在 MicroStation 的架构下加了一个 ProStructural 的目录，这个目录里为不同国家和地区定义了不同的区域设置。

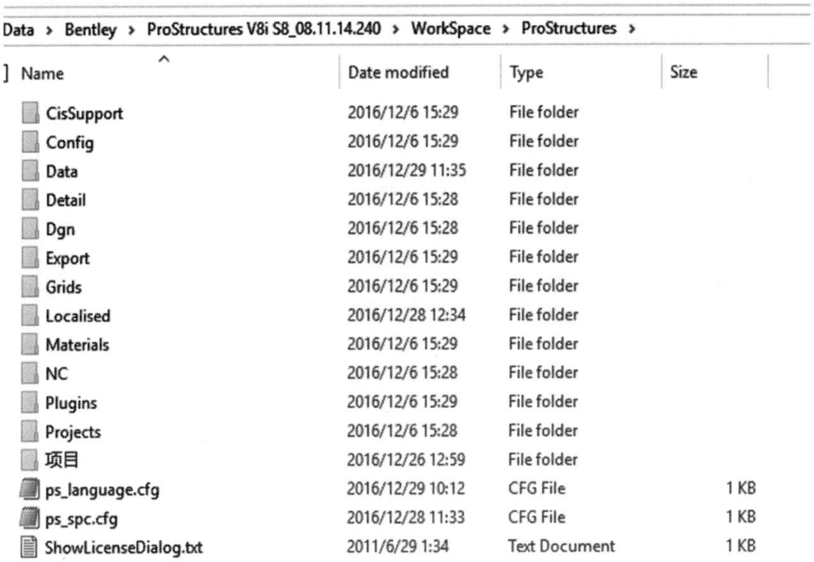

**ProStructural 独有的设置**

| Name | Date modified | Type | Size |
|------|---------------|------|------|
| Australia | 2016/12/28 9:35 | File folder | |
| PSDataset_CN | 2016/12/28 12:34 | File folder | |
| SChinese | 2016/12/28 11:21 | File folder | |

**ProStructural 对不同国家的支持**

| Name | Date modified | Type | Size |
|------|---------------|------|------|
| Bracings | 2016/12/6 15:29 | File folder | |
| Data | 2016/12/29 11:47 | File folder | |
| Dgnlib | 2016/12/6 15:29 | File folder | |
| EED | 2016/12/6 15:29 | File folder | |
| FactorySettings | 2016/12/6 15:29 | File folder | |
| Format | 2016/12/6 15:29 | File folder | |
| Partlist | 2016/12/27 7:56 | File folder | |
| Resource | 2016/12/6 15:29 | File folder | |
| Seeds | 2016/12/28 11:25 | File folder | |
| Styles | 2016/12/6 15:29 | File folder | |
| Temp | 2016/12/26 10:29 | File folder | |
| UserBlocks | 2016/12/6 15:29 | File folder | |
| Varia | 2016/12/6 15:29 | File folder | |

**中国的标准支持**

以上是 ProStructural 的工作空间架构，会发现这个架构把用到的东西都打包放置到了 ProStructural 的目录下，包括对项目 Project 的组织，这都是为支持 AutoCAD 而进行的设置。

| Name | Date modified | Type | Size |
|------|---------------|------|------|
| CisSupport | 2016/12/6 15:29 | File folder | |
| Config | 2016/12/6 15:29 | File folder | |
| Data | 2016/12/29 11:35 | File folder | |
| Detail | 2016/12/6 15:28 | File folder | |
| Dgn | 2016/12/6 15:28 | File folder | |
| Export | 2016/12/6 15:29 | File folder | |
| Grids | 2016/12/6 15:29 | File folder | |
| Localised | 2016/12/28 12:34 | File folder | |
| Materials | 2016/12/6 15:29 | File folder | |
| NC | 2016/12/6 15:28 | File folder | |
| Plugins | 2016/12/6 15:29 | File folder | |
| Projects | 2016/12/6 15:28 | File folder | |
| 项目 | 2016/12/26 12:59 | File folder | |
| ps_language.cfg | 2016/12/29 10:12 | CFG File | 1 KB |
| ps_spc.cfg | 2016/12/28 11:33 | CFG File | 1 KB |
| ShowLicenseDialog.txt | 2011/6/29 1:34 | Text Document | 1 KB |

**ProStructural 的项目目录**

**ProStructural** 的项目管理

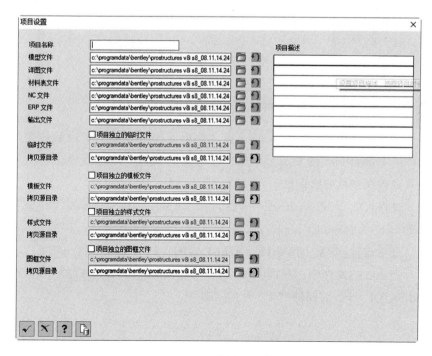

**ProStructural** 新建项目操作

从上面的界面可以看到，当在 ProStructural 新建一个项目时，可以和基于 MicroStation 的项目管理融合在一起。

## 6.6.2 ProStructural 工作空间 WorkSpace 定义

当安装 ProStructural 时，系统默认会和 ProjectWise 集成，而且没有项目环境。笔者在此基础上定义了 ProStructural 的工作环境，并进行了一些必要的设置，以更好地发挥 MicroStation 的版本功能。

### 6.6.2.1 默认的启动过程

默认情况下，ProStructural 和 Bentley 的协同工作系统 ProjectWise 是集成的，所以如果安装了 ProjectWise 客户端，当启动 ProStructural 时系统会寻找 ProjectWise 的服务器设置。

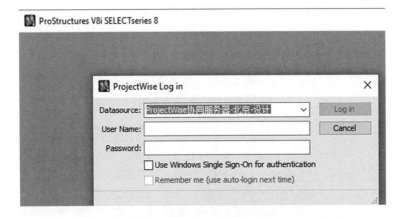

**ProStructural 和 ProjectWise 集成**

这是因为在 ProjectWise 的配置文件里有如下设置，更改后便可以解除与 ProjectWise 的集成。当然，在后文的项目更改过程中会将这一设置放置在项目的级别里。

文件：C：\ Program Files（x86）\ Bentley \ ProStructures V8i S8 \ ProStructures \ config \ appl \ pw. cfg

变量设置：PW_DISABLE_INTEGRATION_FROM_DESKTOP = 1

在实际的操作中，只需要将"PW_DISABLE_INTEGRATION_FROM_DESKTOP = 1"前面的"#"号去除即可。

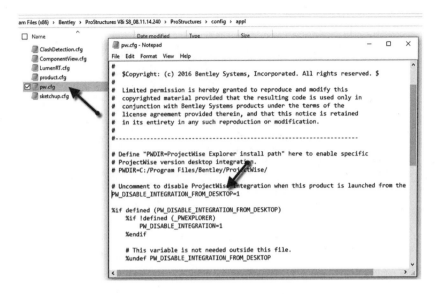

**解除与 ProjectWise 的集成**

如果在 ProjectWise 的登录框中点击"取消"按钮，将进入单机模式。系统弹出如下对话框，默认情况下用户和项目都是"Untitled"。

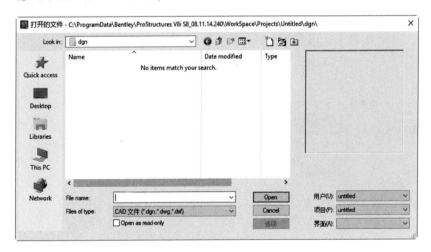

**默认的工作环境**

如上是默认的 ProStructural 启动过程，通过如下创建项目的过程建立 ProStructural 的工作环境。

### 6.6.2.2 创建项目环境过程

工作过程如下。

### 1. 建立用户级配置

创建一个 ProStructuralDesigner. ucf 的用户配置文件, 用来控制 MicroStation的用户级配置, 并将项目的目录指向下面的目录。

配置文件放置在 User 目录下, 具体配置如下图所示。

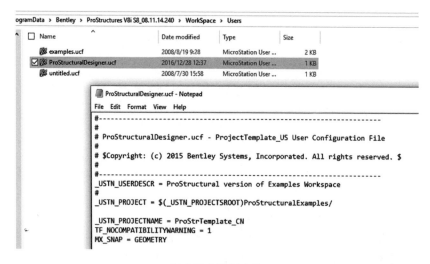

创建用户配置文件

用户配置文件内容如下:

```
#- - - - - - - - - - - - - - - - - - - - - - - - - - - - -
#
# ProStructuralDesigner. ucf – ProjectTemplate_US User Configuration File
#
# $ Copyright: (c) 2015 Bentley Systems, Incorporated。All rights reserved。$
#
#- - - - - - - - - - - - - - - - - - - - - - - - - - - - -
_USTN_USERDESCR = ProStructural version of Examples Workspace
#
_USTN_PROJECT = $ (_USTN_PROJECTSROOT) ProStructuralExamples/

_USTN_PROJECTNAME = ProStrTemplate_CN
TF_NOCOMPATIBILITYWARNING = 1
MX_SNAP = GEOMETRY
```

### 2. 建立项目级配置

在 MicroStation 的 Project 目录下建立一个 "ProStructuralExamples"

目录，以存放 ProStructural 的项目，并建立一个 "ProStrTemplate_CN"
项目模板。

**建立 ProStructural 项目级控制**

这个项目模板的配置文件中，初步定义了一些选项，包括是否和
ProjectWise 集成，后续可以通过这个配置决定是否与 ProjectWise 协同系
统连接。

配置文件的内容如下：

```
# - - - - - - - - - - - - - - - - - - - - - - - - - - - - - - - -
#
# ProStrTemplate_CN. pcf – ProStructural Project Configuration File for China.
#
# $ Copyright：（c）2017 Bentley Systems，Incorporated。All rights reserved。$
#
# - - - - - - - - - - - - - - - - - - - - - - - - - - - - - - - -


# = = = = = = = = = = = = = = = = = = = = = = = = = = = = = = = =
# Project Configuration File
# = = = = = = = = = = = = = = = = = = = = = = = = = = = = = = = =
# Project Description as it will appear in Workspace menu > About Workspace
_USTN_PROJECTDESCR  =  ProStructural China Template


# = = = = = = = = = = = = = = = = = = = = = = = = = = = = = = = =
# ProjectWise Integrated setting
# = = = = = = = = = = = = = = = = = = = = = = = = = = = = = = = =


PW_DISABLE_INTEGRATION = 1


# = = = = = = = = = = = = = = = = = = = = = = = = = = = = = = = =
# ProStructural Dataset Path
```

```
#= = = = = = = = = = = = = = = = = = = = = = = = = = = = = = = =
PS_LOCALIZATION = PSDataset_CN
PS_Datasets = $ (PS_WORKSPACE) Localised
PS_DatasetDir = $ (PS_Datasets) / $ (PS_LOCALIZATION)


#= = = = = = = = = = = = = = = = = = = = = = = = = = = = = = = =
# Establish Project Directories for ProStructural：
#= = = = = = = = = = = = = = = = = = = = = = = = = = = = = = = =
# Establish the location of the project dataset
PS_PROJ_DATASET = $ (_USTN_PROJECTDATA) support/PSdataset/


MS_DGNLIBLIST    > $ (PS_PROJ_DATASET) DGNLIB/ *. dgnlib


MS_DEF = $ (_USTN_PROJECTDATA) designs/

# MS_DRAWINGDIR：Create Dynamic View – default destination directory for draw-
ings
MS_DRAWINGDIR = $ (_USTN_PROJECTDATA) drawings/


# MS_SHEETDIR：Create Dynamic View – default destination directory for sheets
MS_SHEETDIR = $ (_USTN_PROJECTDATA) sheets/


#= = = = = = = = = = = = = = = = = = = = = = = = = = = = = = = =
# Establish Reference Directories：
#= = = = = = = = = = = = = = = = = = = = = = = = = = = = = = = =
MS_RFDIR > $ (_USTN_PROJECTDATA) Designs/
MS_RFDIR > $ (MS_DRAWINGDIR)
MS_RFDIR > $ (MS_SHEETDIR)
MS_RFDIR > $ (PS_PROJ_DATASET) seed/
MS_RFDIR > $ (PS_PROJ_DATASET) seed/borders/


MS_MARKUPPATH > $ (MS_RFDIR)


# - - - - - - - - - - - - - - - - - - - - - - - - - - - - - - - -
# Seed file setting
```

```
# - - - - - - - - - - - - - - - - - - - - - - - - - - - - - - -

# MS_SHEETMODELSEED: Name of file containing seed model for new sheet models
MS _ SHEETMODELSEED  =  $  ( PS _ PROJ _ DATASET )  seed/SheetSeed _
ISOCN. dgn

# MS_SHEETMODELSEEDNAME: Name of sheet model seed
MS_SHEETMODELSEEDNAME = ISO A1 Landscape

# Optional seed model names for new sheet model:
# MS_SHEETMODELSEEDNAME = ISO A0 Landscape
# MS_SHEETMODELSEEDNAME = ISO A2 Landscape
# MS_SHEETMODELSEEDNAME = ISO A3 Landscape
# MS_SHEETMODELSEEDNAME = ISO A4 Landscape

MS_DESIGNSEED = $ ( PS_PROJ_DATASET ) seed/DesignSeed_ProStructur-
al. dgn

# - - - - - - - - - - - - - - - - - - - - - - - - - - - - - - -
# PS extend MS setting
# - - - - - - - - - - - - - - - - - - - - - - - - - - - - - - -
# MS_DEFCTBL: Default color table if the design file has none ( enable one only )
MS_DEFCTBL : $ ( PS_PROJ_DATASET ) data/BB_color. tbl

# MS_MATERIAL : Prepending the search path for material files
MS_MATERIAL < $ ( PS_PROJ_DATASET ) materials/
MS_DGNLIBLIST < $ ( PS_PROJ_DATASET ) materials/ * . dgnlib

# = = = = = = = = = = = = = = = = = = = = = = = = = = = = = = = =
# Project Explorer:
# = = = = = = = = = = = = = = = = = = = = = = = = = = = = = = = =
# BB_PROJECTEXPLORER_LIBRARY_DIRECTORY: Specifies the location of the
Project Explorer Library Folder
BB_PROJECTEXPLORER_LIBRARY_DIRECTORY = $ ( PS_PROJ_DATASET )
dgnlib/
```

# BB_PROJECTEXPLORER_LIBRARY_FILE：Specifies the dgnlib to be used by the Project Explorer Assistant for tracking file changes.

BB_PROJECTEXPLORER_LIBRARY_FILE = $（BB_PROJECTEXPLORER_LI-BRARY_DIRECTORY）MasterProject. dgnlib

_USTN_CAPABILITY > + CAPABILITY_DGNLINK_NONDGN_REGIONLINKS

# Please define the local project location

Local_WorkDir = $（_USTN_PROJECTDATA）Designs/

# Please define the ProjectWise project location
#   ProjectWise_WorkDir = pw：\ \ \

# – – – – – – – – – – – – – – – – – – – – – – – – – – – – – – – – –
# Setting Sheet Size
# – – – – – – – – – – – – – – – – – – – – – – – – – – – – – – – – –
MS_CUSTOMSHEETSIZEDEF = $（PS_PROJ_DATASET）data/Sheetsizes. def

以上的配置内容只是初步的版本，后续会不断完善。当然，用户也可以根据需求自行定义。

在项目目录中有如下内容。

| ogramData › Bentley › ProStructures V8i S8_08.11.14.240 › WorkSpace › Projects › ProStructuralExamples › ProStrTemplate_CN › |
| --- |

| ☐ Name ^ | Date modified | Type | Size |
| --- | --- | --- | --- |
| ▓ designs | 2016/12/29 12:44 | File folder | |
| ▓ dgn | 2016/12/28 9:59 | File folder | |
| ▓ drawings | 2016/12/7 16:21 | File folder | |
| ▓ ERP | 2016/12/28 10:41 | File folder | |
| ▓ NC | 2016/12/28 10:41 | File folder | |
| ▓ out | 2016/12/28 10:09 | File folder | |
| ▓ sheets | 2016/12/7 16:21 | File folder | |
| ▓ support | 2016/12/28 9:53 | File folder | |
| ▓ 材料表 | 2016/12/28 10:41 | File folder | |
| ▓ 模型 | 2016/12/28 10:41 | File folder | |
| ▓ 输出 | 2016/12/28 10:41 | File folder | |
| ▓ 详图 | 2016/12/28 10:41 | File folder | |
| ☐ PsProjectData.sve | 2016/12/28 10:41 | SVE File | 4 KB |

**项目目录**

在项目目录中，仿照 AECOsimBD 中的架构建立了一个 Support 的目录，以存放 ProStructural 项目级的配置，包括了种子文件等。

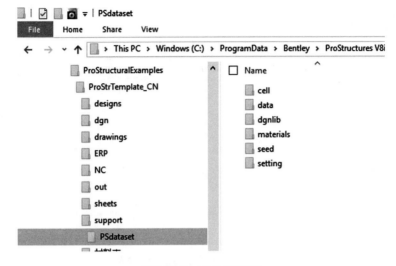

**项目级的工作标准控制**

如上的定义内容涉及很多使用细节，如 Project Explorer 的使用等，可以结合《管理指南》理解。

### 6.6.2.3  使用过程

定义完毕，就可以使用这个工作环境了，使用流程及效果如下。

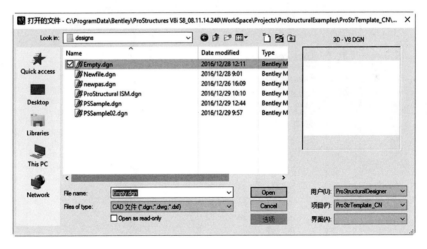

**启动选择合适的用户和项目**

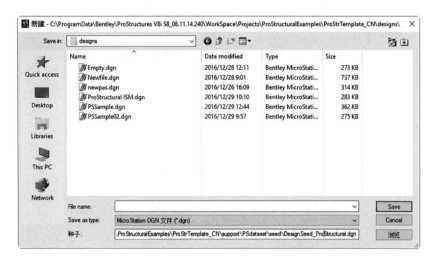

**新建文件自动调用项目的种子文件**

**项目浏览器 Project Explorer 自动搜索项目目录**

调用自定义的图幅

调用图纸模板

MicroStation 平台的强大之处在于，无需编写代码即可生成所需的工作环境。

### 6.6.2.4 与 ProStructural 项目的融合

前面讲过，在 ProStructural 中也有相应的项目管理的机制，可以将上面的项目环境和 ProStructural 内部的项目环境结合。

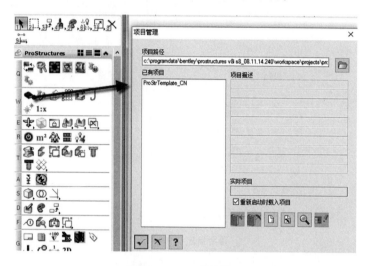

**ProStructural 项目管理**

在 ProStructural 中建立一个项目时，系统也是建立不同的目录存储不同的内容，同时一些项目信息可以在出图时引用。

**ProStructural 项目管理**

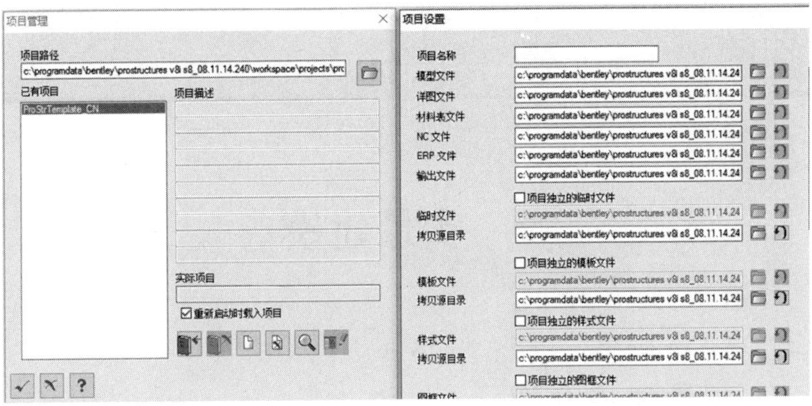

新建项目

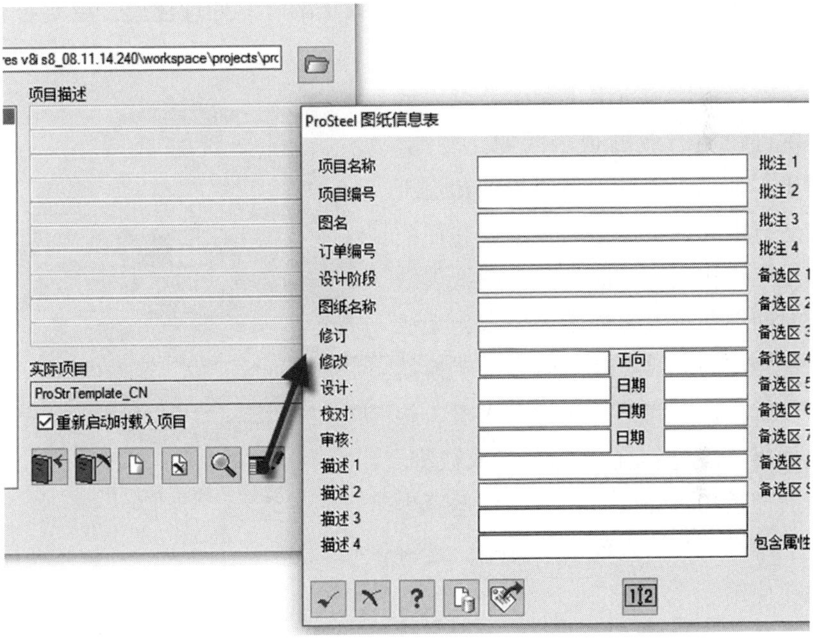

项目信息

在现有的功能架构下，建立一个项目时，将 WorkSpace 的项目和 ProStructural 中的项目取用相同的名称，然后选择相同的目录即可。

# 7 实景建模

## 7.1 实景建模介绍

　　实景建模技术是通过照片、视频、点云等数据形成模型的技术。对于实景建模系统，不但要有数据采集、校正融合、处理建模，更要有后续的模型利用过程。

　　实景模型和数字模型融合可以解决基础设施行业的很多问题。例如，对于一个改造项目，需要精确知道正在运行中的现实模型的数据，并在此基础上深化改造，但是由于图纸欠缺及时间周期、人力成本等要求，无法通过传统的方式实现，而实景建模就可以解决这个问题。通过无人机、相机拍摄、激光扫描等技术获取数据，然后通过实景建模系统的识别运算生成三维模型，导入建模系统中，进行深化使用。

**实景建模技术应用**

　　此外，实景建模技术还有很多应用场景，如 ContextCapture 建模可以应用于：

- 现状的分析与掌握。
- 风险管理。
- 建筑与施工项目监督。
- 通过虚拟仿真对特殊环境下的地面工作人员进行培训和指导。

实景建模技术在改造项目中的应用

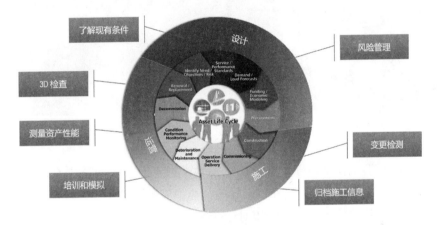

实景建模技术在全生命周期中的应用

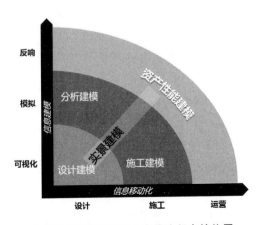

实景建模技术在 BIM 应用流程中的位置

相比传统的建模方式，实景建模的优势如下：

（1）丰富的三维环境。它构建的模型提供了极其丰富的三维环境，这在传统的建模方式中是很难实现的；它能够采集现实所有的细节，而不是只关注作为主体的建筑、工厂、道路等对象，提供的信息丰富程度与现实一样。

**丰富的三维环境**

（2）三维模型地理定位。通过实景模型＋数字模型组成的综合模型是带有地理定位的，这在基础设施行业中应用广泛。

（3）快速的建模方式。相对于传统的建模方式，实景建模方式具有远程操作速度快、模型全面准确的特点。通过无人机、航拍等技术实现远程操作，获取的模型非常全面、准确，这为下一步的模型利用打下坚实的基础。

对于实景建模，Bentley 提供了一个工作流程以解决工程应用问题，而非一个单一软件。

Bentley 的实景建模系统主要有如下几个模块。

**1. ContextCapture**

ContextCapture 是通过实景拍摄的照片生成无缝实景三维模型的应用模块。在后面的章节中会详细介绍这个模块。

**2. Descartes**

Descartes 可以整合不同类型的数据，包括 ContextCapture 生成的实景模型、点云（PointCloud）数据、BIM 数字模型、地理信息数据等，并进行数据梳理；进行资料源分析处理，通过 Retouch 技术修复实景模型，并提供更详细的地理资讯。换言之，Descartes 使模型更加符合基础设施行业后续的需求。

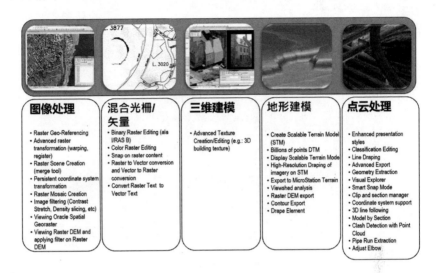

**Descartes 功能介绍**

### 3. PointTools

PointTools 是 Bentley 的点云数据处理模块。PointTools 可支持多达 127 个图层，能够提供快速、简单的数据点选择工具和三维筛选工具，可以根据 RGB 的信息对饱和度、对比度等进行调整。

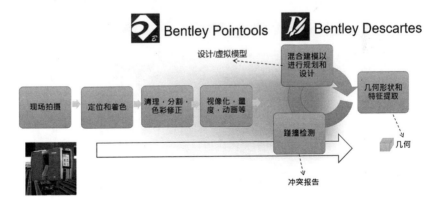

**点云处理流程**

**PointTools 界面**

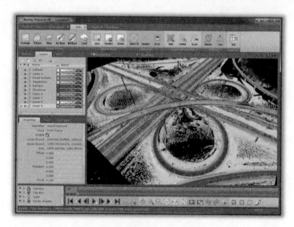

**PointTools 工具**

**4. LumenRT**

无论实景模型还是 BIM 数字模型，以及多种数据的融合，都可以输出到 LumenRT 中，生成电影级的动画、图片及交互式场景。

实景建模工作流程

# 7.2　ContextCapture 介绍

ContextCapture 是 Bentley 公司于 2015 年收购的法国 Acute3D 公司的产品，Bentley 为全球基础设施行业提供 BIM 解决方案的定位需要一款能够通过扫描、拍摄等手段获取现实模式的应用软件，解决基础设施设计过程中将现实的模型转变为"电子模型"的应用需求。通过多方比较，认为 ContextCapture 是最好的选择，2 年的客户使用体验也验证了这一点。

## 7.2.1　ContextCapture 的特点

ContextCapture 可以很好地和 Bentley 的应用模块集成，融入用户的工作流程，解决用户的问题。

对于基础设施行业，基于改造、监测、背景模型的应用需求，同时考虑到基础设施行业广域的背景模型和精细的管道、设备模型的需求，需要一个好的、可用的模型，以满足这些需求，解决问题。

ContextCapture 是一款可以为基础设施行业提供"好模型"的应用模块，体现在如下几个方面。

### 1. 真实的模型

模型的真实体现在有足够的细节和精确的地理位置信息，这为后期的基础设施应用提供了足够的技术细节。

飞机发动机的逆向工程应用

### 2. 数据量小

基础设施行业既有大范围的测绘、地理规划项目，又有区域类的建筑、工厂项目，无论哪种需求，对于模型的承载能力和数据处理能力都有很高的要求。在同等条件下，ContextCapture 提供的模型数据量只是同类系统约 1/4 的数据量。之所以能达到这样的效果，是因为在 ContextCapture 中对算法进行了优化，这样的数据承载量可以降低对硬件的要求，运算的效率更高，同时结合 ContextCapture 多任务并行处理的架构，会大大提供应用的效率。

### 3. 兼容多种数据格式

无论输入和输出，ContextCapture 都支持多种数据格式，这就为与多种应用模块集成提供了基础。

无人机取景，获取照片

堆料体积测量

## 7.2.2　ContextCapture 版本介绍

ContextCapture 有两个版本，一个是普通版 ContextCapture，另一个是中心版 ContextCapture Center。顾名思义，后者可以进行集群计算，而且提供了水面约束功能和 SDK。普通版除了没有上述功能外，对数据量也有要求。

| | CONTEXTCAPTURE | CONTEXTCAPTURE CENTER |
|---|---|---|
| Windows 版本 | ✓ | ✓ |
| 照片格式 (JPEG/RAW/TIFF) – 数据导入/项目的限制（千兆像素） | 100 | 不受限制 |
| 三维网格导出格式 (3MX/OBJ/FBX/KML/Collada/STL/OSGB) | ✓ | ✓ |
| 三维彩色散点图导出 (POD/LAS) | ✓ | ✓ |
| 真实正射影像 + 2.5D 数字表面模型 (TIFF/GEOTIFF) | ✓ | ✓ |
| 地理参考 | ✓ | ✓ |
| 缩放比例项目的并行（群集）处理 | | ✓ |
| 模块化和可扩展性（增加了额外的主控/引擎模块） | | ✓ |
| 开发套件 | | ✓ |

**ContextCapture 版本差异**

无论是普通版还是中心版，ContextCapture 安装完毕后都会有两个功能模块，一个是 ContextCapture Engine，另一个是 ContextCapture Master。

一个实景建模的工作流程中，首先通过采集的照片计算其拍摄的位置，这是第一步的空间三角测量（简称空三），这个过程是通过 Master 来完成的，而后通过 Engine 对这些数据进行优化计算，形成实景模型。

Master 相当于一个前端操作的界面，通过它可以导入照片、视频等数据，进行空三计算，根据计算量划分为不同的区域，形成不同的任务，调用 Engine 计算。两个版本的区别在于，中心版可以调用多个任务并行计算。

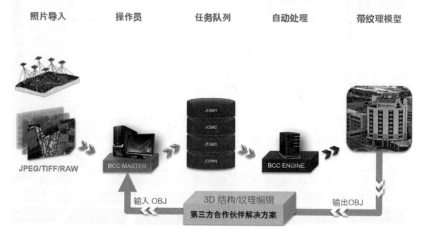

**ContextCapture 版本架构**

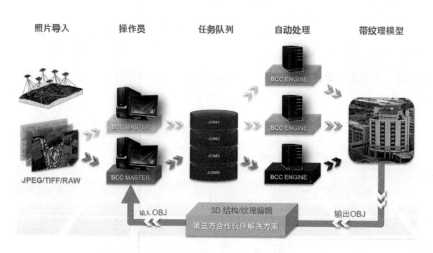

**ContextCapture 中心版架构**

通过以上架构，可以发现两个版本的区别，以及 Master 与 Engine 功能模块的作用：Engine 是一个计算引擎，它会自动寻找指定目录下的任务；而 Master 是建立任务的过程，这个任务的目录默认置于系统的 Document 目录下。

**Engine** 的任务目录

# 7.3 ContextCapture 工作流程

一个典型的 ContextCapture 工作流程分为如下几步：

（1）新建项目后导入照片、点云等数据。

（2）空间三角测量（Aerotriangulation）。

（3）任务划分。

（4）计算输出。

事实上，当启动 ContextCapture Master 新建一个项目时，系统会在界面的上面给出以上流程。

**ContextCapture 工作流程**

## 1. 新建项目导入照片

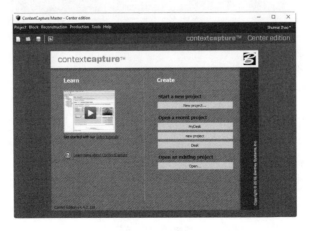

**启动 ContextCapture，新建一个项目**

当新建一个项目，系统会建立一组目录存储这个项目的数据。

新建一个项目

系统创建的项目目录

可以看到，这个新建的项目还是一个"空壳"，还没有任何数据，需要导入图片才能进行后续的工作。

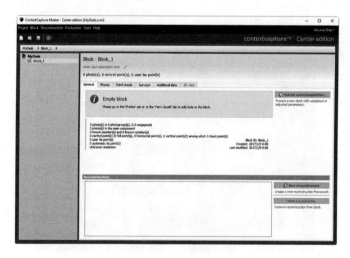

新建的空白项目

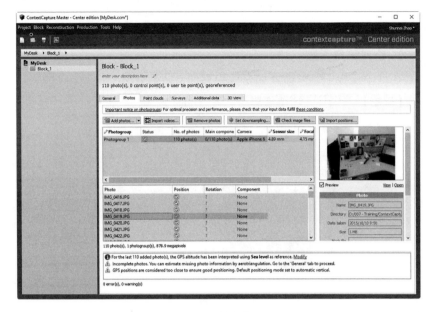

**导入照片数据**

导入照片数据后可以查看照片的信息、拍摄方式。照片来源不同，其数据也不同。例如，使用 iPhone 拍摄的照片有时会带有 GPS 位置数据，这些数据也是可以被识别的。

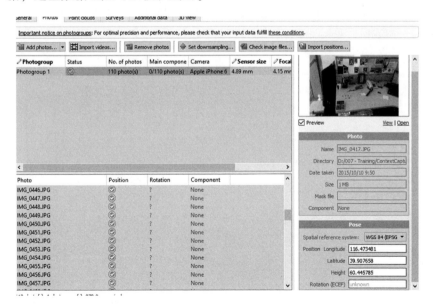

**照片数据**

由上图可以看到，照片没有 Rotation 等信息，这就需要空三测量，而对于一个项目，系统相当于把这些照片放到一个盒子里。

**2. 空间三角测量**

在这个过程中，只需要让系统根据照片进行计算。

【提示】这个计算是通过照片计算其拍摄位置，而不是计算"模型"。

进行空三计算

这个过程中有许多不同参数设置的情况，在此不一一详细介绍，对于初学者来讲，只需要点"Next"，了解这一流程即可。

空三测量设置

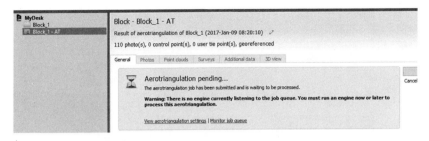

空三计算过程中

从上图中可以看到，系统提示没有启动 Engine。双击 Engine 应用模块，系统会弹出一个 DOS 窗口，这是 Engine 在自动处理提交的任务。

**启动 Engine，开始计算任务**

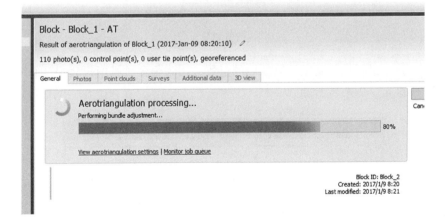

**Master 端提示任务正在被处理**

计算完毕，会看到照片的空间数据已经被确认。

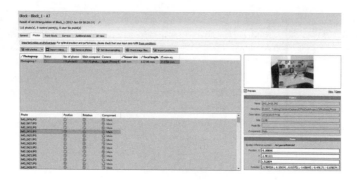

**空三计算结果**

### 3. 任务划分

当照片有了空三数据后，需要将它们进行任务划分，这是形成任务的过程。这时在项目栏目里会发现一个带"at"后缀的目录，只能对这个目录进行任务划分。

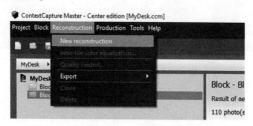

**任务划分**

这个过程也是确定计算区域的过程，因为很多时候用户只想计算一个小区域，以节省时间。

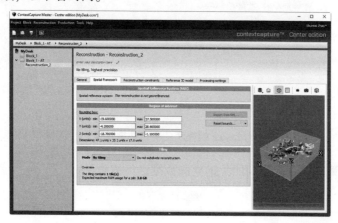

**设定计算区域**

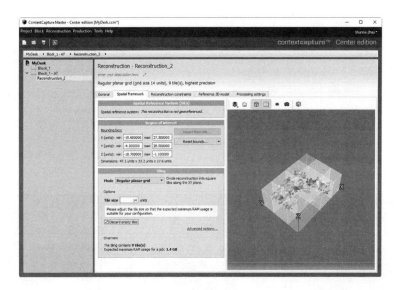

**划分计算区域**

## 4. 提交计算任务

提交任务后，系统就会根据区域的划分开始计算。

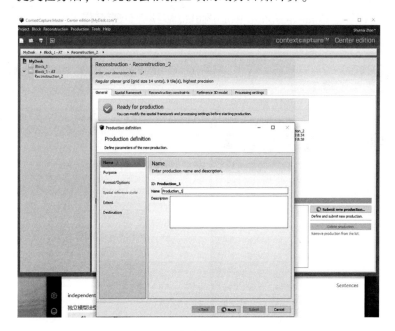

**提交计算任务**

任务提交后，会在 Engine 的目录里看到这些任务。

**Engine 任务列表**

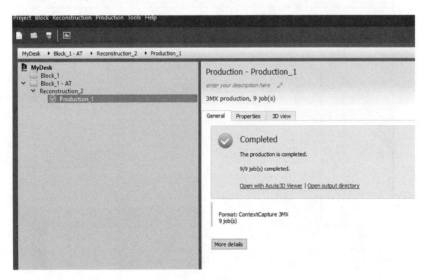

**DOS 窗口显示正在执行的任务**

这时就可以关闭 Master 界面了。只要开启 Engine，系统就会寻找任务开始计算。ContextCapture 中心版可以多核心计算多任务。

计算完毕，系统会出现提示，点击 3D View 就可以查看模型。

**计算完毕**

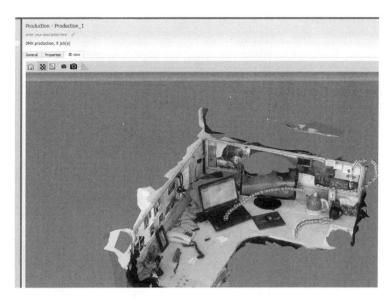

计算结果

## 7.4 ContextCapture 案例

下面通过案例说明 ContextCapture 的使用过程，同时介绍不同的参数控制方式。

在本案例中将通过控制点的方式给 ContextCapture 一些参考，以确定实景模型的大小。

谷仓案例

## 1. 创建新项目

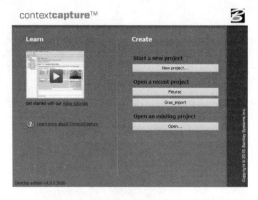

**启动 ContextCapture Master**

输入项目的名字和位置

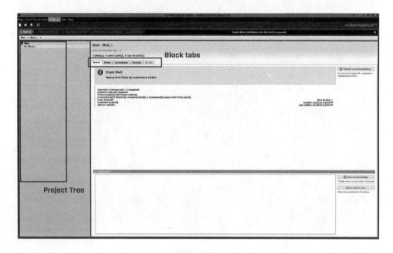

**项目截面**

## 2. 导入数据

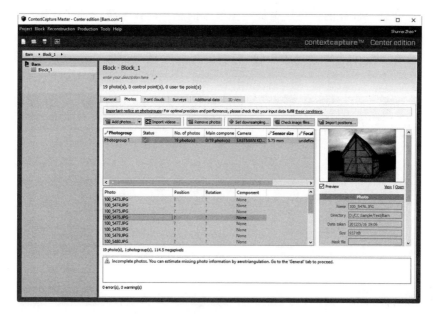

**添加照片或者照片目录**

添加的照片在一个照片组（PhotoGroup）里，照片的信息会被识别。

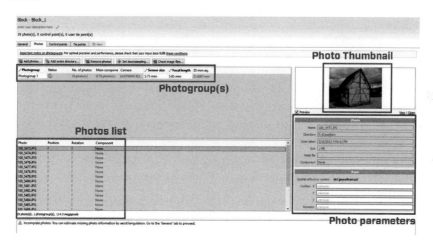

**照片面板**

## 3. 设置参考点控制模型大小（可选项）

如果没有集合参考的信息，实景模型无法被设置成正确的大小和方式，在这个过程中 ContextCapture 试图发现用户提供的场景信息，但很多时候不成功，这时就需要设置一些参考信息。

在空三计算前，可以增加一些参考信息，以让系统识别实景模型正确的大小。这一步通过约束点（Tie Point）实现。

在"Surveys"选项卡中找到"Tie Point"选项。

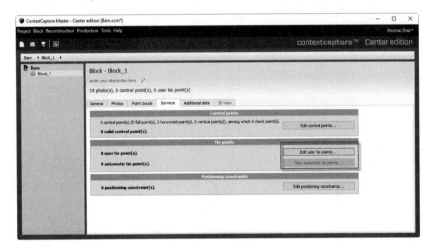

**Tie Point**

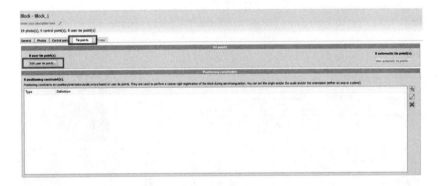

**增加约束点**

点击"Edit user tie points"，打开"user tie point editor"。为了定义大小和方向，需要定义两个约束点，可通过对话框右边绿色的加号来实现。

高亮控制点后，在至少两张照片中确定这个点。

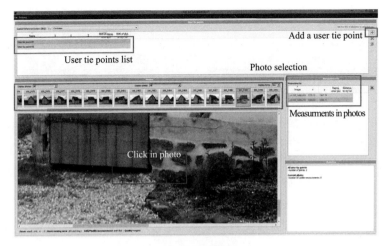

**确定控制点**

确定两个控制点后保存退出。

下面的过程是使用上述两个控制点创建一个约束。打开"Edit Positioning Constraints"对话框，进行后续的操作。

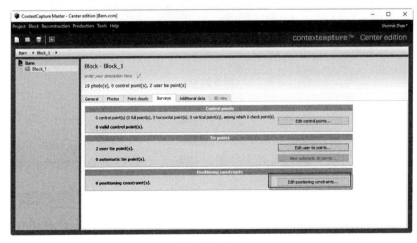

**增加约束（一）**

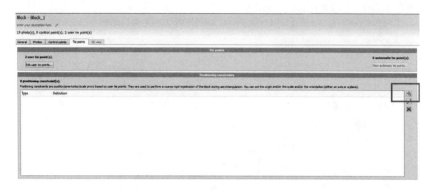

**增加约束（二）**

为了增加一个比例约束，要选择"Add Scale Constraint"，选择两个创建的控制点，然后定义比例约束。

**创建约束**

创建完毕后，点击"OK"按钮保存这个约束。

用户还可以使用相同的控制点创建其他约束（轴向、平面）。

下面增加一个轴向约束，说明由控制点 1 到控制点 2 的方向是 Z 方向。

定义轴向约束

定义好的约束文件

下一步将进入空三的处理过程。

### 4. 处理空三

回到"General"选项卡，选择"select submit aerotriangulation"。

进行空三处理

空三处理的对象框弹出。

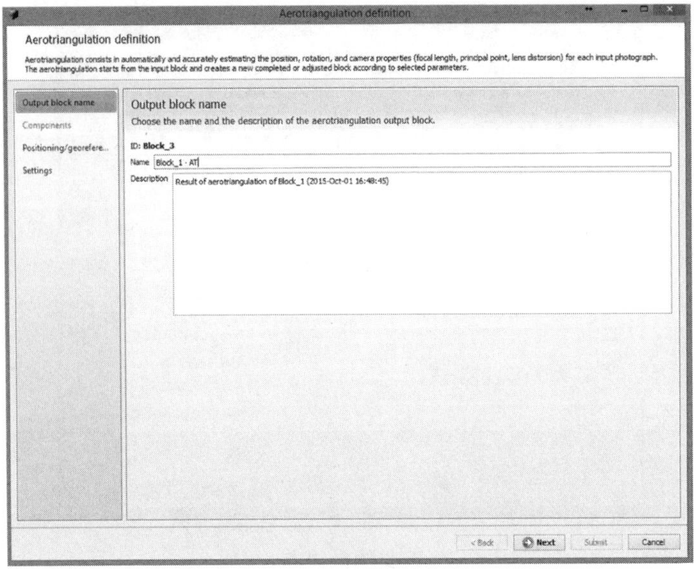

**空三处理对象框**

可以更改"Block"的名称，在"positioning/georeferencing page"界面选择"use positioning constraint on user tie points"。如果选择"automatic vertical"，系统将根据场景决定 Z 轴的方向，使用这种方式，模型将不能被正确地设置大小。

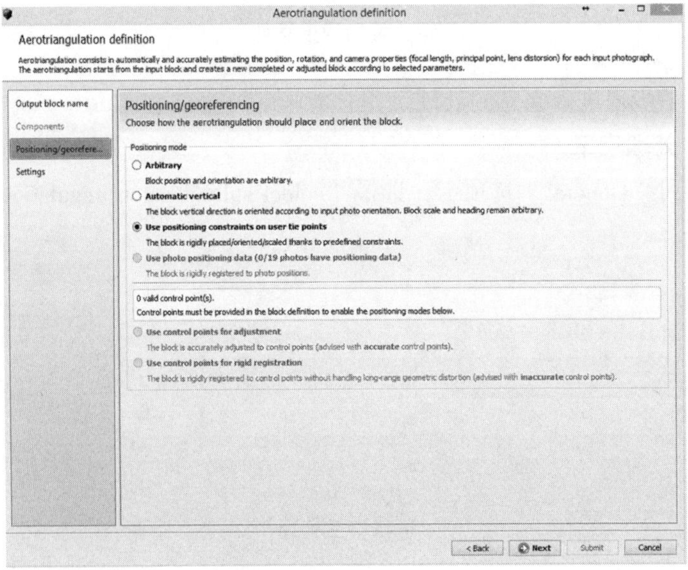

**选择大小和方向约束**

在设置页面保持默认，然后点击"Submit"。

提交空三任务

这时 Master 将调用 Engine 处理，如果 Engine 没有启动，则需要手动启动。

等待 Engine

启动 Engine

启动 Engine 后，将出现一个命令行窗口处理这个任务。

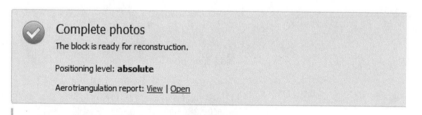

**Engine 启动**

**处理空三任务**

空三任务处理完毕，系统会提示完成。

✓ **Complete photos**
The block is ready for reconstruction.

Positioning level: **absolute**

Aerotriangulation report: View | Open

19 photo(s) in 1 photogroup(s), 114.5 megapixels
19 photo(s) in the main component
19 known position(s) and 19 known rotation(s)
0 control point(s) (0 full point(s), 0 horizontal point(s), 0 vertical point(s)) among which 0 check point(s)
2 user tie point(s)
2099 automatic tie point(s)
Resolution ranges from 0.003 units/pixel to 0.0037 units/pixel

**处理完毕**

回到"3D View"选项卡，检查照片的位置。

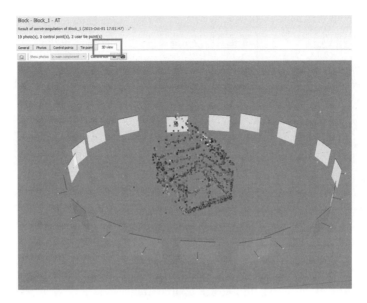

空三处理后照片的位置

通过控制点的定义和空三处理，照片连接在一起，并明确彼此的关系，这是下一步处理的基础。

**5. 创建处理范围**

一个处理范围是一个三维的分块（基于空间划分、区域划分、处理方式等设置条件），基于这些分块生成一个或者多个处理任务。

为了创建一个处理范围，回到"General"选项卡，点击"create reconstruction"。

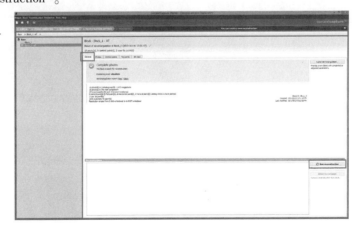

创建处理范围

一个处理范围是在处理完毕的空三 Block 上进行的，基于同一个空三 Block 可以创建多个处理范围，以满足不同的需求，也可以采用不同的设置。

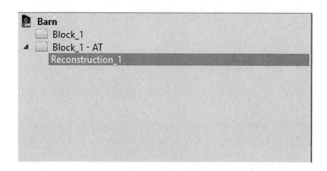

**创建处理范围**

根据任务的大小，可以到"Spatial framework"设置处理的区域范围。

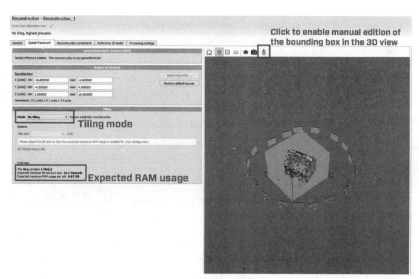

**调整处理范围**

在"Processing Setting"中有很多处理设置选项。

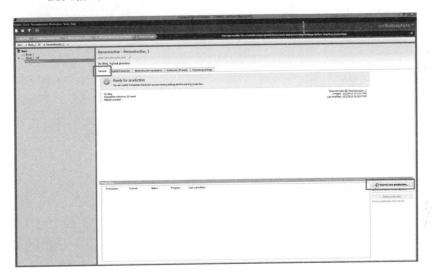

选项设置

范围创建完毕，回到"General"选项卡，提交一个计算任务。

### 6. 提交输出任务

提交输出任务

任务界面

设置任务目的

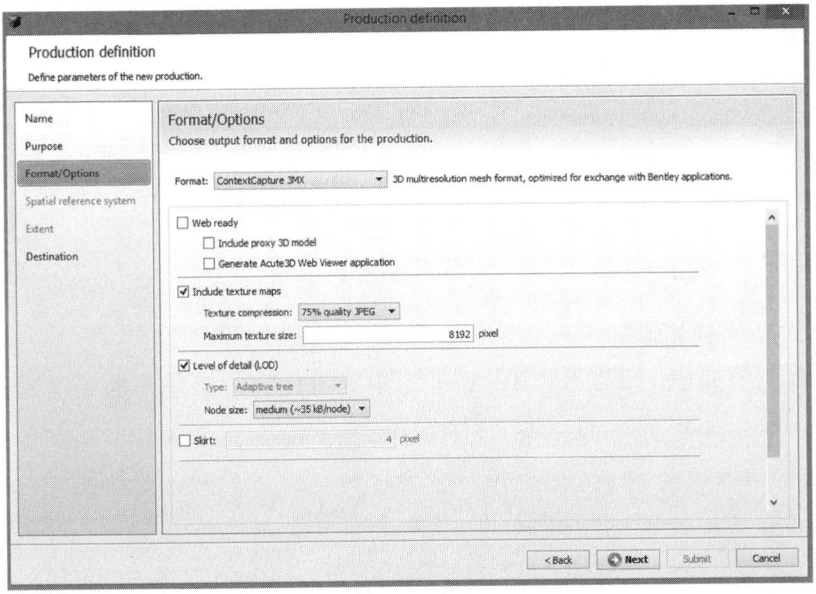


精细设置

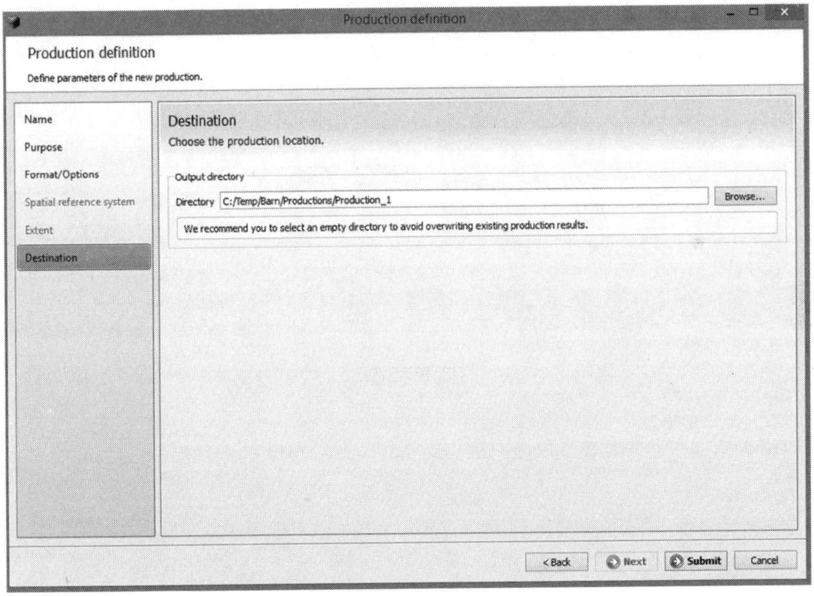


提交任务

在项目的目录树中，选择“Production”，将出现一个绿色的进度条，显示处理的进程。

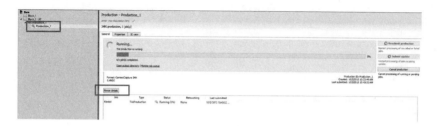

处理过程

## 7. 可视化输出

计算完毕，可以在"3D View"中查看计算的结果，也可以通过 ContextCapture View 打开这个实景模型。

实景模型

打开 Viewer 查看模型

以上是一个简单的案例，测量数据类型不同，所设置的参数也有很大差异。例如，如果通过无人机拍摄的照片记录了每张照片的位置、角度等信息，在 ContextCapture 处理照片时就可以使用这些信息，也会有不同的参数设置选项。

# 8 其他建模系统

除了前面介绍的 AECOsimBD 和 ProStructural，Bentley 的建模系统还包括很多产品，如市政行业的 PowerCivil、工厂的 OpenPlant、变电站设计 Substation 等，这些系统都运行在 MicroStation 的基础上。

有时候人们认为学习一个系统很困难，这是因为对需求和架构不了解，而把太多的精力放在具体的工具操作上。实际上，工作流程和需求才是掌握 BIM 应用的核心所在。

限于篇幅，这些模块在此不一一详细叙述，只介绍其功能，供读者参考，读者可以通过如下渠道了解进一步的信息。

Bentley 官方网站：http：//www. bentley. com。

Bentley 社区：http：//communities. bentley. com/。

Bentley 问答社区：http：//www. askBIM. com。

Bentley 问答社区微信公众号：BentleyBBS。

扫描以下二维码可关注，在菜单里有软件试用、教学视频等资料。

**BentleyBBS**

# 8.1　土木行业 BIM 平台——PowerCivil

## 8.1.1　Bentley 土木行业解决方案

土木行业主要包含道路、桥梁、地质、养护、附属设施、相关配套（建筑、工厂等）等相关专业。Bentley 针对不同专业有专业的设计软件，同时将上下游紧密相连的专业进行同平台发展，以保证数据直接引用并实时同步，保证设计流程上的数据一致性和唯一性。CiviPlatform 平台的延伸产品 PowerCivil 和 OpenBridgeModeler 分别针对路线、道路和桥梁设计，桥梁专业与路线专业紧密相连，设计过程中的变更调整贯穿整个设计周期，而同平台支持的数据通用性能保证路桥设计是同步的。

Bentley 土木行业解决方案主要包含项目方案设计阶段（OpenRoads conceptStation\SiteOPS）、项目深化设计阶段（PowerCivil\OpenRoadsDesigner\BridgeMaster Modeler\BridgeMaster\ProStructure\gINT）、项目运维阶段（OpenRoads Navigator\InspectTech \AssetWise\Exor\eB）等产品。

## 8.1.2　PowerCivil 概述

PowerCivil 是一款直观的智能型三维信息建模软件，可以为土木工程和交通运输基础设施项目的整个生命周期提供支持。

PowerCivil 利用 OpenRoads 技术在一个应用程序中同时提供三维建模、设计阶段可视化、设计意图、信息移动性等诸多内容。PowerCivil 提供了大量针对不同需求的建模功能，这些功能与 CAD 工具、地图工具、GIS 工具以及类似 PDF、i – Model 及超模型等业务工具完美集成。PowerCivil 针对行业特点，利用专业的工具创建满足专业需求精度的模型，这样既能满足设计需求，同时还能保证项目模型体量在可控范围内。

PowerCivil 不仅适用于公路和高速公路、铁路及市政工程项目，也可用于商业、工业和环境用地开发项目，还可应用于大型基础设施项目的户外地下管网、厂区或矿区的道路设计，拓展到线性设计的地下管廊、河堤防护、大型水渠项目。

借助采用了建模过程规划、关联和约束的设计工具，模型可对设计变更进行响应，从而轻松应对设计周期中的反复变更；采用土木单元功能，软件可突破设计方面的原有限制，无需使用向导作为设计工具，用户可以使用土木单元预先定义常用的集合布置，同时维护设计间的约束关系，解决了重复设计常用结构效率低的问题；即改即现即所得的操作模式实时掌控设计节奏，将每一步设计调整及时通过三维视图进行反馈以保证设计意图准确反馈实施。

### 8.1.3 PowerCivil 工作流程

下面通过讲解 PowerCivil 的工作流程使初学者快速理解软件的工作流程，初步掌握软件的设计思路，具体细节功能可参阅相关使用手册。

#### 8.1.3.1 新建文件

启动 PowerCivil 软件或者关闭当前 DGN 文件后可以新建 DGN 文件，注意新建文件时需要选择 2D 的种子文件，同时根据项目设计习惯选择公制或者英制，因为 PowerCivil 会在元素创建三维信息后自动创建 3D 模型，同时参考到当前的设计模型中。设计的主要控制选项在 2D 模型中设置。

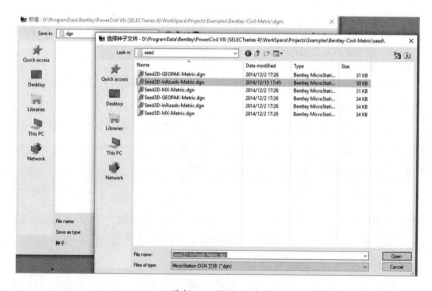

**选择 2D 种子文件**

与 Bentley 其他 MicroStation 平台产品相同，在新建或者打开土木项目文件之前需明确选择正确的工作空间，不同工作空间调用的设计规范、土木单元、特征定义等针对项目的系统文件是不同的，PowerCivil for China 指定的工作空间为 Example\Bentle – Civil – Metric\Bentley – Civil。

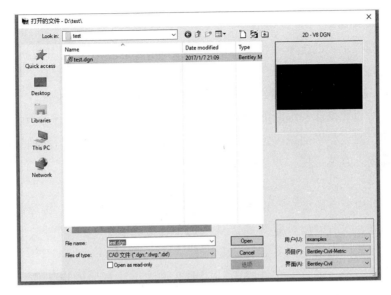

**选择正确的工作空间**

　　PowerCivil 打开或新建文件后，程序正式启动，并加载对应工作空间的相关内容，如应用相关元素或者特征不能调用时，可以通过项目浏览器检查相关文件的加载情况，如设计标准、特征定义、土木单元等相关的 DGNLib 文件是否已经正常加载。

**PowerCivil 工具界面**

### 8.1.3.2 地形模型

创建正确的土木项目文件后进行项目的正式设计。利用勘测数据，包括高程点、等高线等图形文件，DTM、Tin 专业软件的数据文件，以及 PointCloud 点云数据文件等不同的数据类型创建数字化地模。

平面线设计和纵断面设计的原始参考内容主要是现有地形中的平面关键控制点和平面线确定后所对应的实际地面高程，通过与原地形的相交确定土方填挖量，并最终确定合理纵断面，所以原始地模的创建对于项目线路的设计至关重要。

创建数字地模时首先要确定创建的类型，选择对应的操作才能够准确创建。本节以相对复杂的"从图形中提取信息创建"的方式举例说明，其他类型参考相关提示完成创建。

第一步，将图形文件参考到当前文件中。注意原图形工作单位准确。不建议直接在原文件中创建，以免破坏原文件。

**参考等高线和高程点文件**

第二步，根据图形特征（高程点、等高线分别在不同层及不同的元素特征）创建图形过滤器，以便快速、准确识别图形内容。

**图形过滤器筛选指定对象**

第三步，利用"按图形过滤器创建地模"工具选择对应的过滤器名称，设置相关参数，创建数字地模。

**设置相关参数并创建数字地模**

### 8.1.3.3 规范标准选择

路线设计之前，选择对应的设计规范可以快速定义符合规范要求的线形参数，具体规范文件设置可参考相关帮助文档。

**规范选择**

### 8.1.3.4 平面、纵断面线形设计

平面线形设计主要有交点法和积木法。积木法是优先确定关键位置关键线形，通过连接工具将不同的线元连接，得到贯通的一条路线，主

要应用于线位上受地形限制的情况或者低等级公路设计。交点法是通过设置曲线参数和路线转点的方式快速定义路线的设计方法,与积木法相比创建效率高且应用简单。

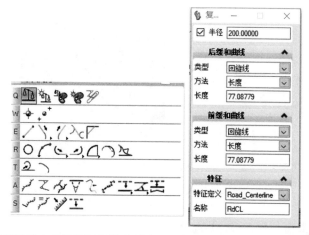

纵断面设计与平面设计操作类似,首先选择拟进行纵断面设计的平面线形,然后打开纵断面设计窗口,进行纵断面拉坡以及竖曲线定义。纵断面设计中同样有积木法和交点法两种方法满足不同的设计需求。纵断面设计窗口打开后,可以直接看到平面线所通过位置的地模高程,即纵断面地面线,纵断面设计过程中可以参考纵断面地面线的高程进行路基填挖方平衡控制,进而实现合理的拉坡设计。

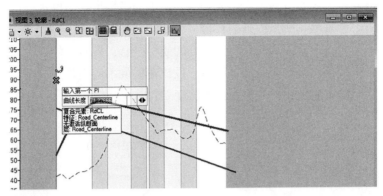

上图为平面线形与纵断面设计的关联窗口，在纵断面设计中可针对一条平面线进行多条比较方案的设计，以得到最优方案，然后将合理的纵断面线形确定为激活纵断面。

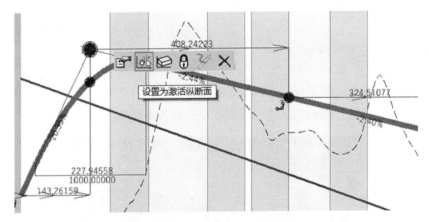

### 8.1.3.5 横断面模板

横断面模板即为路基路面结构断面。定义符合项目需求的标准横断面，模型创建完成后，系统自动根据模板中组件的特征定义进行工程量统计和汇总。PowerCivil 的横断面模板是通过点与点的约束关系构成组件，组件与组件叠加而成的，模板中主要控制条件为点与点的约束关系，所以定义横断面的同时需要明确彼此之间的逻辑关系，以便模板适用于更广泛的项目。

模板文件是以"itl"为后缀的文件，程序启动后默认打开当前工作空间对应位置的模板文件，也可以打开其他路径的文件。模板文件一般以组件、末端条件、模板三个文件夹进行分类管理。组件为组成模板的各个不同的结构，如路面沥青层、路面混凝土层、路沿石、排水沟等，模板拆分为组件的目的主要是为后期创建不同结构形式的模板提供原始的相对不会有形式变化的基本素材；末端条件以"放坡"为主要对象，进行不同放坡形式的定义后参与最终的模板组合；模板文件夹中为通过组件＋末端条件组合而成的可以用于设计建模的不同模板。三个文件夹没有绝对的隶属关系，主要作用为方便管理。

**模板文件**

模板创建完成后可以进行模板测试，以检查各个结构之间的关系是否合理、准确，测试完成后关闭模板文件保存即可。

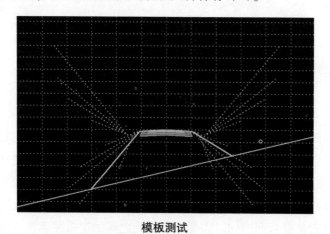

**模板测试**

### 8.1.3.6 廊道设计和编辑

廊道设计内容是为路线中心线赋予横断面，然后与现有地形或者参考对象生成最终的三维路面。廊道设计包含但不局限于模板的应用，同时包括道路的曲线加宽、道路的超高设计、不同道路之间的相互关系等涉及道路设计的多方面内容。

第一步，选择进行廊道设计的路线，在快捷工具条中选择创建廊道。

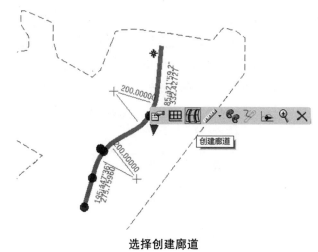

**选择创建廊道**

第二步，选择合适的横断面模板，定义合理的设计参数。

**选择模板并定义参数**

第三步，按照软件提示完成各项参数输入的确认，创建道路模型。

**创建模型**

后续超高、加宽等操作可参考相关具体功能应用指导。

### 8.1.3.7 动态横断面视图查看

道路模型设计过程中可以进行动态视图的查看，以得到最优方案。动态横断面查看功能穿插于设计的不同阶段，道路设计过程中通过动态横断面查看检查道路设计与地模之间的相对关系，道路设计完成超高、加宽后可以通过横断面视图中动态标注功能检查设置合理性。

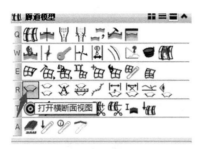

依据软件提示选择准备查看的廊道、选择显示的视图后即可查看横断面视图。在横断面视图中可以定义查看的内容和平纵比例，如需看到填挖方示意，勾选对应内容后如下图所示。

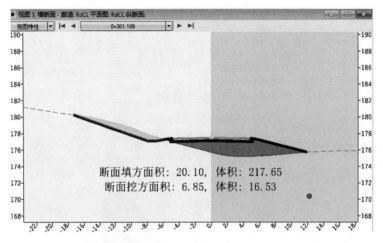

### 8.1.3.8 项目行车模拟

项目设计完成后要进行行车模拟以确定设计的合理性，行车模拟过程中可以设置不同的视角位置（横向、纵向与设计线的关系）、视距目标的高度和距离，包括在行驶过程中左右、上下的视野调整。

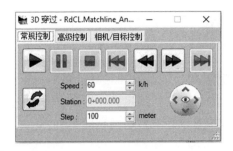

### 8.1.3.9 报表输出

项目设计完成后进行行车模拟，以符合设计要求，并可以根据需要输出数据报表。

平面数据报表输出需要在平面视图中选择对应的平面线，在快捷工具栏中选择"平面曲线数据表"输出。PowerCivil 报表根据定义可以选择不同的输出方式，操作简单，在报告浏览器中选择需要的报告类型即可直接查看。报告同时支持另存为 doc、xls、html、xml 等格式文件，方便后期不同的需求。

纵断面数据报表操作需要在纵断面视图中选择对应的纵断面设计线，在快捷工具栏中选择"纵断面竖曲线数据表"即可。

报告浏览器可以切换不同的查看内容，只需用平面或者纵断面数据表查看功能调出浏览器即可查询所需的内容。

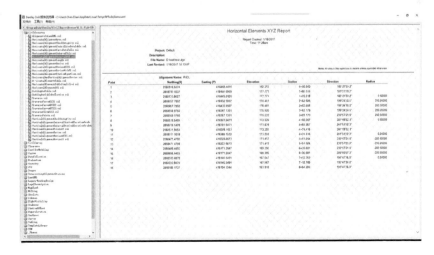

## 8.1.4　PowerCivil 工作空间

目前国内主要应用 PowerCivil for China，所以安装程序完成后重点针对中国的工作空间进行了设置和定义，主要包括模板文件、种子文件、特征文件等针对土木行业的定义。工作空间的自定义与 MicroStation 工作空间相同，其中土木行业主要内容如下。

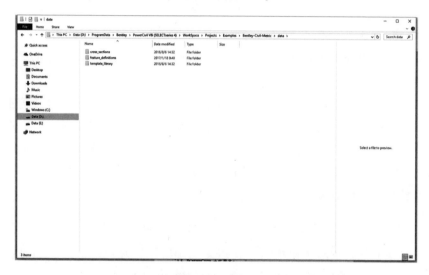

模板和软件配置

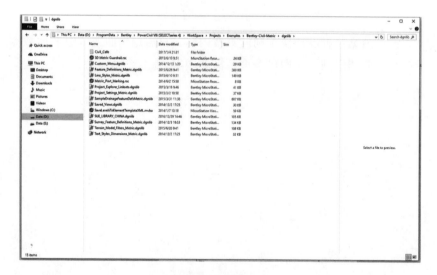

土木单元和特征定义

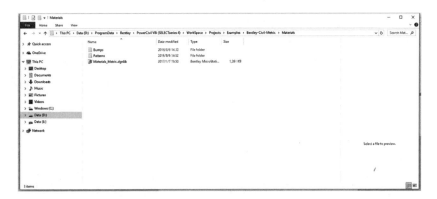

材质定义

## 8.1.5　PowerCivil 土木单元

### 8.1.5.1　土木单元的概念

土木单元（civil cell）主要目的是解决项目设计过程中类似项目节点重复设计的问题。相似项目在设计中往往有相通之处，而非完全不同。土木单元将同类设计中采用的面模板、线模板等模板信息根据不同控制条件之间的逻辑关系进行锁定，生成具有通用性的标准化节点。根据节点的不同，结合使用者不同的设计原则定义土木单元库（dgnliab），不但能大幅提高设计效率和准确性，同时能够提高设计院在相关行业的标准化程度。

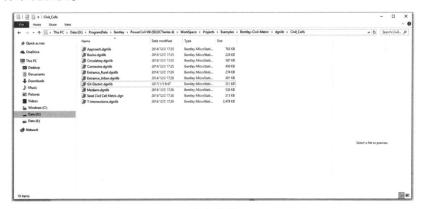

土木单元

### 8.1.5.2　土木单元的创建和应用

#### 1. 创建土木单元

土木单元创建的基本原则是保证参数的唯一性，即土木单元中的参数不能通过随意拖动得到，而需要指定值，指定值后期应用时可以任意调整。例如，设计 T 字形路口时，两条道路相交处采用圆弧过渡，如果圆弧不是通过指定半径而是随意拖动得到的，则圆弧半径值非固定，不能应用土木单元；反之，给定圆弧半径为 10m，应用到项目中可以调整半径参数。

创建土木单元可以假设已知条件，通过已知条件生成相关设计。以 T 字形路口的土木单元为例，其创建过程如下：

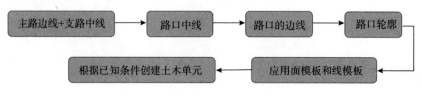

土木单元创建过程

### 2. 应用土木单元

选择土木单元的名称，按照所选土木单元提示的控制元素从模型中选择对应的条件，系统自动读取模型中对象的相关信息，结合土木单元的控制条件生成新的模型。在工作空间中已经创建了传统的路口设计土木单元，可满足常规的直接应用。

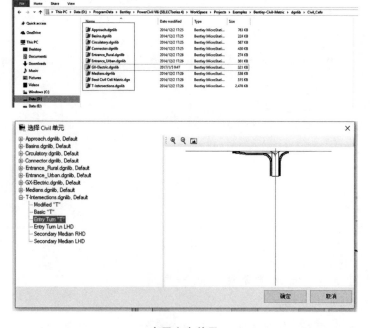

应用土木单元

### 8.1.6 PowerCivil 与桥梁专业的协同工作

Powercivil 用于交通行业主要进行的是路线、路基、路面等线性设计，桥梁设计任务则由其他相关软件执行，因此项目的协同设计尤为重要。目前，Bentley 路桥方案中桥梁专业软件主要为 OpenBridgeModeler/BridgeMasterModeler，桥梁软件通过参考路线模型进行桥梁建模，不仅读取路线的几何线形，而且读取路线设计的专业信息，这样既能够保证利用现有模型建模，又能够轻松应对路线专业的设计变更。

## 8.2 三维工厂设计模块——Bentley OpenPlant

作为 Bentley 全新的工厂设计解决方案，Bentley OpenPlant 集成了作为固有数据模型的 ISO 15926 标准，使二维及三维工厂设计工程实现真正的数据互用。其开放式架构还可于其他使用 ISO 15926 的设计系统，以及 ProjectWise 和 AssetWise 进行数据互用，从而实现真正的工厂生命周期管理。

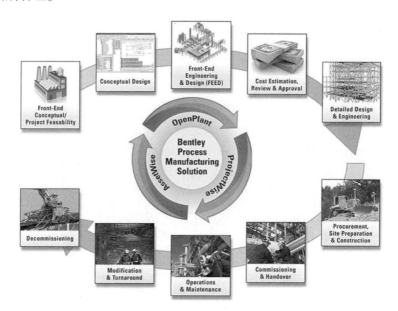

**Bentley 工厂行业解决方案**

Bentley OpenPlant 包括以下软件。

**1. Bentley OpenPlant PowerPID**

Bentley OpenPlant PowerPID 是一种智能流程工艺图解决方案，用于创建智能 PID，并将其存储在符合 ISO 15926 标准的数据模型中。

**2. Bentley OpenPlant Modeler V8i**

这是一款基于 ISO 15926 模式的三维工厂建模软件，支持元件（数据）级别的工程、跟踪和项目管理工作流程，同时接受、生成基于文件的工作包。Bentley OpenPlant Modeler V8i 采用高度认可的 MicroStation 平台进行三维建模，这是 EPC 和业主在寻求一种易于学习且其 DGN 格式已被广泛使用的工具时所要考虑的关键决策因素。Bentley OpenPlant Modeler V8i 本地支持组合采用 DGN、RealDWG、LIDAR 点云和 PDF 等软件标准的工作流程。

**3. Bentley OpenPlant ModelServer V8i**

该软件用于管理 ProjectWise 服务器上的组件，以实现全球分布式团队项目协作。

**4. Bentley OpenPlant Isometrics Manager**

该软件用于提取 ISO 15926 格式的轴测图。

Bentley 还开发了 i－Model，可对基础设施信息进行开放式双向交换。i－Model 可对任何采用 ISO 15926 标准予以访问的对象进行描述，无论是 Autodesk Revit 模型还是 Microsoft Excel 电子表格，这样便使得 OpenPlant 也适用于建筑、土木工程、采购和施工等其他领域，而这些领域对于整个工厂的设计至关重要。

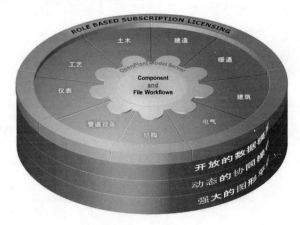

集成多专业的工厂设计

## 8.2.1 OpenPlant PowerPID

OpenPlant PowerPID（以下简称 OPPID）是世界上第一款基于 ISO

15926 标准数据模型搭建的开放的 PID 解决方案，它基于数据驱动，能快速创建全智能的 DGN 或 DWG 格式的 PID 图，并将图面上所有工艺数据信息移交到工厂生命周期的各个阶段。

OPPID 功能如下。

### 1. 快速创建智能 PID 图

OPPID 为用户提供了非常友好的操作界面，不同的项目环境下可以设置不同的任务导航栏，用户根据自己的习惯选择工具。用户界面定义功能使得整个软件易学易用。

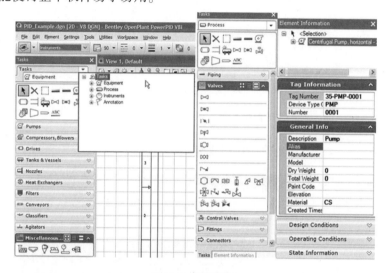

**OPPID 工具界面**

OPPID 具有灵活的参数化设备和仪表工具，绘制过程中能动态显示设备定位和方向、容器封头类型以及塔板或填料部分的内部结构和数量，动态显示阀门类型和操作机构类型。

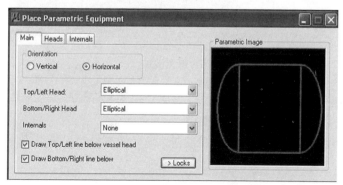

**OPPID 参数化设备和仪表（一）**

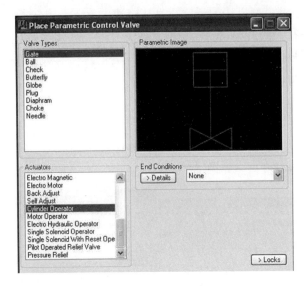

**OPPID 参数化设备和仪表（二）**

图例和组合图例的使用可以大幅提高绘图效率。

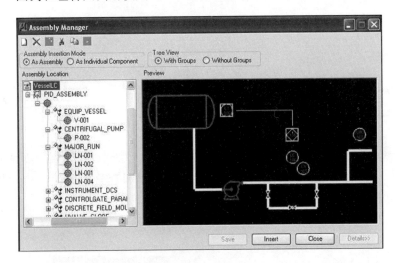

**组合图例设置**

OpenPlant 的数据驱动（SPEC 驱动）模式允许用户直接从数据库中选取带有数据信息的管件进行绘图。

OPPID 可以智能标注管线和设备。元件的替换和修改极为快速，不用删除后重建。

可以利用软件提供的逻辑检查功能对项目范围内的所有 PID 图进行

检查，包括：排除各种逻辑错误，如管件是否缺少关键属性；检查管线、设备和阀门是否重复编号；检查止回阀方向是否与管线流向一致等。

**2. 方便的元件扩充功能**

为了提高 PID 图的绘制速度，OPPID 包含很多由 ISA 和 ISO 标准认证的图例，以及一整套绘制管道和仪表的线型，如主工艺管线、次工艺管线、气动仪表管线、电动电缆线等。除此之外，为了进一步提高绘图效率，OPPID 还提供了元件管理工具，用来自定义图例、快速修改工程数据和图形组的标识号。

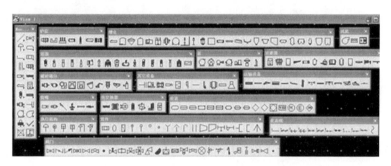

部分自定义元件符号

**3. 多样的报表形式**

OPPID 拥有极为灵活的报表工具，报表样式多样。

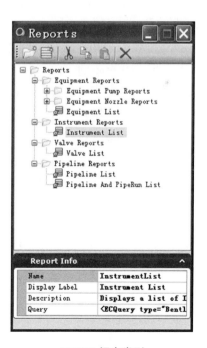

OPPID 报表类型

- DGN 报表——直接放置在 PID 图中的报表。

- 网格报表——详细的元件信息网格报表，可以导出 Excel 等格式进行进一步编辑。

- 水晶报表——利用水晶报表已经定义好的模板生成符合项目要求的水晶报表。

报表可以根据指定的元件类型进行分类或分组，如管线列表、阀门列表、设备列表等。报表的类型和内容可以方便地进行自定义。

#### 4. 强大的项目浏览功能

OPPID 拥有强大的元件浏览工具，可以让用户查看到图纸上所有元件的属性列表和相互关联的信息，并允许修改。

元件浏览器

#### 5. 版本控制和历史管理

在设计过程中，PID 图纸常常会升版，所以将所有变更记录下来确保符合规范是非常重要的。OPPID 允许用户使用设计历史的功能保存各个版本的图纸以及升版过程，每次升版的过程都可以被记录下来，还可以进行版本回溯，即用户是可以恢复到图纸的初始状态的。

#### 6. 数据的集成管理

OPPID 生成的图纸可以与 OpenPlant 三维软件 OpenPlant Modeler 集成，使三维模型中管线编号、设备位号、阀门编号等信息直接从 PID 图获取；还可以与三维模型进行一致性校验（此部分内容详见4.2.2 节）。

根据项目需要，可将 OPPID 连接到项目数据库 Bentley Data Manager。Bentley Data Manager 中可以定义 PID 需要使用的所有项目数据信息，此信息可以从 PID 图纸中获得，也可以直接在 Bentley Data Manager 中添加，同步到 PID 图中。从 Bentley Data Manager 中还可以直接提取涵盖整个项目细节的报表和清单。

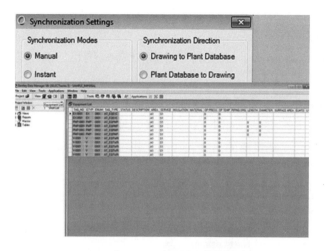

**OPPID 与 Data Manager 数据同步**

### 8.2.2　OpenPlant Modeler

OpenPlant Modeler V8i（以下简称 OPM）是一款精确、快捷的三维工厂设计解决方案。它通过数据信息的交互提高项目团队的协同能力，通过遵循 ISO 15926 标准、应用 i – Model 技术以及支持多种模型格式（如 DGN、DWG、JT、点云、PDF 等应用）为用户提供了灵活的设计和校审过程。OPM 适用于任何项目，无论其规模大小。

OpenPlant Modeler 具有以下特点：

● 拥有世界上首个基于 ISO 15926 开放信息模型构建的商用集成工厂设计环境，将 ISO 15926 信息模型定义用作应用程序内容的原始存储格式。

● 支持多个成熟模块，如设备、管道、HVAC、电缆桥架、管道支吊架，输出平面图、轴测图和材料报表，能满足各个行业、各个环节的设计需求。

● 每一个模块都具有非常容易使用的、一致的用户界面，这就使所需的培训量降到最低。

● 以最新的 MicroStation V8i 为基础绘图平台，和 Bentley 其他专业软件完全兼容，可以一起进行碰撞检查并抽取施工图。

● 集成 ProjectWise Integration Server 和 OpenPlant Model Server，项目的 3D 模型可以作为一个对象被存放在数据库中，实现元件级的管理，也可以以 3D 设计文件的形式储存，这样既方便数量巨大的工作应用 ProjectWise 实施管理，也可以方便小型项目习惯的手工方式按文件名查找文件。

• 集成 ProjectWise，支持大规模分布式项目，满足多专业协同操作。

• 支持元件级管理模式，以"数据为中心"设计、跟踪和管理工厂设计项目工作流程，同时支持文件级管理模式，支持以文件为基础的设计工作包。支持灵活的离线和在线工作方式，满足设计人员现场和远程工作需要。

下面是 OpenPlant Modeler 的功能介绍。

**1. 全面的工具集合**

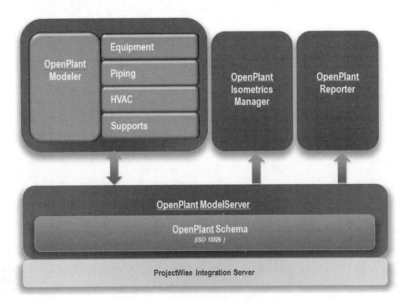

**OpenPlant 架构**

OpenPlant Modeler 包含非常丰富的工具集合，完全支持工厂的设计要求。其主要模块如下：

• 设备（Equipment）。

• 管道（Piping）。

• 暖通空调（HVAC）。

• 支吊架（Supports）。

• 轴测图（OpenPlant Isometrics Manager）。

• 材料报表（OpenPlant Reporter）。

### 2. 设备

设备模块带有常用的参数化标准设备库，如泵、罐、热交换器等。

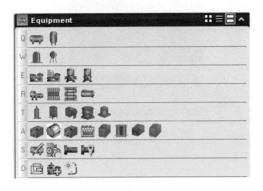

**设备模块工具**

**软件提供的部分参数化设备库**

设备模块提供了交互式的放置设备。设备工具带有每种设备的释义图示，只需点击图示中的尺寸，就可以修改该尺寸参数的数值。放置设备时可以输入设备编号及其相关属性，也可以在以后的修改过程中添加这些信息。

为参数化设备输入的所有数值都可以被保存，供项目规范或公司规范的规定设备库使用，使用户在最短的时间内完成含有多个变量的多个设备的建模过程。参与项目的所有人员能够在同一时间使用同一个设备库，定义好的设备库也可以发布到其他地方供设计人员使用。

**参数化设备属性对话框**

OpenPlant 设备模块具有强大的支持用户自定义设备的工具，用户可以通过使用各种基本实体组成所需要的组合设备，或者导入机械设计软件（SolidWorks、Inventor 等）建立的设备模型。这些实体能够被转换成"智能的"设备单体，可以为其添加设备编号、类型及描述等属性信息。用户自定义设备的相关信息被保存在一个共享的信息库中，供项目人员随时扩展和调用。

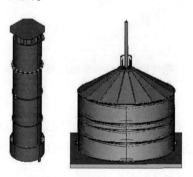

**导入的 SolidWorks 模型**

设备模块提供专门的"管嘴管理器"工具可以根据不同的管嘴类型，以参数的方式控制管嘴在设备上的定位，便于记录和修改。管嘴的属性可以同管道的属性相匹配，实现管道和管嘴连接信息的一致性。管嘴管理器有丰富的管嘴修改工具，可以对管嘴进行移动、复制等操作，使得管嘴数量多的大型设备操作变得非常方便。

其带有放置任意位置管嘴的工具，管嘴的定位更加方便。

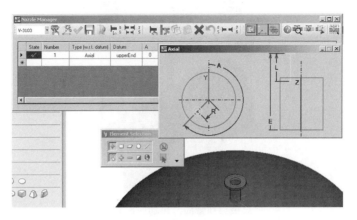

**管嘴管理器**

### 3. 管道

OpenPlant Piping 是一个全参数化、基于等级数据库（SPEC）驱动的建模工具。其根据工艺流程图预设的标准化选择器，规定了管道编号、材料等级、管径等信息，从设计初期就规范了设计人员的操作，提升了设计流程中的各个环节。

**标准化选择器**

OpenPlant Piping 支持直接绘制管线的方式，也支持中心线布管方式（先绘制表示管道走向的直线，再赋予直线管道信息，并沿直线放置直管和弯头）。其绘制过程相当智能化，能够自动匹配管件，转弯处自动匹配弯头，分支处智能连接分支，法兰连接处自动匹配螺栓垫片。

**直接绘制管线，自动匹配管件**

其管线修改极为方便。每个管件的手柄点都有移动、拉伸、旋转的功能，直接拖拽手柄点即可对管件进行操作。对整个管线来说，使用移动功能可以轻松修改管段的高度、位置以及整个管线的位置。

管线管理器为用户提供了统一的管道操作界面，包括批量修改管线（添加、删除、编辑），修改等级/管径、连接性校验、在模型中高亮、放大所选择的管件，选择管线、导出为用于应力分析的中间文件，创建IsoSheet，等等。

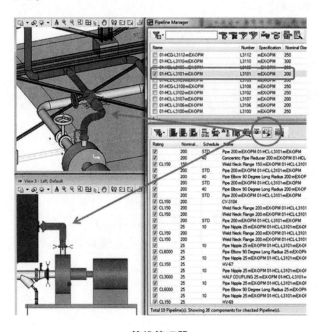

**管线管理器**

OpenPlant Piping 含有丰富的管件类型。

**部分管件类型**

它支持自定义非标管件。利用 MicroStation 平台的三维建模功能，可以画出管件外形，或者导入其他软件（如 AutoCAD、Inventor 等）生成的模型，添加 OpenPlant 管件属性，自定义非参数化管件。通过 C#编写脚本，可以扩充参数化管件。

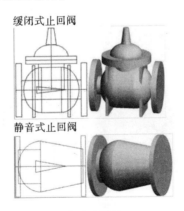

**自定义管件**

其交互式的设计检查具有用户自定义检查规则以及校验每个元件的功能，大大增强了对模型元件自动检查的灵活性和准确度。其直观的特性可指导用户按照设计过程中元件类型的有效性或项目的任何要求决定检查的程序，降低了设计错误和重复工作的可能性，同时在一定程度上保证了协同工作环境的一致性。

OpenPlant Piping 带有 ANSI、DIN、AWWA 标准的参数化管件产品目录。其管线标准库（Catalog）和等级库（SPEC）也可以自行定义，定义方法简单，即使没有数据库经验的人员也可以操作。

**4. 暖通空调**

暖通空调模块带有丰富的暖通参数化设备和管件库，支持方管、圆管及椭圆管道的建模，满足暖通专业设计的需要。

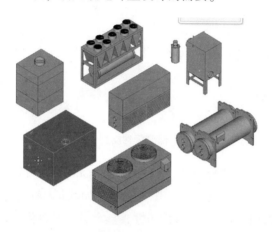

部分暖通设备

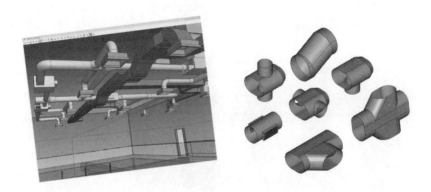

各种形式的暖通管件

风管建模基于等级库（SPEC）驱动，等级库可以根据实际需要扩充。非标设备和管件的定义与 Piping 模块非标管件的定义方法一样灵活。

它还可以根据暖通设备与风管的位置自动连接。

自动连接风管和设备

### 5. 支吊架

支吊架模块（OpenPlangent）可以建立各种支吊架样式，生成的支吊架模型能够参与碰撞检查，进行材料统计。

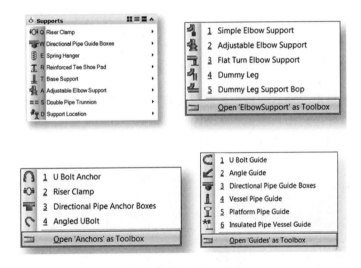

**软件自带部分支吊架类型**

### 6. 轴测图（OpenPlant Isometrics Manager）

OpenPlant Isometrics Manager（以下简称 OPIM）是一款灵活、强大、可以脱离昂贵的三维工厂设计软件独立运行的轴测图软件。

OPIM 独立运行，不依赖于任何三维软件。可由文控人员或项目组其他成员生成轴测图，解放了配管工程师，使后者将精力集中在设计上。该软件提供一个友好的操作界面，根据轴测图定制规则，可以非常方便地从 Bentley OpenPlant Model Server 或 OpenPlant Modeler 环境发布的 i-Model 中生成轴测图，而且不需要借助任何复杂的设计软件。该软件还可以批量生成图纸，生成的轴测图可以保存为 DGN 或 DWG 格式。

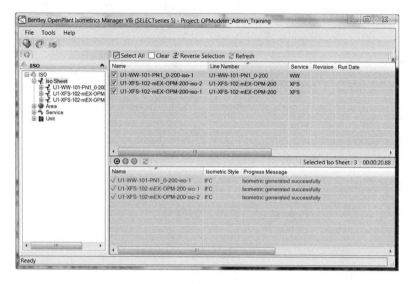

**OPIM 界面**

　　强大易用的轴测图用户定制界面可以为每个项目设置轴测图样式，不需要像其他软件一样在转换中间文件和配置轴测图定制文件上花费大量时间。项目可以尽快展开，准确运行，并能迅速实现用户的需求。

**不同轴测图样式的定制界面**

图面布置和报表可以自定义。使用 MicroStation 单元命令创建轴测图中的管件符号。自定义的图面属性可用于添加管线属性。材料报表在图中的布置也可以自定义。

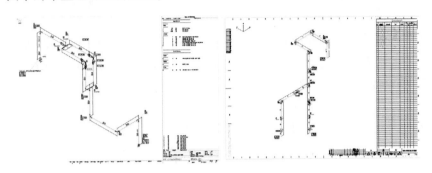

**不同的图面样式**

OPIM 可以通过与 ProjectWise V8i 集成，将生成的轴测图直接发布到具有版本管理功能的文档管理器中，集中存储轴测图。项目组成员无论何时何地都可以获得最新版本的图纸。

OPIM 生成的轴测图是一种智能文档，其中包括图形信息和管件信息，用户可以直接从文档中查询数据，无需从工厂设计模型中获取。

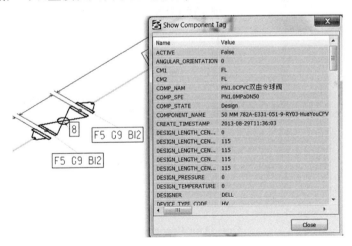

**智能文档属性**

OPIM 可以根据不同设计阶段创建各种轴测图样式，每种样式都有图面布置和设计状态的定制规则，如竣工图样式、校核样式、施工图样式、应力分析样式和内部图纸提资样式等。生成的轴测图可以发布到 ProjectWise 环境下，被全球分布的用户访问。

遵循 Bentley OpenPlant Model Server 中的设计状态，例如 "施工图阶段"，通过定制规则控制发布哪种类型的轴测图。

**7. 材料报表**

OpenPlant Reporter 可以直接从 OpenPlant Modeler 建立的 DGN 文件中生成该模型的报表，也可以自动从 OpenPlant Model Server 中提取整个项目的报表。报表对象覆盖所有 OpenPlant Modeler 建立的对象（设备、管道、HVAC、支吊架等）。

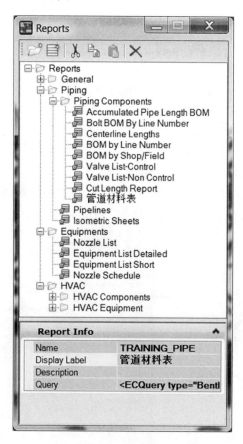

**OpenPlant Reporter 界面**

OpenPlant Reporter 界面友好，操作简单，可生成两种报表样式：

● 以简易网格的形式显示的报表样式。报表显示的内容可以由用户自行选择和定义，可以导出为 Excel 格式进行编辑。

Grid Report

| Description | EC Class Name | Length | Line Number | Material | 名称 | 规格 | 类型 |
|---|---|---|---|---|---|---|---|
| | PIPE | 7592.382 | 782A-E331-05... | CPVC | 直管 | D110x... | |
| | PIPE | 17234.867 | 782A-E331-05... | CPVC | 直管 | D110x... | |
| | PIPE | 18824.947 | 782A-E331-05... | CPVC | 直管 | D110x... | |
| | PIPE | 3643.948 | 782A-E331-05... | CPVC | 直管 | D110x... | |
| | PIPE | 1398.972 | 782A-E331-05... | CPVC | 直管 | D110x... | |
| | PIPE | 7408.772 | 782A-E331-05... | CPVC | 直管 | D75x5.6 | |
| | PIPE | 17209.265 | 782A-E331-05... | CPVC | 直管 | D75x5.6 | |
| | PIPE | 17077.658 | 782A-E331-05... | CPVC | 直管 | D75x5.6 | |
| | PIPE | 3435.717 | 782A-E331-05... | CPVC | 直管 | D75x5.6 | |
| | PIPE | 938.192 | 782A-E331-05... | CPVC | 直管 | D75x5.6 | |
| | LONG_RADIUS_... | 238 | 782A-E331-05... | CPVC | 90°弯头 | 90E(L... | |
| | LONG_RADIUS_... | 238 | 782A-E331-05... | CPVC | 90°弯头 | 90E(L... | |
| | LONG_RADIUS_... | 238 | 782A-E331-05... | CPVC | 90°弯头 | 90E(L... | |
| | LONG_RADIUS_... | 238 | 782A-E331-05... | CPVC | 90°弯头 | 90E(L... | |
| | LONG_RADIUS_... | 171.2 | 782A-E331-05... | CPVC | 90°弯头 | 90E(L... | |
| | LONG_RADIUS_... | 171.2 | 782A-E331-05... | CPVC | 90°弯头 | 90E(L... | |
| | LONG_RADIUS_... | 171.2 | 782A-E331-05... | CPVC | 90°弯头 | 90E(L... | |
| | LONG_RADIUS_... | 171.2 | 782A-E331-05... | CPVC | 90°弯头 | 90E(L... | |
| | PIPE | 32.016 | 782A-E331-05... | CPVC | 直管 | D90x6.7 | |
| | FLEXIBLE_COU... | 135 | 782A-E331-05... | 耐酸橡胶 | 耐酸... | PN1.0... | |
| | WELD_NECK_FL... | 18 | 782A-E331-05... | | 法兰 | PN1.0... | |
| | WELD_NECK_FL... | 18 | 782A-E331-05... | | 法兰 | PN1.0... | |
| | PIPE | 15.013 | 782A-E331-05... | CPVC | 直管 | D110x... | |
| | BALL_VALVE | 350 | 782A-E331-05... | CPVC | PN1.0... | PN1.0... | |

**网格报表**

• 支持水晶报表模板，利用水晶报表强大的制表功能可以制定出符合用户单位规范的各种报表格式。

管件材料表

List of Materials and Specification

SH

| 管线编号 | 名 称 | 规 格 | 材 料 | 类 型 | 数量 个 | 个重（kg） |
|---|---|---|---|---|---|---|
| 782A-E331-051-9-CYS | | | | | | |
| | 法兰连接球阀 | 316L | | | 1 | .00 |
| | 平面法兰 | PN1.6/DN25 | 钢 | | 2 | .00 |
| | 直管 | D32x3 | 钢 | | 14 | .00 |
| 782A-E331-051-9-CYS | | | | | | |
| | 耐酸橡胶伸缩接头 | PN1.0 D40x3 | 耐酸橡胶 | | 2 | .00 |
| | 法兰 | PN1.0/DN32 | | | 4 | .00 |
| | 直管 | D40x3.0 | CPVC | | 4 | .00 |
| | PN1.0CPVC双由令球阀 | PN1.0MPaDN40 | CPVC | | 2 | .00 |
| | 法兰 | PN1.0/DN40 | | | 4 | .00 |
| | 同心异径接头 | DN40/DN32 | CPVC | | 2 | .00 |
| | 直管 | D50x3.7 | CPVC | | 4 | .00 |
| 782A-E331-051-9-CYS | | | | | | |
| | 直管 | D20x2.0 | CPVC | | 2 | .00 |
| | PN1.0CPVC双由令球阀 | PN1.0MPaDN25 | CPVC | | 2 | .00 |
| | 等径三通 | T(S) DN25/DN2! | CPVC | | 1 | .00 |

**水晶报表**

报表样式可以自定义。基于规则的定义对报表的内容和对象范围进行灵活的设定，以满足不同用户的需求。

## 8.3 电缆敷设与桥架——Bentley Raceway and Cable Management

数字化三维电厂设计理念的不断深化和信息化设计的快速发展对发电设计各专业的整体要求发生了一定的转变，要求各专业在高质高效地完成本专业的设计任务外，还要有机地和其他专业进行信息的共享和传递，进而提高整体的设计水平。三维设计由于具有直观性和方便性，越来越多地在专业设计中得到应用，各大设计院都在大力推行这种先进的设计技术。在这种形势下，各专业在考核应用软件时除了关注本专业的需求外还应考虑到专业间的协同设计需要。例如，电缆系统设计作为一个设计重点，所采用的设计工具既要满足快速创建桥架系统的需求，还要能够与其他工艺系统软件共享数据，以便快速、准确地完成电缆敷设的设计，得到精准的材料统计，提升电缆系统设计的设计质量及效率。

基于上述发电设计对电缆敷设软件工具的需求，Bentley 提供了一款专业的电缆敷设软件——Bentley Raceway and Cable Management（以下简称 BRCM）来完成电缆系统的设计，该软件具有如下特点。

**1. 以数据库为核心，可实现电缆系统的协同设计**

使用 BRCM 软件设计以项目为单位进行，所有的操作都通过项目管理器管理，每一步操作都可以受控，只有依据权限解锁后才可以进行相应的设计操作，完全可以满足多人同时完成一个电缆系统设计的需求。

**2. 内嵌多个软件接口，可以与前软件系统共享数据**

电缆敷设共有三部分输入数据：

第一部分是电缆桥架的位置信息，这部分信息是在 BRCM 中定义的，BRCM 提供了极方便的参数化建模工具，可以快速、简捷地完成单层或多层桥架的创建，也可以从其他三维软件系统中导入桥架信息。

第二部分是设备信息，包括设备编码及位置信息，这部分信息可以在 BRCM 中产生，也可以通过软件数据接口导入。如果使用 BRCM 布置设备，软件自带参数化设备建模功能，可以快速地布置屏柜、设备模型等；如果导入设备信息，则可以从 Bentley 的 Substation、PlantSpace、OpenPlant 等软件的设计图纸导入，也可以导入其他的主流三维软件设计图纸，如 PDMS 等。

第三部分是电缆的连接信息，包括电缆型号、始终端设备信息等，这部分信息的导入可以采用Excel 文件格式，可以在其他设计软件中生成，也可以手动编辑产生。

### 3. 三维参数化的桥架设计功能，可以快速完成桥架系统的设计

三维的桥架设计技术可以更直观、更方便地帮助工程师完成桥架系统的设计。BRCM 软件采用的是参数化的设计方式，设计时先选定桥架型号，依次确定桥架的轴线位置，即可完成三维桥架设计。也可以先设计完成桥架轴线，最后选择桥架型号，执行生成桥架命令，软件即可以自动生成相应的三维桥架系统。软件还可以同时布置多层桥架，只需在布置前设置好多层桥架的间隔信息对于水平转弯及垂直连接的过渡位置，软件会自动连接部件；对于生成分支回路的三通、四通等零部件，设计时可从部件库中选取后布置到图纸上。软件还具有灵活方便的修改功能，可以快速增加、删除分支回路，还可以批量改变桥架截面。

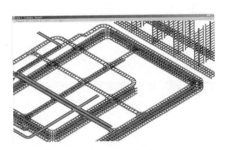

**三维桥架系统图**

### 4. 参数化的设备布置功能可满足辅助厂房等小型电缆桥架系统的设计

软件内置了参数化的设备建模、布置功能，可以满足辅助厂房等小区域范围内的桥架系统设计及电缆敷设设计。在布置屏柜等设备时，可以随时修改屏柜尺寸参数，定义屏柜编号及接线点信息，快速、方便地完成设备的布置设计。

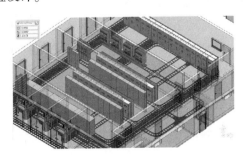

**参数化设备布置**

### 5. 内嵌多种敷设规则，具有自动敷设和强制敷设功能

在进行电缆敷设时，软件内置了多种敷设规则，完全满足电缆敷设设计的需求。

- 电压匹配原则：桥架带有电压属性信息（动力、控制、弱电），电缆也带有电压属性信息，这样在敷设时就可以按照电压等级进行自动敷设，而不会造成电压不匹配的错误。

- 容积率原则：可以批量地为桥架设定允许的容积率，在敷设时，如果超过容积率的限定，会自动选择其他的敷设路径。

- 最短走线原则：最底层的敷设规则，在满足以上两种规则的前提下自动计算电缆的最短走线路径，并自动计算出电缆长度和所经过的桥架编号，指导施工。

- 强制走线：当完成自动敷设后，对于特殊的电缆，可能出于某种需求，要求能够按特定的路径进行敷设，这时就可以使用强制走线功能，选定电缆的路径。

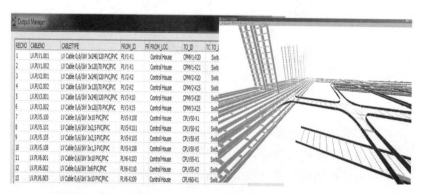

### 6. 基于标准电缆选型表，可以完成电缆的选型校验

该功能基于一个电缆选型表，依据电缆的敷设情况、传输功率、长度信息，自动校验初选的电缆型号。如果不满足，给出提示，确认后即可选择出符合要求的型号。用户也可以手动调整电缆型号。

### 7. 可以快速生成二维桥架断面图纸

敷设设计完成后，所有的信息都保存于数据库中，可以使用2D图纸生成工具获得所需断面的断面图，操作简单、方便，只需要定义断面位置，即可获得相应断面图，包括该段敷设的电缆信息。

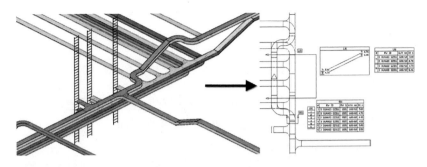

依据三维设计生成二维图纸

## 8. 可以自动生成电缆清册及桥架系统材料表

使用报表生成器可以快速生成所需的报表，包括电缆信息报表及桥架信息报表。报表可以导出为 Excel 格式文件。

# 8.4 电气仪表模块——Bentley Instru & Wiring

Bentley Instru & Wiring 是应用于仪表系统设计的数据库驱动型应用程序，可以与 Bentley 工厂数据库进行集成，保持应用程序数据的一致性，直观的可拖拽界面用于连接所有组件，可以使用 MS Access 进行数据的输入定制以及生成报表，提供多种交付格式，并可以与 ProjectWise 协同设计平台进行集成。

它的功能如下：

- 应用于仪表系统设计的数据库驱动型应用程序。
- 可与 Bentley 工厂数据库进行集成。
- MSDE、SQL Server、ORACLE。
- 与其他 Bentley 工厂应用程序保持数据一致性。
- 直观的可拖拽的界面用于连接所有组件。
- 使用 MS Access 进行数据输入的定制和生成报表。

- 多种交付资料格式,包括 DGN、DWG、DXF、PDF、SNP。
- 自动生成的工程交付资料。
- 仪表回路图、仪表端子接线图。
- 仪表清单等项目报表。
- 与 ProjectWise 集成,使信息能够在分布式团队中共享和管理。

在该程序中用户可定制适应不同要求的操作界面。

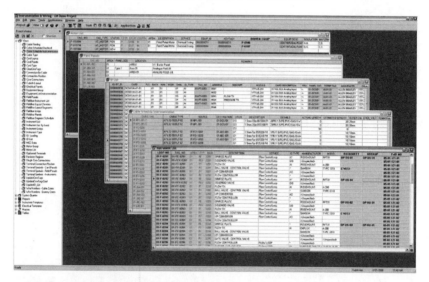

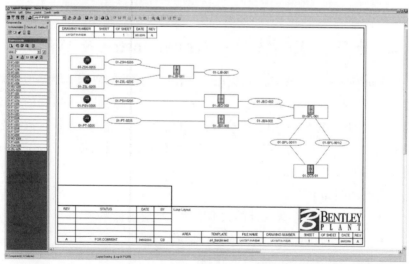

模板布局设计器可以方便地进行模板定义,以应用于其他的项目。

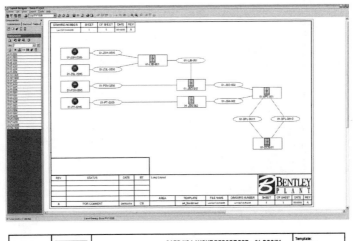

**多种报表格式**

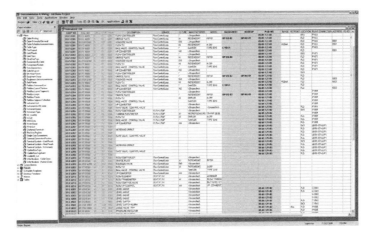

**导入、导出工具**

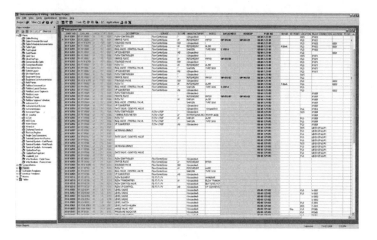

**仪表数据清单**

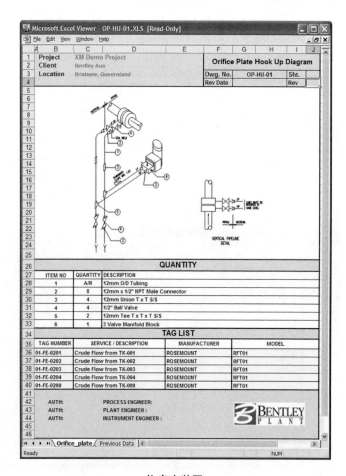

**仪表安装图**

第三篇　模型利用与数据兼容

# 9 三维信息模型综合与应用

在本书开始时介绍了 BIM 的概念，也就是基础设施行业的三维信息模型是应用于全生命周期的。全生命周期分为不同的阶段，即设计、施工、运维、改建，周而复始。在全生命周期过程中，信息被创建、确认、更新、交付。对于一个多专业的综合的基础设施项目来讲，专业之间和环节之间的数据交互就变得非常重要，这保证了信息被正确地识别和传递。对于同一个环节的不同专业，这涉及数据交互和协同的概念；而对于不同环节，就涉及数字化移交的过程。

对于一个基础设施行业的解决方案来讲，所选择的平台应具有非常好的扩展性和数据兼容性。对于 Bentley 的解决方案来讲，在 MicroStation 的统一平台上时时协同工作，这是第一个层次。当需求进一步增加时，特别是对信息的需求进一步增加时，就需要底层数据结构的支持。也就是，需要有一种统一的、轻量的、自我描述的数据格式，能准确地传达工程信息。这其实就是 Bentley 的 i – Model 技术。

在文件格式上，i – Model 技术分为前期的 *.i.dgn 文件和最新版本的 *.i – Model 文件，而且 *.i – Model 文件也在不断优化。i – Model 文件其实是一种类似于数据库的格式，它优化的数据结构，适合批量地搜索工程信息。同时，和 CONNECT 的工作模式融合，可以更好地提高项目信息的沟通和移交。

在现在的应用软件里都有相应的发布选项，在 CONNECT 的工作模式下，其实是在一个"云"上工作，工程内容也可以发布到"云"上。关于 CONNECT 的工作模式，在此只做简单介绍。CONNECT 是一种基于云技术的、协同度更高的工作模式，而且最新的 V8i 版本支持 CONNECT 的工作模式。

## 9.1 CONNECT 工作模式

Bentley 现在已经开始将现有的软件更新到 CONNECT 版本，最新可以看到的是 MicroStation 和 ProjectWise 的 CONNECT 版本，其他的应用软件也已经在向 CONNECT 版本上移植。

对于 CONNECT 版本，人们的第一印象可能是全新的界面、更多的工作、更快的工作效率。这确实是 CONNECT 功能更新之一，但不是全部。CONNECT 最重要的是提供了一种全新的工作模式。一个项目参与者通过 CONNECT 工作模式与其他的用户相连，与参与的项目相连，与参与的企业相连。从功能上，它也提供了一种全新的数据环境，提供了一种更加紧密的工作模式。当然，它需要一个 ID 来识别用户的身份，就像一个微信账号一样。

**CONNECT 工作模式**

当安装 CONNECT 版本或 V8i 的最新版本时，系统都会安装一个 CONNECT 的客户端。

**CONNECT 客户端**

当这个客户端启动时，或者启动一些应用程序时，客户端会根据用户的 ID 连接到企业云上，也可以通过这个 ID 与 Bentley 的技术服务体系连接，获取所需的资源。

**CONNECT 客户端**

当启动 MicroStation 的 CONNECT 版本时，就会发现一个全新的界面。在这个界面中，可以进入个人门户，可以查看工程内容，也可以及时收到软件问题的更新。

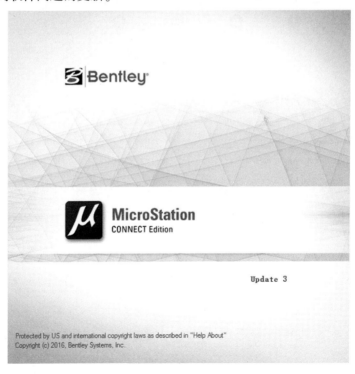

**MicroStation CONNECT 启动画面**

在这个界面中可以找到所需要的学习资源和项目信息，也可以建立项目。这个项目是建立在云上的。

因此，无论是通过客户端、应用程序、Navigator 还是网站登录（http：//connect. bentley. com），访问的都是一个属于自己的个人项目门户，通过这种机制，可以与用户、项目、企业进行连接，这就是 CONNECT 的工作机制原理。最新的 V8i 版本也支持这样的工作机制。

CONNECT 个人门户

连接 Bentley 技术服务

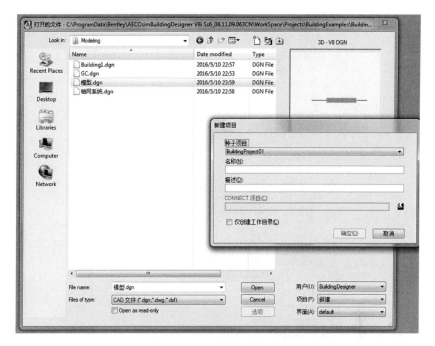

**AECOsimBD 新建一个 CONNECT 项目**

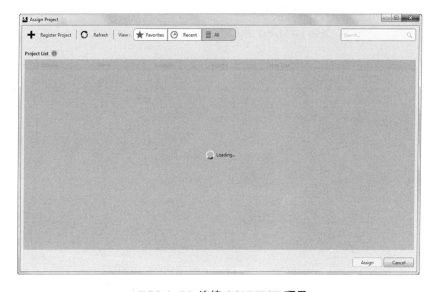

**AECOsimBD 连接 CONNECT 项目**

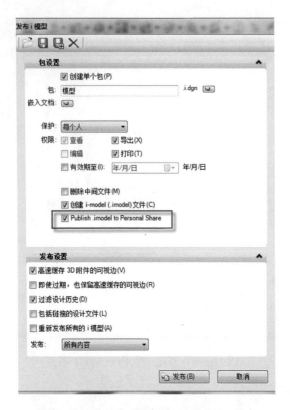

发布 i – Model 时，同步到 CONNECT 门户

Bentley Navigator 连接 CONNECT 门户

无论在任何地方，当用户发布一个三维信息模型到 CONNECT 门户上时，授权的用户就可以访问它。

发布的三维信息模型

了解了 CONNECT 的工作机制后，才可以更好地组织三维信息模型的发布和利用过程。

## 9.2　三维模型的组装与 i – Model 文件

在 BIM 的设计过程中，不同的专业使用自己的设计模块建立三维信息模型，通过相互参考进行协同设计。在设计过程中或者设计完毕后，需要将模型输出为 i – Model 文件，以进行多专业设计校审以及数字化的移交过程。

因此，无论是在设计过程中还是在设计完毕，进行管线综合的操作都需要一个三维模型组装的过程。Bentley 基于分布式的文件存储结构，也为模型的组装提供了技术基础。技术操作上，看似一个简单的参考操作，但是为了提高使用效率，还是需要遵循一些原则。

在 AECOsimBD 的项目流程章节，我们已经介绍了分层次参考的原则，以及工作过程中的定位基准问题，这是三维模型组装的基础，在此基础上需要明确如下原则。

### 9.2.1　分布式原则

在传统的设计模式中倾向于将所有的模型或者图纸放在一个文件里，这带来了很大的问题。在 BIM 工作模式下要有分布式存储的概念，即不要期望把所有的东西都放在一个文件里。为了某种应用而采用的模型组装是"一组"文件。当组装时，需要的是一个综合的环境来查看彼此之间的关系或者输出成果，而不是在一个"大"模型里修改一个对象。这样一组相互关联的 DGN 文件在输出为 i－Model 文件时也是相互关联的。

**分层组装的 DGN 文件**

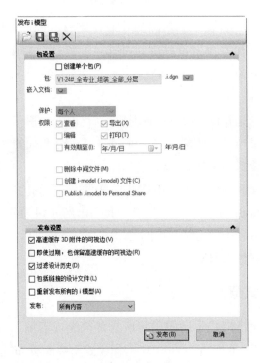

**对整组文件进行发布**

| | | | |
|---|---|---|---|
| V1_24#_结构_F1.dgn | 2017/1/1 19:13 | Bentley MicroStati... | 1,854 KB |
| V1_24#_结构_F1.dgn.i.dgn | 2017/1/1 19:13 | Bentley MicroStati... | 2,014 KB |
| V1_24#_结构_F1.ism.dgn | 2016/12/29 9:51 | Bentley MicroStati... | 189 KB |
| V1_24#_结构_F2.dgn | 2014/8/26 10:32 | Bentley MicroStati... | 3,902 KB |
| V1_24#_结构_F2.dgn.i.dgn | 2014/8/26 10:32 | Bentley MicroStati... | 2,095 KB |
| V1_24#_结构_F3.dgn | 2014/8/26 10:32 | Bentley MicroStati... | 3,902 KB |
| V1_24#_结构_F3.dgn.i.dgn | 2014/8/26 10:32 | Bentley MicroStati... | 2,220 KB |
| V1_24#_结构_F4.dgn | 2016/12/12 15:05 | Bentley MicroStati... | 3,902 KB |
| V1_24#_结构_F4.dgn.i.dgn | 2016/12/12 15:05 | Bentley MicroStati... | 2,707 KB |
| V1_24#_结构_F5.dgn | 2014/8/27 14:09 | Bentley MicroStati... | 3,902 KB |
| V1_24#_结构_F5.dgn.i.dgn | 2014/8/27 14:09 | Bentley MicroStati... | 2,682 KB |
| V1_24#_结构_车库地下.dgn | 2016/12/12 15:02 | Bentley MicroStati... | 4,433 KB |
| V1_24#_结构_车库地下.dgn.i.dgn | 2016/12/12 15:02 | Bentley MicroStati... | 4,218 KB |

**每个 DGN 文件被分别发布**

**i – Model 之间的链接**

很多时候，各个专业在设计端输出 i – Model 文件，然后将这些 i – Model文件参考在一起进行模型发布，因为不能在一个应用模块的设计环境中发布有专业的信息模型。例如，在 AECOsimBD 里，参考了 OpenPlant 的管道，但发布 OpenPlant 的模型时，并不能读取所有的 OpenPlant 模型的信息。

## 9.2.2  分应用的组装原则

无论是设计状态的 DGN 组装，还是发布状态的 i – Model 组装，都要注意，不要倾向于使用一个三维组装文件满足所有应用的需求，根据应用来形成不同的组装文件才是效率最高的方式。

例如，当需要输出到 LumenRT 做室外效果时，对于室内的一些管线模型来讲可能就不是很重要，此时，组装模型就没有必要参考室内管线的模型，以减小模型的大小，提高处理的速度。在讲解切图流程时也提过这个原则，这就是模型的筛选过程。

组装 DGN 文件还是 i – Model 文件，也是根据应用决定的。例如，在 AECOsimBD 中，为了切图的应用，就应该在 AECOsimBD 中组合 DGN 文件。如果组装模型的目的是利用 Navigator 进行后续的设计校审过程，那么就要将它们组成一组 i – Model 文件，才能满足应用的需求。

为了满足后续的应用需求，还会利用下面讲到的 HyperModel 技术，给这个汇总的模型添加更多的链接，也可能利用 i – Model Transformer 进行 i – Model 信息的完善和更新。

总的来讲，三维信息模型的组装是后续大量应用的开始。

## 9.3　HyperModeling 超模型技术

HyperModeling 技术是 Bentley 通过链接的方式给三维信息模型提供更加丰富的属性。在讲解切图流程中，通过一些标记在模型、切图、图纸之间切换的操作，其实就是超模型技术的一种应用。当查看一个三维信息模型时，可以通过链接来查看这个三维模型更多的属性，如切图和图纸，以进一步了解三维信息模型的信息。

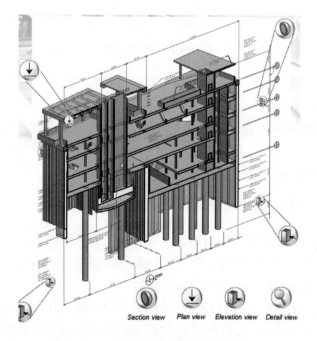

**HyperModeling 技术在切图流程中的应用**

HyperModeling 技术主要有三方面的应用：

（1）连接三维信息模型，切图和图纸。

（2）项目浏览器的应用 Project Exporer。这一点在《管理指南》中有介绍。

（3）给三维对象添加链接。这个链接可能是一个文档、一个网址、一个命令行。当发布 i - Model 时，这些信息也会被发布。如果是文档，也会被打包。

下面就第三种应用进行讲解。

无论是项目浏览器（Project Explorer）的应用还是链接一些文件，这些都只是一些链接而已。对于 Project Explorer，这些链接保存在一个公共的文件中，用一个变量指定。

**项目浏览器应用**

项目浏览器用于完成创建链接、浏览链接的工作，这组链接也会被发布。

**浏览链接**

对于第三种应用，需要明白如下原则：

（1）这些链接是保存在当前文件的。

（2）根据需要建立链接。

（3）将链接赋予三维对象。

下面讲解一些建立的流程。

**切换到当前文件，新建链接集**

链接集（LinkSet）即链接集合的意思，如果把每个链接当作一个文件，则链接集就是一个目录。

**建立好的链接集**

建立好链接集后，剩下的操作就是创建链接了。系统提供了各种类型的链接可供选择。

**建立链接**

如果是文件链接，系统会提示选择一个文件。

**建立好的链接**

链接建立完毕，就可以将这些链接赋予某个对象。

**添加元素链接**

**对象链接的标志以及预览**

这样就给一个对象建立了链接，当浏览这个对象时就可以通过链接了解更多的信息。

这一过程建议在最基本的 DGN 文件中进行，然后将这个模型与链接的文件打包。

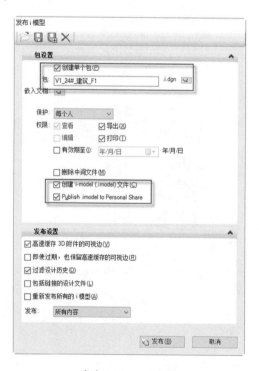

**发布 i-Model 文件**

无论是发布到本地还是 CONNECT 站点，都可以使用 Navigator 查看这些数据。

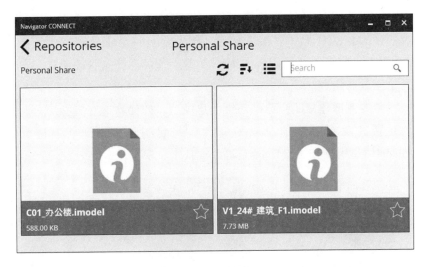

浏览发布的 i – Model 文件

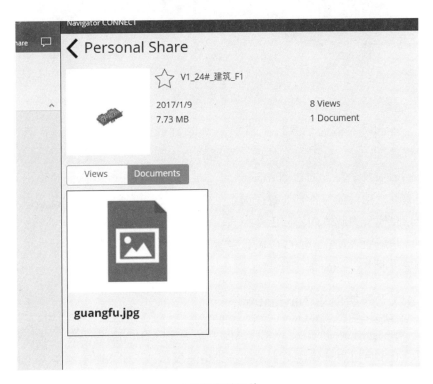

文件链接的图片

## 9.4　项目信息浏览碰撞检查及管线综合 Navigator

　　Bentley Navigator 是信息模型的三维浏览、校审和项目协同工具。需要明确的是，对于一个项目来讲，首先要有一个工作流程，无论是 CONNECT 工作模式还是传统的工作模式，都需要首先明确流程，再讨论每个工具的角色。

　　每个专业都建立了自己的三维信息模型，如何将这些模型综合起来呢？这就涉及将多种信息模型综合在一起的过程，即前面讲到的 i‒Model信息模型技术、HyperModeling 技术、模型组装与三维校审等。

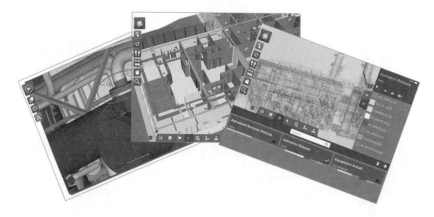

**通过信息模型交互**

　　Bentley Navigator 是以三维信息为基础的，最新的 Navigator 是以"∗.i‒Model"为工作文件的，早期的版本是"∗.i.dgn"文件格式。不同的项目参与方通过 Navigator 对三维信息模型进行浏览，并提出反馈意见，项目参与各方通过反馈意见进行修改，更新模型，这就是以三维信息模型为载体的协同工作模式，也就是 BIM 的概念。

　　最新版 Navigator 的 PC 端和移动端界面一样，支持触屏控制。下面简单说明 Navigator 的工作过程。

### 9.4.1　开始使用 Navigator

　　Navigator 通过 Bentley CONNECT 登录到 CONNECT 站点，进行授权，登录后可以选择浏览本地的三维信息模型或 CONNECT 服务器上的信息模型。

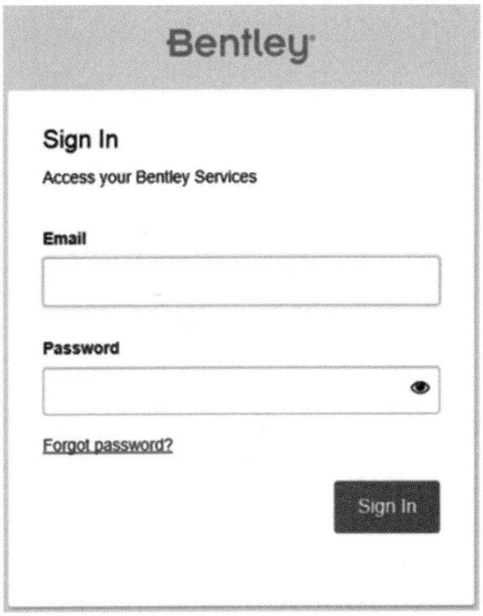

**登录 CONNECT**

　　如果只是想尝试 Navigator 的功能，也可以选择"demo"，浏览信息模型的例子。

打开不同位置的模型文件

## 9.4.2 打开文件

Navigator 可以打开 i – Model 文件，但老版本的 i – Model 文件需要重新发布。因为 i – Model 文件是只读格式，这是为了保证数据的正确性不被修改，所以 Navigator 无法转换老版本的数据。

可以使用 MicroStation CONNECT 版本，Bentley Automation Service 和 Navigator Mobile Publisher 转换老的 i – Model 数据。

需要注意的是，Navigator 可以打开 ConstructSim Planner 发布的数据，包括定义的组（Group）、保存的视图（View）以及一些组件的树状目录。

通过打开的界面可以打开本地的、服务器上的、最近的以及收藏的 i – Model 文件。

**打开信息模型例子**

Navigator 可以打开 i – Model 文件，这些文件是由 Bentley 应用模块或者第三方程序的 i – Model 插件输出的。

除了 i – Model 文件，Navigator 还可以自动转换并打开 Vue、RVM、DGN、DWG 格式的文件。

这里需要注意的是，i – Model 是一个包含了信息模型和相关文档组成的包，前面介绍的 HyperModeling 应用就是给模型加上更丰富的信息。在打开文件时，可以选择浏览 i – Model 文件的视图还是查看关联的文档。

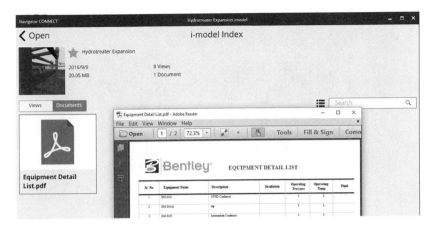

**i－Model 文件链接的文档**

　　当然，也可以打开 CONNECT 站点上的文档。无论是本地的还是 CONNECT 站点上的，都可以放置在收藏夹里，供下次快速调用。

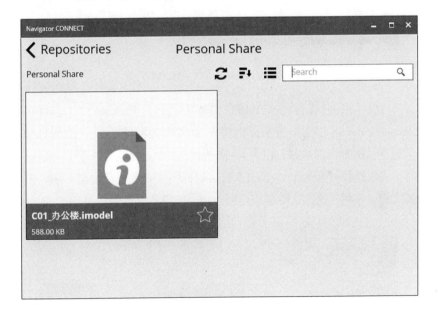

**个人站点上的文件**

　　此外，还可以打开 ProjectWise 服务器上的 i－Model 文件，这需要首先连接 ProjectWise 服务器。

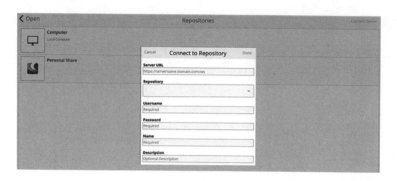

**连接 ProjectWise 服务器**

配置好 ProjectWise 服务器的信息后，就可以打开 ProjectWise 上的文件。

**打开 ProjectWise 上的 i – Model 文件**

一个 i – Model 文件是一个信息模型的"包（Package）"，前面讲过的 HyperModeling 超模型技术可以将一个文档链接挂接到三维信息模型上。这些数据都可以一并打包到 i – Model 文件中。当选择一个 i – Model 文件时，可以选择打开这个 i – Model 链接的视图，或者查看这个 i – Model 挂接的文件。当然，这些文件应该是可以被当前设备查看的格式。

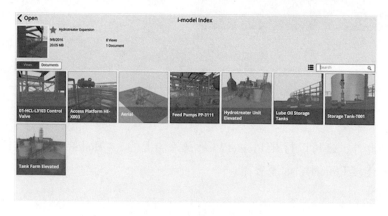

**打开 i – Model 文件**

### 9.4.3 手势和控制

由于 Navigator 的 PC 端和移动端采用相同的设计，所以可以使用鼠标、键盘和手势使用 Navigator。

（1）通过鼠标和键盘浏览 i – Model 文件。

| | |
|---|---|
| 滚动鼠标滚轮 | 放大、缩小 |
| 按住鼠标滚轮 | 拖动视图 |
| 按住 <Shift> 键 + 鼠标滚轮，然后拖动 | 旋转视图 |
| 双击鼠标滚轮 | 适配屏幕 |

（2）通过手势浏览 i – Model 文件。

| | | |
|---|---|---|
| 点击 | | 选择工具或对象 |
| 拖动 | | 旋转视图 |
| 两指拖动 | | 平移视图 |
| 开合手指 | | 放大、缩小 |

续表

| | | |
|---|---|---|
| 按住 + 拖动 | | 放大、缩小 |
| 双击 | | 适配屏幕 |

## 9.4.4 屏幕布局

打开一个 i‑Model 文件时，有 5 个区域可以操作这个信息模型，不同的区域有不同的功能。

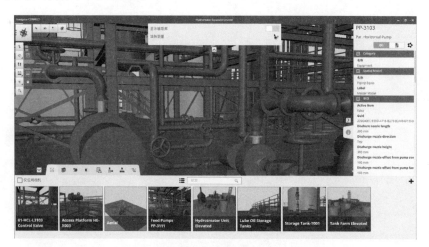

**Navigator 工作界面**

### 1. 工具菜单

工具菜单位于左上角，显示当前可以使用的工具，当点击有三角号的工具时会有一个工具条出现，显示更多的工具。

工具菜单

### 2. 工具设置

有些工具有设置的选项，当选择一个工具时，在顶部会出现这个工具设置的界面。

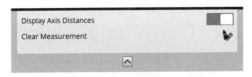

工具设置界面

### 3. 信息面板

当选中一个对象时，在右侧会出现对象信息的面板，在设计环境下的所有信息都会显示在这里。

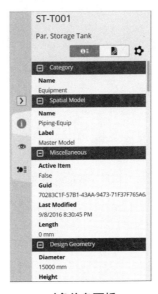

对象信息面板

#### 4. 操作中心

操作中心，顾名思义即对模型所有的操作都在这里实现，这里也是控制参数最多的地方，位于操作界面的下部。通过它可以切换不同的视图，进行图层控制、工作列表、问题列表、目录树等操作。

操作中心

#### 5. 后台菜单

通过后台菜单可以打开另外一个 i – Model 文件。

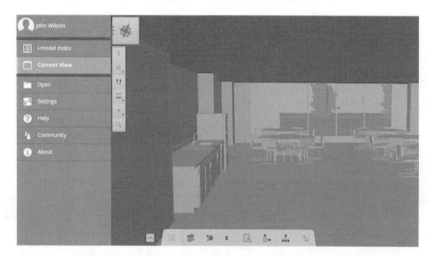

后台菜单

### 9.4.5 Navigator 的主要功能

Navigator 的作用是用于 BIM 浏览，也就是为 BIM Review Workflow 而设计。它的主要功能有以下几个。

**1. 查看信息模型**

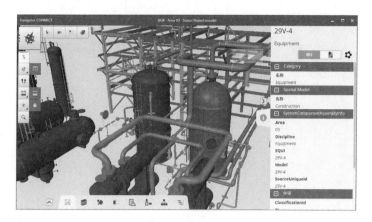

浏览三维信息模型

**2. 切面查看**

可以根据需要定义一个切面或者范围来局部显示 i – Model 文件。

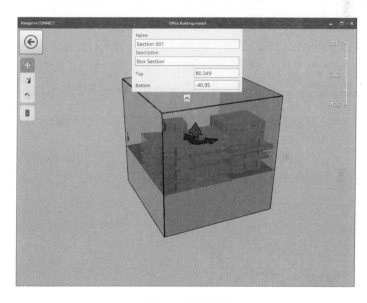

定义一个切面范围

**3. 意见校审**

　　浏览模型是为了校核模型，发现问题后，就需要针对这些问题提出批注的意见，而这些意见如果连接了 ProjectWise 协同工作服务器，也会被直接反馈给设计人员。这一操作需要登录到协同工作环境。

增加图片

## 4. 数据可视化

信息模型含有丰富的信息，这些信息可以用来过滤对象。利用这个属性可以实现数据的可视化，看看哪些对象是已经被加工完成的，哪些是安装的，哪些是有冲突的，等等。这就是数据可视化的功能。

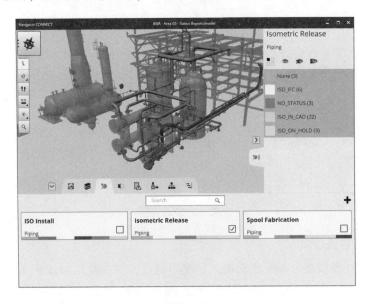

数据可视化

### 5. 碰撞检测

当一个多专业信息模型组合在一起时，可以进行碰撞检测。碰撞检测的原理是创建一个碰撞检测任务，选择两组对象，然后设定规则。碰撞检测的结果会自动进入需要解决的问题列表。

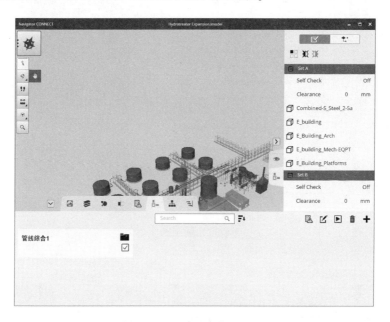

**碰撞检测界面**

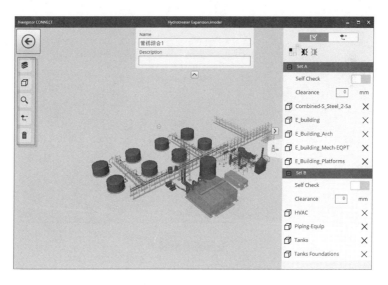

**通过不同的过滤条件选择两组对象**

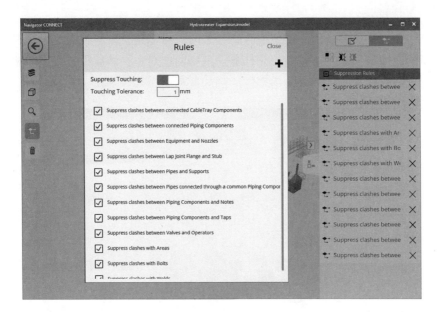

**设定切图规则**

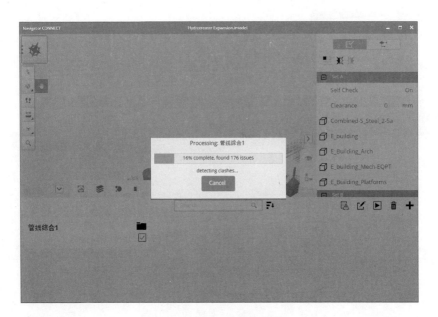

**执行碰撞检测**

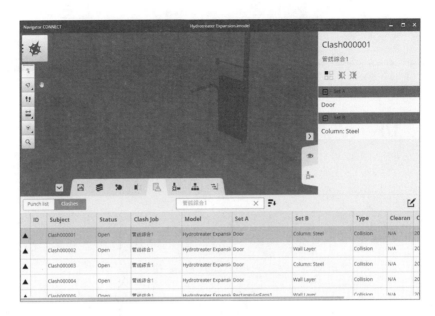

发现的碰撞

# 10　动态场景使用与输出 LumenRT

LumenRT 是什么？

LumenRT 可以称为"场景模拟软件"，它可以为数字化的基础设施信息模型创建一个真实的场景，从而将数字化的模型和"逼真"的场景结合起来，或者说，它是 Readlity Modeling 技术的一个应用。

LumenRT 为模型提供的场景包括景观、周围场景、天气效果、光线控制以及必要的人物、动物、交通工具、花草树木等丰富的景观库，以丰富场景。

这些在 LumenRT 里创建的场景可以提供动态的、实时的交互效果，可以在一个真实的世界中对基础设施项目进行设计推敲、交流以及相应的模拟。

LumenRT 也包括了一系列的工具，可以对导入的基础设施项目信息模型进行材质赋予，并提供了丰富的、开放的材质库。

LumenRT 可以将模拟的效果保存为一张高分辨率的图片、一段模拟的动画以及可以实时交互的场景，可以用在虚拟现实等多个领域。

LumenRT 足够简单，足够强大，建议用户不要把 LumenRT 当作软件来学，而是要把它当作游戏来玩。

## 10.1　将工程信息模型导入 LumenRT

LumenRT 可以和很多应用程序集成，包括 MicroStaiton 的各种应用程序，如 AECOsimBD、OpenPlant、Substation、PowerCivil 等，也可以和第三方应用程序如 Revit、ArchiCAD 等集成。

在安装 LumenRT 时，系统会自动和已经安装的应用程序集成，如下图所示。在应用程序的菜单上也会有相应的导出按钮。

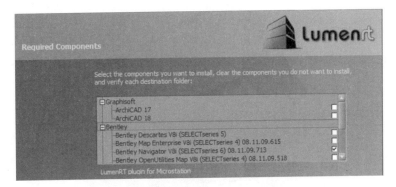

安装 **LumenRT** 时的应用程序集成选项

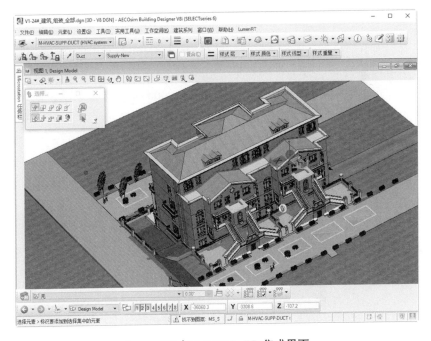

**LumenRT** 与 **AECOsimBD** 集成界面

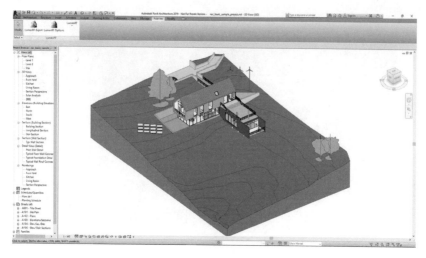

**LumenRT 与 Revit 集成界面**

当工程信息模型完成后，就可以使用 LumenRT 导出的选项，将模型导出到 LumenRT 做后期的效果。

在导出的菜单里可以使用"LumenRT Options"，选择场景，以及控制初始的场景细节。

**AECOsimBD 导出菜单**

**Revit 导出菜单**

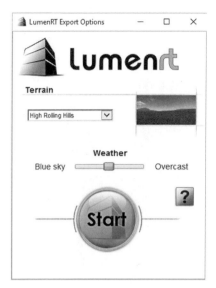

**导出选项设置**

LumenRT 选项让用户选择一个特定的场景和天气类型，例如在下面的例子里将选择"High Rolling Hills"作为默认的场景输出工程模型。点击"Start"按钮开始输出过程。

**输出过程**

模型导出到 LumenRT 完成后，会自动打开选择的场景。

**打开场景**

很多时候，由于在应用程序中标高设置的问题，导入到 LumenRT 后，模型的位置会过高，可以调整它的高度，以与 LumenRT 的场景地面相匹配。

可以在左面的主菜单里点击"Selection"工具。

**"Selection" 工具**

点击"Selection"工具后，选择"Move"工具，然后选择导入的模型，如下图所示。

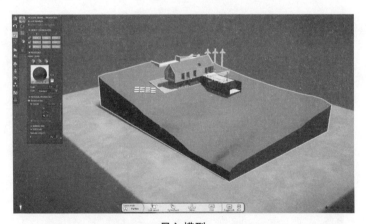

**导入模型**

一旦选中模型，"Object Properties"对话框打开，如下图所示，将"Lock transform"选项解锁，以便移动模型。

解锁"Lock transform"

现在可以通过点击箭头垂直移动模型。

垂直移动模型

例如，将模型移动到场景地面以下。

将模型移动到场景地面以下

## 10.2　匹配场景和模型

很多时候需要将场景的地面与导入的地形进行匹配。

## 10.2.1　对场景地面进行调整

在主任务栏选择"Terrain & Ocean"，当它展开时，选择"Sculp Terrain"工具，然后选择"Flatten"工具，如下图所示。

选择"Flatten"工具

通过鼠标的拖动可以多次调整场景地面与工程模型的场地相匹配，这个过程中可以调整笔刷的半径以及边缘的曲度。

调整笔刷的半径及边缘曲度

　　经过调整可以得到如下图所示的效果，当然，用户可以更加精细地控制边缘。

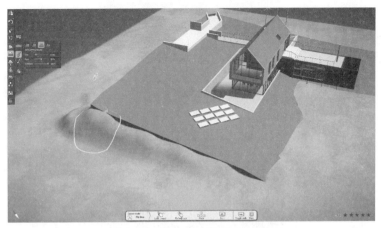

调整后的效果

　　旋转模型到不同的角度，选择不同半径的笔刷对场景的地面进行处理。可以选择"Raise Brush"工具升高地面。

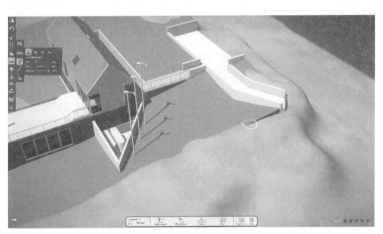

升高地面

## 10.2.2　对场景地面赋予材质

　　LumenRT 提供了一个"Paint Terrain"工具，让用户直接对场景的地面赋予材质。

　　从左边的主菜单里选择"Paint Terrain"工具，并且选择"Seasonal Grass"材质，对地面进行材质赋予操作。

选择"**Seasonal Grass**"材质

可以根据需要使用不同的材质类型设置场景的地面。

根据材质设置场景地面

## 10.2.3 挖坑操作

同样是对场景地形的操作,也可以使用"Dig Brush Tool"工具挖一个坑,坑里后续还可以放上水。

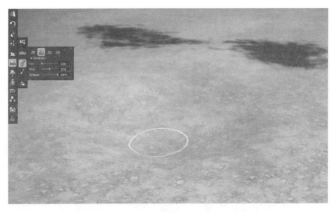

挖坑

挖坑后可以使用"Add Water Body"工具添加水，还可以控制水面的高低。

添加水并控制水面高低

水的位置可以使用移动工具进行调整，效果如下。

调整水的位置

加完水后，可以使用"Add Character"工具往挖好的池塘里放置几条鱼，使场景更加真实。如果池塘足够大，或者坑足够大，还可以放一条船。

调整池塘

## 10.2.4 放置树木配景

为了使场景更加真实，可以使用"Add Plant tool"工具放置树木。

放置树木

放置的树木会自动匹配地形高度，也可以使用选择工具对树木的位置进行调整。

**调整树木的位置**

可以使用"Size tool"工具对树木的大小进行调整。

**调整树木的大小**

使用"Paint instance tool"工具，可以随机地放置选择的一批树木。这个工具可以根据所选择的笔刷大小随机地放置所选择的构件。

**选择放置一批树木的工具**

可以通过移动笔刷快速地放置一批树木，树木的种类取决于选择的多个对象，系统随机放置。

**快速放置一批树木**

经过添加不同的景观因素，场景变得愈加真实。

**添加场景**

## 10.2.5 放置植被

植被的放置方式和树木相同。

**放置植被**

### 10.2.6 放置人物

通过放置一些人物，可使场景更加生动，如下图所示。

放置人物

可以简单地通过"Add Characters"工具放置人物，无论是树木、植被还是人物都可以通过"Selection"工具调整位置、高度。

### 10.2.7 根据路径放置人物

在"Place Characters"对话框里选择"Walking Characters"。

根据路径放置人物

选择一个人物，放置在地面上，人物的行走路径会自动匹配地面。

自动匹配地面

如果需要，可以修改人物的路径。首先选择人物，然后选择"Animation Settings"选项。

选择"**Animation Settings**"选项

选择路径，然后对其进行修改。

修改路径

## 10.3　修改工程模型的材质

无论是在 AECOsimBD 还是在 Revit 里，创建三维模型时都有相应的材质，在导入 LumenRT 时可以对这些材质进行修改。

例如，要修改屋顶的材质，使用"Selection"工具，选择屋顶，在材质编辑器里显示工程模型的原有材质。

**显示屋顶原有材质**

然后，调整材质的颜色。

**调整材质颜色**

在"Color Selection"对话框可以调整为如下图所示的效果。

**"Color Selection" 对话框**

也可以用新的材质代替原有的模型材质。选中屋顶后，选择"Browse"图标，进入 LumenRT 材质库，选择"Old Roof Material"并且修改"Bump Gain"。

**替换材质**

## 10.4　修改环境设置

### 10.4.1　调整时间

为了调整环境，可以选择"Sun & Atmosphere Settings"工具。

设置场景时间

例如，将时间从上午 10 时调整到下午 5 时，可以发现场景的变化。

**从上午 10 时调整到下午 5 时**

下午 5 时的场景 "Hour modified at 5：00PM" 如下图所示。

**下午 5 时的场景**

### 10.4.2　调整北向

首先，将时间调整到上午 9 时。

调整时间

接着，调整北向的角度为 215°。

调整角度

可以发现建筑物阴影发生了变化。

调整后的效果

### 10.4.3　调整季节到秋季

调整季节

　　季节调整后会发现树木的变化。需要注意的是，放置树木时分为四季的树木和常绿的树木。

调整后的效果

### 10.4.4　降低云量

　　调整季节到夏季，然后更改天气到"Blue sky"，这时会发现天空中的云消失了，场景中的光线也会发生变化。

调整光线

改变前的天气如下图所示。

改变前的天气

改变后的天气如下图所示。

改变后的天气

## 10.4.5 云选项

设置云

当设置为"Overcast"时,天空中会出现很多云,作为动态的效果,可以修改云运动的速度和方向。

云的动态效果

也可以调整风的效果,树木可以随风摆动。

调整风的效果

## 10.5 完善场景

为了完善场景,可以添加更多的植被。

添加植被

也可以得到更多的效果。

修改后的效果

## 10.6　项目交流

为何来做这些效果？更多的是为了交流项目（Communicating the project）。可以将项目保存为一个图片、一段影片或者一个动态的场景。

### 10.6.1　保存图片

从主菜单中选择相机，显示"Photo Options"选项。

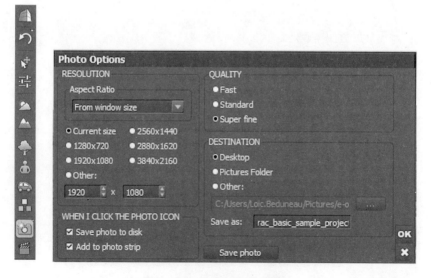

显示"Photo Options"选项

## 10.6.2 创建动画

选择"Movie Editor"工具，出现的界面如下。

**选择"Movie Editor"工具**

创建一个动画，最简单的是创建一个关键帧动画。可以移动相机来改变场景，然后选择"Add key frame"。

**选择"Add key frame"**

新的关键帧图片已经被创建，并出现在动画的时间线上。

为了输出影片，可以选择"Export Clip..."。

**选择"Export Clip..."**

可以通过"Movie Options"设置输出影片的选项，以适应不同的播放需求。

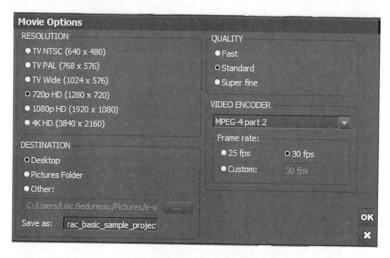

设置输出影片的选项

## 10.6.3 发布交互式场景"Live Cubes"

从主菜单中选择"Share"工具。

选择"Share"工具

在这个案例中发布了一个完全独立的交互式场景动画，这是一个

exe 的文件，可以支持 Windows 和 MAC 系统，无需安装LumenRT就可以
交互式地浏览这个场景。

交互式场景动画

# 11　数字化移交

将"数字化移交"作为本书的最后一个章节,是因为 BIM 的应用流程是覆盖整个全命周期的。当设计以及施工过程中创建了一个满足需求的三维信息模型后,需要通过数字化移交的过程将"信息"准确无误地传递给下一个环节,对于 BIM 的过程控制来讲,这也是在设计之后的深层次应用的思考。

对于数字化移交来讲,就像 BIM 概念中的"M(Modeling)"一样,它是一个过程,通过这个过程,将工程信息(内容)传递给下一个环节,需要一定的策略保证数据是正确的、完整的,移交过程是可控的,输出的信息是可以通过定制来满足应用的。

为何要用数字化的移交呢?这就是集成项目特点带来的挑战。下面通过三个方面简要介绍数字化移交的概念,更深一步的信息,需要与具体项目的业务流程结合在一起。

## 11.1　集成化工程项目面对的挑战

之所以有技术需求,是因为业务上有问题。这应该算是一个不变的真理,对于数字化提交来讲也一样。

在现有的工作流程中是通过手动更新的方式来传递信息的。例如,当业主使用工厂时,实际运行的工厂和图纸上是否一致?施工过程中,为何图纸都提交了,施工中却发生了很多的错误。这当然有设计不够细致的原因,但更多的是设计信息没有准确地传递到施工环节,施工完毕后没有传递给业主。这就带来完整性、一致性的风险,而随之带来的风险就是施工错误、预算超支、进度超期、设备的错误标识以及更大的运行风险。

在这里需要注意,所传递的不仅仅是设计阶段的三维信息模型,而是根据应用需求来传递的信息。例如,对于施工企业来讲,设计信息只是其中的一部分，除此之外还需要一个工作包信息，包括材料信息、人工信息等。而对于业主来讲，也需要获得更多的信息来保证运维过程中的需求。例如，一个设备业主需要知道厂家是谁，备品备件的信息，水泵与楼层、系统的关系等。

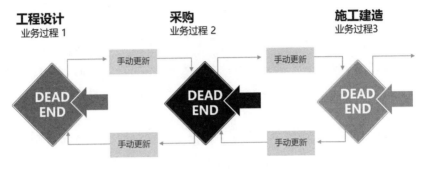

传统工程业务流程

所以，对于 BIM 所涉及的全生命周期来讲，业务对于资产管理的成本受信息的正确性影响巨大。

据 ICM（建设管理学会）统计，当信息的完整性下降 8% 时，员工的效率下降 50%，因为正确的信息是员工提升效率的前提。

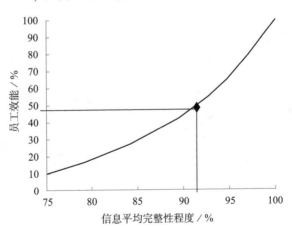

信息完整度与员工效能的关系

美国贸易技术管理部也做过类似的统计分析。分析认为：

U.S. Department of Commerce
Technology Administration
National Institute of Standards and Technology
美国贸易技术管理部 国家标准技术研究院

Advanced Technology Program
Information Technology and Electronics Office
Gaithersburg, Maryland 20899
提高技术计划 信息技术和电子办公室 马里兰 盖瑟斯堡 20899

# Cost Analysis of Inadequate Interoperability in the
# U.S. Capital Facilities Industry 美国固定资产行业不充分数据互用的成本分析

### 美国贸易技术管理部成本分析

（1）40%的工程实践花在对信息的查找（定位）和确认方面。

（2）人与人、系统与系统之间的不良沟通和交流导致项目的费用浪费30%。

（3）对于完工的资产，可靠的数据交付可以帮助节省运行和维护费用达每年14%。

缺乏信息管理会有多大影响呢？2010年的墨西哥湾原油泄漏事件被称为石油工业的"9·11"，它的最大的伤害是对海洋环境的影响，整个救援过程一波三折，开始时测试了很多方法都没有效果，包括"灭顶法"等。事后的调查表明，在救援过程中，机器人曾试图关闭油井的控制阀门，而实际上这个阀门被连接到了测试设备上，而没有真正地关闭油井，从而丧失了很多的救援机会。

**墨西哥湾漏油事件**

从该事故的调查报告中可以看到如下描述："对本应在BP石油公司墨西哥湾事故中关闭的防喷阀的非法修改，减缓了BP为阻止漏油所做的努力……机器人试图使用的希望能够关闭阀门的控制装置，实际上是被连接到了一个测试设备上，因而不能关闭油井……在 BP 没有下达修改指令的情况下，似乎有其他的变更修改了防喷器，并且……Transocean 公司努力提供蓝图显示设备的更新设计"。

因此，保证数据的正确性就是数字化移交面临的挑战。对于 BIM 全生命周期的不同应用阶段来讲，数字化移交的目标和范畴是什么呢？这是下文要讨论的内容。

## 11.2 数字化交付的目标和范畴

数字化交付或者说数字化移交的目标是什么呢？它的目标是保证在设施的整个生命周期中控制信息的正确性，管理信息的变更过程，确保准确可靠的信息在参与项目的团队中高效地传递，直至运营和维护的团队。运行团队可以根据自己的需求使用这些正确的信息。

所以，对于数字化交付来讲，管理的目标是保证信息的完整度，也就是说，首先要将信息连接起来，成为有用的信息，其次就是管理信息变更的过程，使变更的过程可控，保证必要的信息被更新，成为有用的信息。

数字化的交付目标分为三个方面：

（1）输入信息。

（2）管理信息。

（3）使用信息。

输入信息需要兼容不同格式，同时需要有策略保证信息的正确性，也就是说，具有信息校验的机制。这里需要注意，具体来说，无论是 AECOsimBD 的信息模型，还是 Revit 的模型，不管是一个定额数据还是一个合同信息，都应该能够进入到交付系统里。

管理信息就是将这些信息联结在一起，也就是管理一个数据模型。需要注意，这个数据模型表明的是数据之间的关联关系，而不是"三维模型"中模型的意义。

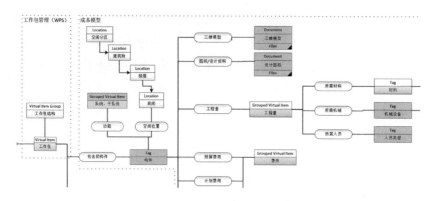

**数据模型案例**

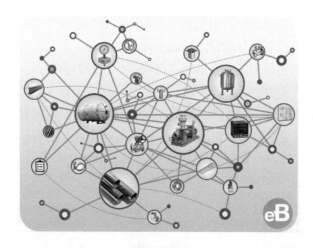

**数据的管理**

对于使用信息来讲，需要根据需求输出合适的格式、合适的内容深度，确定交互机制的模型，以与其他的应用系统协同工作。

数字化交付的范畴则由实际项目决定，它受商业合同、业务模式等因素的影响。例如，是谁和谁的交付？EPC 和业主的交付范畴决定了运行的需求，而设计和施工的数字化交付决定了施工的需求。这些需求不同，决定了角度的内容、格式、细度都有很大的差异，而且还会受法律、合同、规范等因素的影响。

## 11.3　Bentley 数字化交付方案

明确了数字化交付的挑战、目标和范畴后，以下简要介绍 Bentley 数字化交付方案。它是基础设施行业全生命周期的信息管理方案

（Asset Lifecycle Information Management，ALIM）。

对于基础设施行业的全生命周期来讲，设计施工阶段重在项目信息管理 PIM，运维阶段重点在设施信息管理 AIM，在运行过程中还有设施的重建、扩建过程的管理。这个循环的不同环节需要一个数字化交付的过程保证信息的正确性。这就是全生命周期过程中数字化交付的意义。

**全生命周期数字化交付系统**

对于 Bentley BIM 解决方案的全生命周期的定位来讲，它提供了工程内容的管理系统实现这个功能定位，前文提到的 ProjectWise 也是这个系统中的一部分。

**Bentley BIM 工程数据管理系统**

要管理全生命周期的内容，就需要区分不同阶段内容的特点和需求的重点，才可以将两者连接起来，成为有用的信息，保证移交交付过程的可控。

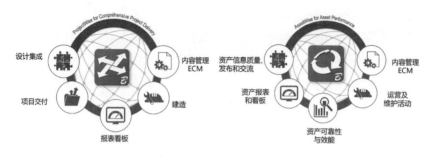

**不同阶段信息管理的侧重点**

以下通过数字化交付的输入信息管理、管理信息、应用信息三个方面介绍 Bentley 数字化交付的方案。

## 11.3.1 输入信息

前面在设计模块的章节中提到了 i－Model 技术，了解了通过不同的 i－Model 插件可以兼容第三方软件的模块。

很多的用户会有这样的疑问，为何 i－Model 是只读的。这是因为，它是数字化交付的重要技术。它的目的是后期的应用。设想一下，在 Revit 里做了一半，导出 i－Model 后，如果在 AECOsimBD 里能修改，那就乱了，而且也不会有这样的功能。

i－Model 是一种数字化交付的技术，通过它对信息进行提取和转换，争取数据的正确性，然后进入工程内容管理系统。

**i－Model 的定义**

对于 i－Model 来讲，在进入管理系统之前，可能需要对其中的信息进行扩展，以满足对信息的要求。前面介绍的 i－Model Transform 就是用于这个。

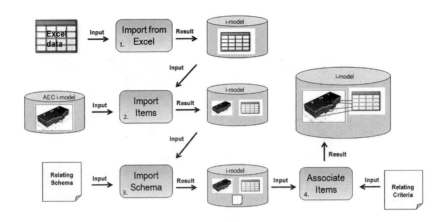

**扩展 i – Model 信息**

当然，进入内容管理系统的还有很多数据格式，i – Model 只是主要的三维信息模型的来源。

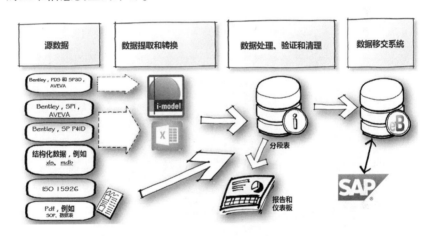

**数据的输入过程**

通过这个过程，进入管理系统的就是正确、有效的数据。

## 11.3.2 数据管理

数据管理的目标是将数据"联结"为有用的数据，建立数字工程内容的数据模型，因为用户要根据需要将相关的数据连接起来。例如，从一个人员的角度来看，他属于不同的部门，在不同的工位，负责不同的项目，浏览不同的图纸；而从文档的角度看，则有另外的因素与之关联。

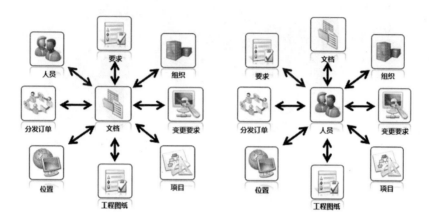

**不同维度的信息关联**

这些管理的定位是根据需求关联不同的信息。如下的几幅图表明了同一个对象在不同阶段的关联内容。

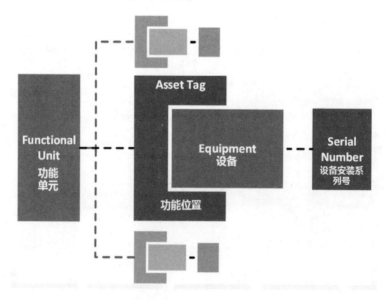

**资产与编码的关系**

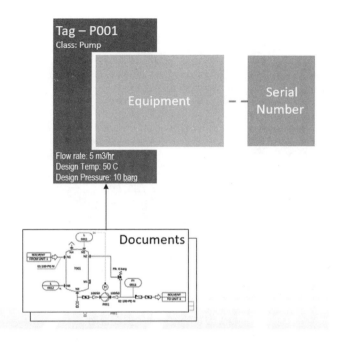

设计阶段具备了位号信息，建立了设计文档

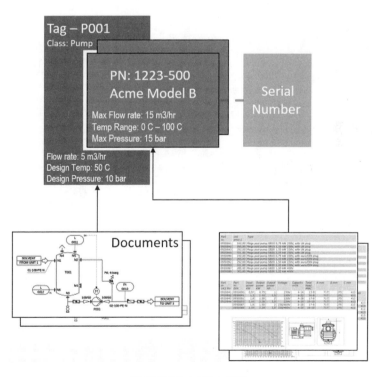

采购时增加了样本信息

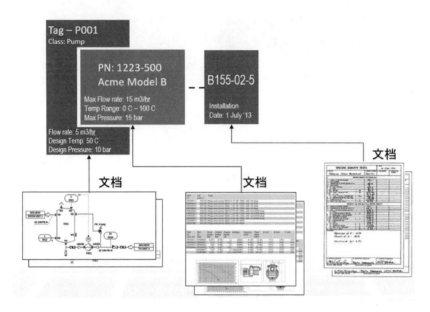

**施工安装阶段增加了安装说明**

运维时也会增加更多的文档和信息，并建立关联关系。

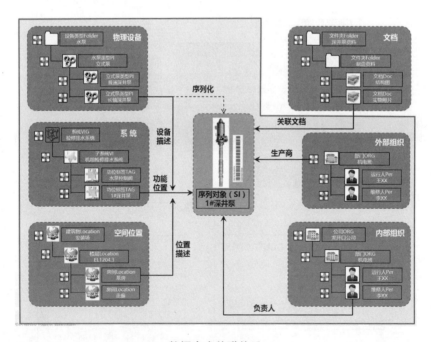

**数据内容关联关系**

随着数据模型的建立，就会有一系列的内容需要管理，如相关的文档管理、数据管理、关系管理、业务流程管理以及变更管理。

文档管理需要建立分类的规范，形成组织文档的目录树，同时按照人员、组织、角色等对文档进行授权。

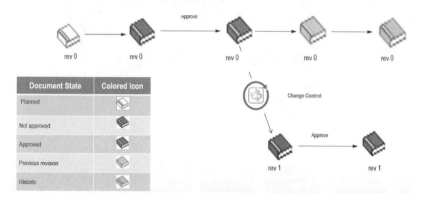

**文档版本管理**

对于数据管理来讲，它的目的是可以从不同的维度对工程信息进行查看和管理。

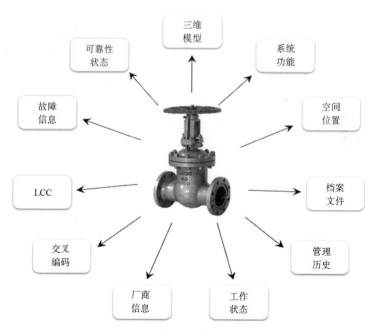

**数据关系管理**

这些关系确定后，就可以通过不同的方式对数据和模型进行查看、维护和变更的管理。

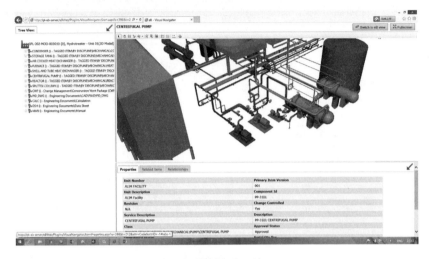

模型和数据的统一管理

当变更一个数据时，需要更新相关数据，通过变更管理可以很好地进行控制。

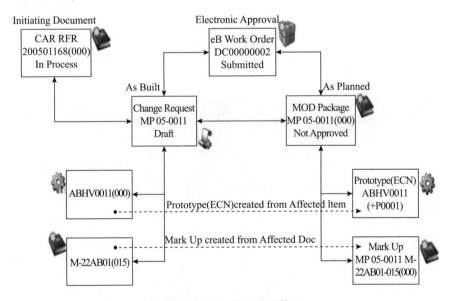

数据的关联性，控制变更管理

系统也会提供相应的看板对模型数据进行统计分析。

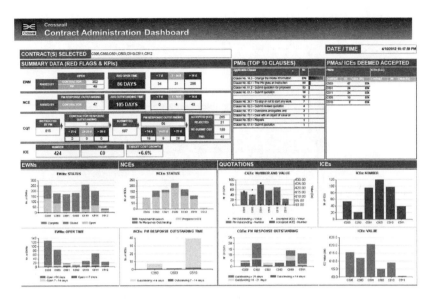

工程内容管理看板

## 11.3.3  数据应用

数据应用是通过数据移交的过程与其他应用系统连接，例如施工数据的衔接等。

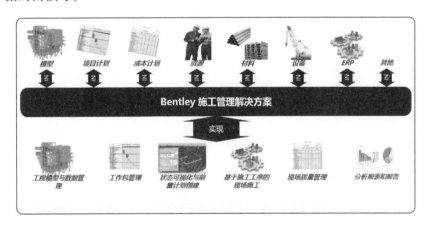

施工数据衔接

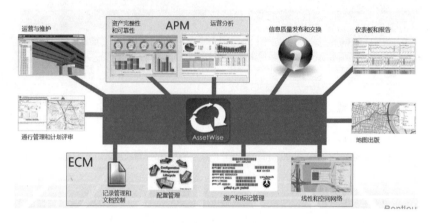

**提高资产性能**

　　总之，数字化交付贯穿于整个生命周期的过程中，本章只是浅显地探讨了数字化移交的原理和控制点，进一步的内容希望将来有更多机会和大家探讨。

# 后　记

在完成了 AECOsimBD 的"设计篇"和"管理篇"后，笔者便有了写一本"应用流程"的想法，拟将涉及的应用从单一的软件产品 AECOsimBD 扩展到 Bentley 整个的 BIM 解决方案，叙述的重点也从软件的框架、功能转移到如何解决用户需求的应用流程上。

从 2016 年春节时笔者便有了这样的想法，而真正完成时 2017 年春节假期已经结束。不是本书的编写用了一整年的时间，而是在 2016 年工作角色的调整使笔者工作异常忙碌，而这个过程带来的好处是，使我从另外一个角度来审视原有的观点和理念，并进行修正和完善。

如果说"设计篇"是对官方教程的注解，"管理篇"是一个项目的经验分享，那么，本书就是从头想想"如何更好地做好这件事情"。当我们做一件事情时，惯性地基于开始，而多年工作的磨炼让我认识到，效率提高的核心是方法的优化。所以，我在第一篇中花费了大量的笔墨叙述应用 BIM 的方法和流程，即使在第二篇的软件应用模块也把重点放在软件的框架、原理、工作流程与用户需求的匹配上，而不是简单地叙述命令。

项目的需求在变化，我们采用的手段进一步丰富，实施方法也进一步优化，而我自己对此的认识也在不断提升。当我们越深刻地思考一件事情时，就会越清晰地认识到自己的差距。就像我在编写本书的过程中，当我站在用户的角度思考 BIM 给我带来什么时，我也发现了自己对用户业务能力理解提升的空间。当我根据已有的经验规划工作流程时，也给了自己另外一个角度来反思自己已有的经验是否可以应用到新的需求上，很多时候可能是推倒重来，这或许是创新产生的缘由所在。

这本书是目前为止笔者写的最"厚"的书，篇幅是"管理篇"的两倍多，写着写着就发现有很多想法需要梳理和叙述，当写到第三篇结尾时，便萌生了下一步的想法。

后面的规划应该分为两部分，排在第一位的应该是更新和丰富"管理篇"的内容，而后可能会把重点放在 MicroStation 的 CONNECT 版本上，将笔者的一些认识分享给大家。

如果把一本书的"前言"比喻成做一件事情的"规划"，那么"后记"就是做完一件事情的"总结"。总结的时候，总会有一些认为本可以做得更好的事情，也会总结一些经验来更好地处理下一件事情。无论是编写本书，还是和用户一起实施 BIM 的项目，都是如此。希望我们一起可以做得更好。

笔者希望和大家有进一步的交流。读者可以登录"中国优先社区（http：//communities. bentley. com/）"和"Bentley 问答社区（http：//www. AskBIM. com）"与笔者交流，也请关注 Bentley 问答社区微信公众号，我会随时把我的想法分享给大家。

**微信公众号：**
**BENTLEYBBS**

感谢大家，祝 2017 年安好健康。

赵顺耐
2017 年春节